LES

MYSTÈRES DE L'OCÉAN

Mer phosphorescente.

LES MYSTÈRES
DE L'OCÉAN

PAR

ARTHUR MANGIN

TOURS

ALFRED MAME ET FILS, ÉDITEURS

—

M DCCC LXIV

Voir la mer!

C'est le rêve de tout habitant de l'intérieur, citadin ou campagnard, pour peu qu'il soit curieux des grandes scènes de la nature.

Les montagnes attirent de même l'habitant des plaines, mais moins fortement. Il peut, avec quelques efforts, se les représenter, en s'aidant des peintures qu'il a vues, des descriptions qu'il a trouvées dans les livres. Certes, lorsque après cela il lui est donné de contempler de près ces gigantesques monuments des anciennes convulsions du globe; lorsqu'il voit, sur les assises qui n'en sont que les premiers degrés, se dresser des croupes énormes aux flancs desquelles les vastes forêts n'apparaissent que comme des lits de mousse, et que surmontent des entassements de roches dont les sommets semblent percer la voûte céleste, il ne leur trouve qu'une médiocre ressemblance avec les pauvres tableaux qu'il s'en était faits. Et s'il entreprend de gravir ces escaliers de Titans; si, parvenu à quelques centaines de mètres, il promène sa vue sur les plaines; s'il s'incline sur les abîmes ouverts devant ses pas; s'il voit les cascades bondir de rocher en rocher avec un bruit de tonnerre, et s'abîmer dans des gouffres où s'ensevelissent leurs flots écumeux; s'il atteint les froides régions où les rochers sont de glace, où les neiges perpétuelles remplacent la mousse et le gazon, où l'on est comme perdu dans l'espace, où des masses de nuages mouvants dérobent aux yeux la terre, où l'air raréfié manque à la poitrine : alors il n'aura plus qu'un dédain mêlé de pitié pour les paysages mesquins enfantés par son imagination.

Mais enfin les montagnes, c'est encore la terre. L'homme y peut vivre de sa chasse ou de son industrie. Il peut y construire des habitations. Il y voit des plantes et des animaux qui lui sont familiers. Il y marche de pied ferme. Les dangers mêmes qu'il y court : les précipices, les torrents, les orages, les avalanches, ne sont, pour ainsi dire, que le grossissement de ceux qui partout le menacent. En un mot, il y est chez lui comme dans les champs; la forme et l'aspect seuls diffèrent.

Il n'en est pas ainsi de l'Océan. Celui qui ne l'a pas vu ne s'en fait aucune idée. Vainement il en cherche la ressemblance dans les tableaux les mieux peints, dans les grands fleuves, dans les grands lacs, dans la vaste étendue des champs, des landes ou des prairies. Rien ne saurait lui peindre l'immensité liquide. Conduit en présence de l'Océan, il demeurera interdit, stupéfait. Et que sera-ce s'il monte sur un navire, perd de vue la terre et se trouve entre le ciel et l'eau, soutenu par quelques planches au-dessus de l'abîme? Sur sa tête, l'espace infini; sous ses pieds, un élément mobile, capricieux — en apparence, du moins : — aujourd'hui calme, clément, immobile; demain furieux, implacable, heurtant les unes contre les autres ses vagues couvertes d'écume et prêtes à engloutir dans leurs formidables replis la frêle carène!

C'est là qu'il sentira grandir en lui, avec la notion de l'infini, le sentiment de sa propre faiblesse. Il sera d'abord étonné, effrayé de sa témérité. Il songera avec admiration au héros oublié qui le premier osa lancer sur la mer une barque et affronter l'inconnu; à ceux qui, plus hardis encore, tentèrent cette entreprise insensée : chercher la fin, la limite du désert humide; naviguer, naviguer de l'autre côté du monde, jusqu'à la rencontre de terres entrevues par leur esprit au delà de l'horizon. Puis le courage tranquille des marins, leurs manœuvres habiles, leur familiarité avec ce grand être qu'ils connaissent et qu'ils aiment; tout cela peu à peu le rassurera. Il croira être pour quelque chose dans leur œuvre savante et hardie. Un certain orgueil enthousiaste succèdera en lui à la crainte humble du premier moment; il prendra goût à cette lutte de l'homme contre les éléments : vienne une tourmente, il se réjouira d'y assister, comme un jeune soldat se réjouit, après les premiers coups de feu, de prendre part à une bataille. Comme le soldat rentré dans ses foyers dit avec fierté : J'ai fait cette guerre, j'ai combattu à tel endroit fameux, lui aussi s'écriera au retour : « J'ai vu la mer; non-seulement du port, du haut de la jetée ou de la falaise; je l'ai vue sous mes pieds; je l'ai vue tour à tour sereine et irritée, endormie et agitée; j'ai bondi sur ses flots aux mugissements de la tempête, j'ai lutté contre elle, et me voici ! »

Voilà un homme heureux : il a vu l'Océan. L'a-t-il vu vraiment? Non. Car l'Océan n'est pas, comme les montagnes, un accident à la surface de la terre. C'est un monde deux fois et demi grand comme le nôtre, à ne considérer que sa surface, et qui l'enveloppe de toutes parts. C'est un monde qui nourrit dans ses profondeurs, dans ses forêts madréporiques, des milliards d'êtres étranges. C'est un monde que l'homme, après tant de siècles, au prix de tant de sacrifices, commence à peine à connaître, loin de l'avoir conquis.

Semblable aux grands dieux des anciens barbares du Nord et de l'Orient, l'Océan, puissance avare et terrible, se fait payer chaque année de centaines de vies humaines les faveurs et les bienfaits qu'il nous accorde, les droits que nous nous arrogeons sur lui. Combien le sphinx immense a-t-il dévoré de ceux qui tentaient de deviner ses énigmes, de s'initier à ses mystères! Qu'importe! l'œuvre se poursuit et s'avance. L'œil humain a pénétré cette nuit formidable. La science entrevoit déjà les lois qui régissent le monde marin et le rattachent au monde terrestre, le rôle des mers dans l'équilibre universel.

C'est avec la science pour guide que nous allons, nous aussi, « voir la mer, » en tenter l'exploration. C'est avec elle que nous allons pénétrer dans son sein, comme Dante avec Virgile dans le séjour des ombres. C'est elle qui va nous enseigner l'origine de l'Océan, nous expliquer ses mouvements réguliers ou tumultueux, nous dévoiler les lois auxquelles il obéit, nous faire assister aux phénomènes intérieurs et extérieurs dont il est le théâtre.

Puis nous étudierons les plantes qui croissent dans les champs de la mer, et les animaux qui les habitent. Enfin nous verrons l'Océan parcouru en tous sens, fouillé, dépeuplé, exploité par l'homme, mais toujours invincible, et dans sa force majestueuse défiant l'orgueil de ce roi de la terre, auquel il semble dire de sa voix énorme et mugissante : « Va, pygmée, règne sur ton domaine que mes flots ont couvert et qu'un jour peut-être ils engloutiront encore. Mais ne te flatte pas de régner jamais sur moi. Je suis, sur ce globe où tu passes et meurs, l'instrument de la force suprême qui te tient sous sa main et peut te briser comme un fétu. Je suis l'emblème de l'infini où tu disparais et de l'éternité qui t'attend. »

LES

MYSTÈRES DE L'OCÉAN

PREMIÈRE PARTIE

HISTOIRE DE L'OCÉAN

CHAPITRE I

NAISSANCE DE L'OCÉAN

L'Océan est le frère aîné des continents, le père nourricier des premiers êtres doués de vie qui parurent à la surface du globe, et qui par myriades furent engendrés dans ses vastes flancs.

... *Spiritus Dei ferebatur super aquas*, dit la Genèse... *Et creavit Deus omnem animam viventem et motabilem, quam produxerunt aquæ, in species suas*[1] ...

Mais lui-même, comment prit-il naissance? Essayons d'assister par la pensée à ce grand et magnifique acte de la création.

[1] Genèse, chap. I, vers. 2 et 21.

C'est un fait aujourd'hui incontesté, que la terre, à son origine, fut une masse immense de vapeurs et de gaz incandescents, formant ce que les astronomes appellent une *nébuleuse*. Les plus grands philosophes des temps modernes : Descartes, Leibniz, Buffon, Laplace, ont admis cette hypothèse, à laquelle les découvertes de la géologie donnent tous les caractères d'un théorème physique rigoureusement démontré. Ils n'ont varié entre eux que sur des circonstances accessoires, dont la plupart sont demeurées obscures et pourront longtemps encore exercer l'imagination et le raisonnement, avant qu'on arrive, je ne dirai pas à la certitude, mais à des probabilités assez fortes pour tenir lieu de certitude.

Descartes émit le premier l'idée de l'incandescence de notre planète, qu'il définit en ces mots : « La terre est un soleil encroûté. » Leibniz pensa aussi que la terre et les autres planètes étaient, dans le principe, des corps lumineux par eux-mêmes, qui, après avoir brûlé longtemps, s'éteignirent en se refroidissant et devinrent durs et obscurs. C'est pour cela que, selon lui, la surface solide du globe est en grande partie composée de matières vitrifiées. *Facile intelligas*, dit-il, *vitrum esse velut terræ basin*[1].

Après Leibniz et avant Buffon, d'autres savants : Burnet, Wood, Ward, Whiston, ont proposé, sur les origines du monde, des hypothèses plus ou moins ingénieuses. Buffon, cherchant à expliquer la formation des montagnes, formation dont M. Élie de Beaumont a rendu compte d'une façon si satisfaisante pour l'esprit par sa belle théorie des soulèvements, Buffon, dis-je, exposa successivement, dans sa

[1] Leibniz, *Protogœa*, p. 5 (édition de Scheidius).

Théorie de la terre et dans ses *Époques de la nature*, deux vues très-différentes. La première attribuait la formation des montagnes à l'action des eaux. Il ne tarda pas à l'abandonner, et en émit une autre qui se rapproche beaucoup de celle que M. de Beaumont devait plus tard faire prévaloir. Dans cette nouvelle hypothèse, il compare les effets de la consolidation « du globe de la terre *en fusion* » à ce qu'on voit arriver à une masse de métal ou de verre fondu, lorsqu'elle commence à se refroidir. Il divise l'histoire de la nature, en d'autres termes celle de la création, en sept époques, correspondant aux sept jours de la Genèse.

La première est celle où la terre et les planètes ont pris leur forme;

La seconde est celle où la matière, s'étant consolidée, a formé la roche intérieure du globe, ainsi que les grandes masses vitrescibles qui sont à sa surface;

La troisième est celle où les eaux ont couvert nos continents;

La quatrième, celle où les eaux se sont retirées, et où les volcans ont commencé à faire éruption;

La cinquième, celle où les éléphants et les autres animaux du midi ont habité les contrées septentrionales;

La sixième, celle où s'est opérée la séparation des continents;

La septième, celle où l'homme a commencé à réagir sur la nature.

Mais Buffon, homme de génie, qui par intuition, pour ainsi dire, a entrevu de grandes vérités, manquait des éléments que l'observation rigoureuse et le calcul pouvaient seuls fournir, et sans lesquels le plus beau système est un château de fées bâti sur de la poussière.

Voici venir enfin Laplace, dont la célèbre hypothèse est considérée avec raison comme une des plus lumineuses conceptions que la science ait inspirées à l'esprit humain.

Cette hypothèse donne au soleil, et à tous les corps qui gravitent dans ce que Descartes appelait son *tourbillon*, une commune origine [1]. « Dans l'état primitif où nous « supposons le soleil, dit Laplace, il ressemble aux nébu- « leuses que le télescope nous montre composées d'un « noyau plus ou moins brillant, entouré d'une nébulosité « qui, en se condensant à la surface du noyau, le trans- « forme en étoile. » Cette nébuleuse était animée d'un mouvement de rotation autour de son axe. En se refroidissant et en se resserrant peu à peu, elle abandonna aux limites successives de son atmosphère des zones de vapeur condensées qui se disloquèrent. Les débris de ces anneaux formèrent de nouvelles nébuleuses animées d'un double mouvement de rotation et de translation, qui, n'étant que la continuation du mouvement antérieur, dut nécessairement conserver le sens de la rotation solaire. Ces nébuleuses, en se refroidissant et se resserrant toujours, donnèrent à leur tour et de la même façon naissance à leurs satellites.

[1] C'était aussi l'opinion de Buffon. Seulement ce dernier faisait tomber sur le soleil une comète qui aurait lancé dans l'espace des éclats, des *morceaux* de cet astre, lesquels, en s'arrondissant et se solidifiant, auraient formé les planètes et leurs satellites. Laplace n'a pas eu de peine à démontrer que cette hypothèse était inadmissible : premièrement parce que les comètes sont elles-mêmes des masses trop diffuses pour pouvoir entamer et briser le soleil, et que, celui-ci étant à l'état de nébuleuse, une comète venant à le rencontrer n'eût pu que s'y engloutir; deuxièmement parce que, en supposant la séparation des éclats dont parle Buffon, ces éclats se mouvant autour du soleil seraient venus à chacune de leurs révolutions raser sa surface, et auraient eu, au lieu d'orbites presque circulaires, des orbites très-excentriques.

La fluidité primitive des planètes est une conséquence rigoureuse de cette hypothèse. Cette fluidité est d'ailleurs démontrée par l'aplatissement des pôles, dû à l'action de la force centrifuge, et par tous les faits astronomiques et géologiques. Nous pouvons donc, en faisant nos réserves sur l'hypothèse de Laplace, dont nous n'avons pas à discuter ici la valeur absolue, prendre pour point de départ de notre histoire de l'Océan le moment où ce qui devait être, après des millions d'années, le globe que nous habitons, était encore un mélange de vapeurs ardentes tournoyant dans l'espace. La terre existe déjà. Cette masse, qui semble un immense nuage de feu, renferme tous les éléments qui serviront plus tard à former le monde, tous les matériaux de la création terrestre. Peu à peu la nébuleuse se refroidit. Les substances qui la composent, obéissant à la fois à l'attraction centrale et aux lois de leurs propriétés physiques et chimiques, se disposent en couches concentriques, se liquéfient ou conservent l'état gazeux, se combinent entre elles ou demeurent isolées, suivant leurs densités spécifiques, leurs degrés de cohésion et leurs affinités réciproques. Au bout d'un certain temps, la planète nous apparaît formée de deux parties distinctes : au centre, un noyau liquide; autour de ce noyau, une atmosphère gazeuse occupant encore une étendue relativement immense. Mais, au fur et à mesure que le calorique se perd dans l'espace, le noyau augmente de volume par la condensation successive des couches gazeuses en contact avec lui ; l'atmosphère diminue et se resserre proportionnellement, jusqu'à ce qu'elle ne contienne plus que les matières susceptibles de rester gazeuses à une température assez basse. La force centrifuge engendrée par la rotation du noyau liquide a produit l'aplatissement des pôles, et dans la région médiane un renflement d'autant plus sensible que les deux extrémités, perdant plus de calorique par leur rayonnement et en recevant moins du soleil, se couvrent les premières d'une pellicule solide. Cependant cette pellicule s'étend de proche en proche et s'épaissit, jusqu'à ce qu'enfin elle enveloppe la totalité de la sphère.

Cette période est celle que M. Flourens appelle période brute et où la vie n'a pu encore paraître. Nous entrons maintenant dans la seconde période, où la vie va se manifester. Le premier acte de cette nouvelle phase est la précipitation des eaux ou la formation des mers. Deux gaz répandus dans la nature avec une prodigieuse abondance, l'oxygène et l'hydrogène, se sont combinés pendant la période nébuleuse ou incandescente, et de leur combinaison dans la proportion de 1 volume du premier pour 2 volumes du second, est résulté un autre gaz : la vapeur d'eau. Dès que la température de l'atmosphère dont cette vapeur faisait partie est descendue au-dessous de cent degrés centigrades, la vapeur a commencé de se changer en eau. La première pluie est tombée. Elle s'est d'abord vaporisée presque instantanément, au contact du sol brûlant; mais elle l'a refroidi d'autant; puis elle s'est condensée pour retomber encore, jusqu'à ce que des couches liquides ont pu se former et persister, puis augmenter d'étendue et de profondeur, et couvrir enfin une grande partie ou même la totalité de la surface du globe. Ainsi naquit l'Océan.

CHAPITRE II

L'EAU

Avant d'aller plus loin, il est bon de rappeler les propriétés essentielles de l'eau.

C'est un corps liquide à la température ordinaire. Son point de solidification ou de congélation et son point de vaporisation ont été pris pour limites extrêmes de l'échelle thermométrique en usage en France et dans plusieurs autres pays. Le premier de ces points est marqué 0; le second est marqué 100. On dit donc que l'eau gèle à 0°, et qu'elle bout à 100°. L'eau n'a ni odeur ni saveur. En petites quantités, elle est tout à fait incolore; mais, en grandes masses, elle prend une teinte verdâtre ou bleue très-prononcée, dont les nuances varient sous l'influence de différentes causes. La principale est l'état du ciel, dont la couleur se combine par réflexion avec la couleur propre de l'eau; mais il est des mers, des lacs et des rivières qui ont une teinte bleue particulière, indépendante de celle du ciel, et qu'on n'a pu encore expliquer d'une manière satisfaisante. D'autres masses d'eau empruntent aux substances qu'elles tiennent en suspension une couleur plus ou moins jaunâtre, grise ou noirâtre; mais il n'y a pas lieu de nous arrêter à ces phénomènes purement accidentels. J'aurai d'ailleurs occasion de parler plus loin de la couleur des mers.

L'eau tend incessamment à passer de l'état liquide à celui de fluide élastique ou aériforme, c'est-à-dire à l'état de vapeur. Elle obéit à cette tendance toutes les fois qu'elle n'est pas hermétiquement enfermée ou comprimée avec une certaine force, ou placée dans un milieu déjà saturé d'humidité. La transformation lente de l'eau liquide en vapeur émanant de sa surface s'appelle *évaporation*. Lorsque, sous l'influence d'une température élevée, la vapeur se forme à la fois en quantités notables, on dit que l'eau se *vaporise*. Enfin il y a *ébullition* lorsque la vapeur se forme en même temps dans toute la masse liquide : ce qui a lieu ordinairement à la température de 100 degrés. Je dis ordinairement, parce que le point d'ébullition de l'eau s'élève ou s'abaisse suivant que la pression de l'atmosphère augmente ou diminue. Il est à 100 degrés sous la pression moyenne, qui est, comme on sait, de 76 centimètres. Mais dans le vide l'eau bout à la température ordinaire, et même au-dessous. Sur les hautes montagnes, où l'air est très-raréfié, son point d'ébullition peut se trouver abaissé de 10, 15 et 20 degrés. C'est ainsi qu'au sommet du mont Blanc, dont l'élévation au-dessus du niveau de la mer est de 4,775 mètres, et où la pression atmosphérique est réduite à 417 millimètres, l'eau bout à 34°.

L'eau, d'ailleurs, comme tous les corps de la nature, se dilate par l'échauffement et se contracte par le refroidissement. C'est à la température de 4° au-dessus de 0 qu'elle atteint son *maximum* de contraction ou de densité. Si la température continue de s'abaisser au-dessous de ce point, le volume de l'eau demeure sensiblement le même, jusqu'à ce que l'eau se solidifie. Son volume augmente alors, et sa force de dilatation est assez considérable pour briser les enveloppes les plus résistantes, si elle n'y trouve pas la place nécessaire. La différence de densité entre l'eau à 4° au-dessus de 0 et la glace est de 70 millièmes. En d'autres termes, la densité spécifique de la glace est de 0,930, celle de l'eau à + 4° étant prise pour unité. La glace est donc plus légère que l'eau, et c'est pourquoi elle surnage toujours à sa surface. Ce fait, déjà très-remarquable par lui-même, l'est encore plus par ses conséquences. On conçoit, en effet, que si le passage de l'eau à l'état solide augmentait sa densité au lieu de la diminuer, les glaçons, à mesure qu'ils se forment, tomberaient au fond et s'y accumuleraient, de telle sorte que dans les climats rigoureux, et même dans les climats tempérés où l'hiver est quelquefois très-froid, tous les cours d'eau, tous les lacs et les étangs seraient entièrement gelés, et les mers polaires ne seraient que d'immenses glaciers dont les couches supérieures seules se liquéfieraient pendant l'été, si pâle et si court, de ces régions. Heureusement, grâce à la moindre pesanteur de la glace, celle-ci forme à la surface des eaux une croûte qui les met à l'abri du froid extérieur, et, lorsqu'elles ont une certaine profondeur, empêche la congélation d'envahir leur masse entière.

Le point de congélation de l'eau n'est pas susceptible de varier comme son point d'ébullition. Le zéro marque exactement pour l'eau normale la limite qui, indépendamment de la pression extérieure, sépare l'état liquide de l'état solide. En d'autres termes, la glace entre en fusion à une fraction quelconque de degré au-dessus de 0, et elle peut toujours se solidifier à une fraction quelconque de degré au-dessous. Toutefois l'eau peut aussi, dans certaines circonstances, rester liquide, bien que sa température s'abaisse notablement au-dessous de 0°. Ainsi, privée de l'air qu'elle contient presque toujours, elle peut être refroidie jusqu'à — 5° sans se solidifier. Son point de congélation est également abaissé, de même que son point d'ébullition est élevé, par la présence d'une certaine quantité de sels tenus en dissolution. De là vient, notamment, qu'un froid de — 2° à — 3° au moins est nécessaire pour déterminer la congélation de l'eau de mer, même la plus calme. Enfin, de l'eau distillée, privée d'air et parfaitement pure, maintenue dans un lieu tranquille, à l'abri de toute secousse, peut atteindre une température de — 12° en conservant l'état liquide; mais alors le moindre ébranlement dans ses molécules suffit pour que la congélation s'opère presque instantanément, en même temps que la température remonte à 0°. M. Pouillet rend compte de ce phénomène, en apparence étrange, en disant que le calorique des premières parties qui se congèlent se porte sur les parties voisines encore liquides, et qu'il les échauffe, mais pas assez pour les empêcher de se solidifier à leur tour : d'où le double effet de la prompte congélation et du réchauffement de l'eau.

L'action chimique de l'eau sur les corps est nulle, ou du moins assez insignifiante, pour qu'il soit superflu d'en parler ici. Mais ce liquide, dont la propriété caractéristique est, si l'on peut ainsi dire, de n'avoir presque pas de propriétés, doit précisément à cette inertie, à cette passivité, toute l'importance de son rôle dans la nature. Il est, par excellence, le dissolvant et le véhicule d'une multitude de corps qui, pour réagir les uns sur les autres, ont besoin que leurs molécules se mélangent, que leurs substances respectives se pénètrent à la faveur d'une division que la dissolution seule peut donner. D'autres liquides, sans doute, partagent avec l'eau la propriété d'absorber, de s'assimiler les corps ; mais, outre qu'aucun ne la possède à un aussi haut degré, ils ont l'inconvénient de faire intervenir leur action là où cette action est inutile ou nuisible ; tandis que l'eau, n'ayant aucune action propre, n'altère point les propriétés chimiques des substances qu'elle tient en dissolution ; elle ne fait qu'en favoriser la manifestation, tout en en diminuant dans beaucoup de cas l'intensité.

En général, la quantité de matières que l'eau peut tenir en dissolution est d'autant plus grande que sa température est plus élevée. C'est là un fait dont il faudra nous souvenir au chapitre suivant. Il ne faudra pas oublier non plus que tel corps, qui est soluble dans l'eau pure, devient insoluble et se *précipite* en se combinant avec un autre corps et en donnant naissance à un corps nouveau ; que, réciproquement aussi, les réactions chimiques favorisées par l'eau même transforment souvent en matière soluble des corps primitivement insolubles. Enfin, on ne doit pas perdre de vue ce principe fondamental, que c'est à titre d'agent de dissolution et de dilution que l'eau entre indispensablement, et pour une si forte proportion, dans la constitution des corps organisés et doués de vie.

On peut juger, d'après ces considérations sommaires, de ce qu'il y avait de profondément vrai dans la vue des philosophes de l'antiquité, qui faisaient de l'eau le premier de leurs quatre éléments. Aujourd'hui les chimistes appliquent les noms d'éléments, de corps élémentaires ou de corps simples, aux substances qui sont réputées ne contenir qu'une seule espèce de matière, et ne pouvoir par conséquent être décomposées. Il est ordinaire d'entendre railler dans les écoles l'ignorance des anciens, qui appelaient éléments l'Eau, où la chimie a découvert récemment la présence de deux gaz : l'hydrogène et l'oxygène; — l'Air, qui est un mélange d'oxygène et d'azote; — la Terre, dont la composition complexe et variable ne comporte aucune définition précise; — enfin le Feu, qui n'est point à proprement parler une substance, mais un phénomène, un mode, un état particulier de certains corps fortement chauffés. J'ai insisté ailleurs [1], et je reviens ici à dessein sur le peu de sens de ces railleries qui accusent non l'ignorance des grands esprits à qui elles s'adressent, mais le défaut de réflexion de ceux qui s'érigent si légèrement en contempteurs de la sagesse antique.

Les anciens attribuaient au mot *élément* un sens beaucoup plus large et plus élevé que celui que nous lui attribuons maintenant. Les éléments étaient, selon eux, les substances primitives, les agents primordiaux d'où procèdent toutes les choses et tous les êtres. Témoin ce beau vers d'Ovide :

> *Quatuor æternus genitalia corpora mundus*
> *Continet.* (Métam., lib. xv.)

Or, entendu dans ce sens, le nom d'éléments s'applique avec une admirable justesse : d'abord à l'eau et au feu, agents primaires, instruments essentiels de la création; ensuite à la terre, qui représente toutes les substances solides, et à l'air, élément subtil, cause immédiate du phénomène fondamental de la vie organique : la respira-

[1] *Voyage scientifique autour de ma chambre*, ch. III, p. 53.

tion; à l'air, sans lequel notre planète serait, comme son satellite, non un monde, mais un amas de matière brute, et sa surface un désert immense et glacé.

CHAPITRE III

L'OCÉAN UNIVERSEL

Le règne du feu marque, comme nous l'avons vu plus haut, la première période de l'existence de la terre. A partir du moment où la croûte solide s'est formée autour de la masse encore fluide et incandescente, et où la température de l'enveloppe gazeuse est descendue au-dessous de cent degrés, la vapeur aqueuse qui entrait pour une part énorme dans la composition de cette enveloppe, se condense et se précipite.

La seconde période commence : c'est le règne de l'eau. Mais ces évolutions successives, que j'indique ici en quelques lignes, ne purent s'effectuer qu'avec une extrême lenteur. C'est par milliers d'années, par centaines de siècles peut-être, qu'il faudrait supputer le temps écoulé depuis le premier acte de la création jusqu'à l'époque où nous sommes arrivés, c'est-à-dire jusqu'à la précipitation générale des eaux et à la naissance de l'Océan : phénomène d'une importance capitale dans l'histoire de notre planète, et que Moïse paraît avoir eu en vue quand il dit (versets 6 et 7 du premier chapitre de la Genèse), qu'au second jour [1] Dieu plaça le firmament au milieu des eaux, et qu'il sépara les eaux supérieures des eaux inférieures :

« Dixit vero Deus : Fiat firmamentum in medio aquarum : et dividat aquas ab aquis.

« Et fecit Deus firmamentum, *divisitque aquas quæ erant sub firmamento ab his quæ erant super firmamentum.* Et factum est ita. »

Le firmament, c'est l'atmosphère. Les eaux que Dieu place, ou plutôt qu'il laisse au-dessus, ce sont celles qui demeurent dans l'atmosphère à l'état de vapeur; ce sont les nuages suspendus dans ses couches supérieures, désignées communément sous le nom de *ciel.* Les eaux qui sont au-dessous du firmament, ce sont celles qui se précipitent sur la terre, et qui, selon toute probabilité, couvrent d'abord sa surface entière.

En effet, le sol qui les recevait n'avait encore qu'une faible épaisseur. Les bouillonnements intérieurs du noyau fluide et incandescent ne l'avaient pas encore déchiré, soulevé et bouleversé; et ses aspérités, relativement peu saillantes, furent d'autant plus aisément submergées par les eaux, que l'inondation même eut pour premier effet de les remanier et de les niveler. L'Océan, à son origine, fut donc universel. C'est l'opinion de Leibniz, de Buffon, de Cuvier, de M. Flourens et de la plupart des géologues.

Dans la nouvelle phase où nous entrons, l'action de l'eau succède à celle du feu, qui reparaîtra plus tard, mais

1 Par le mot *jours*, qu'emploie l'historien sacré, on entend non des espaces de 24 heures représentant la durée d'une révolution de la terre autour de son axe, mais d'immenses périodes, des phases distinctes, dont chacune a vu s'accomplir un des grands actes de la création du monde.

qui ne sera désormais que secondaire. Le feu avait régné sans partage durant la période brute.

« Dans la période *vivante*, dit M. Flourens, l'eau est le grand agent qui opère. C'est l'eau qui a produit les couches successives des sédiments terrestres, et qui a façonné, pour ainsi dire, le globe dans son enveloppe la plus externe... Le feu et l'eau, voilà les deux forces qui ont tour à tour agi : un des principaux objets de la géologie est de démêler aujourd'hui, dans la contexture du globe, ce qui fut l'effet du feu et ce qui a été l'effet de l'eau[1]. »

Considérons premièrement le travail intime duquel est résulté ce qu'il est permis d'appeler la constitution de l'Océan, et d'où découlent les autres grands phénomènes que nous verrons tout à l'heure apparaître.

Grâce à leur température élevée, les eaux primitives commencent par s'assimiler toutes les matières solubles qui, en vertu de leur légèreté spécifique, étaient venues surnager la masse fluide de la pyrosphère et s'étaient les premières refroidies et solidifiées à sa surface. Ces matières sont de natures très-diverses; mais les composés salins à base de soude, de potasse, d'ammoniaque, de magnésie, de fer, de chaux, etc., y dominent. A ce grand travail de dissolution s'ajoute un autre travail physique très-complexe, résultant de la chute même, de l'agitation et de l'ébullition des eaux. La poussière tout à l'heure sèche et brûlante, les minéraux vitrifiés et agglomérés sont violemment remués, soulevés. L'eau qui vient de tomber et qui envahit la terre est une eau chaude, épaisse, trouble, une sorte de bouillie où cuisent sur l'immense foyer central

[1] *Ontologie naturelle*, XXVIIIe leçon, p. 235.

tous les éléments liquides et solides. A mesure qu'elle s'attiédit, des gaz viennent à leur tour s'y dissoudre; en sorte que presque tous les corps de la nature se trouvent là en présence, et réagissent les uns sur les autres avec toute l'énergie de leurs affinités et de leurs répulsions mutuelles.

Qu'on se représente, si l'on peut, le globe terrestre transformé ainsi en une vaste chaudière, où le chimiste suprême élabore les matériaux de ses créations ultérieures. C'est d'abord, si l'on veut me permettre d'employer le langage scientifique, un travail de chimie minérale, préparatoire au grand œuvre de l'organisation des êtres. Mais ce dernier ne commencera que plus tard. En effet, comme le fait très-bien observer M. de Jouvencel : « Les êtres vivants n'ont pu naître qu'après que : 1° la température s'était abaissée, au moins dans les lieux de leur naissance, jusqu'à un degré compatible avec la vie; 2° lorsque l'atmosphère fut assez épurée pour leur fournir les mélanges gazeux convenables; 3° lorsque les matières tenues en suspension par les eaux furent déposées, en partie du moins; lorsque les réactions chimiques dont elles avaient été longtemps empestées se trouvèrent à peu près épuisées, au moins sur les lieux où les êtres prirent naissance.

« La considération du temps nécessaire à ces opérations dans des masses aussi énormes que la mer universelle, en relation avec une telle atmosphère, nous amène à cette conclusion, que la période purement chimique dans ces mers fut extrêmement longue [1]. »

Deux causes très-simples ont modifié, durant cette période, la composition des eaux de l'Océan et l'ont amenée

[1] *Les Déluges*. Le règne de la mer, p. 101.

à peu près à ce qu'elle est restée depuis. Ces deux causes sont : 1° l'abaissement de la température, 2° les lois de la pesanteur.

L'abaissement de la température a eu pour effet de rendre possible l'absorption d'une partie des gaz qui auparavant faisaient partie de l'atmosphère : oxygène, azote, chlore, acide carbonique, vapeurs d'iode, etc., et de mettre ces gaz en présence des corps déjà dissous ou tenus en suspension, sur lesquels ils étaient susceptibles de réagir; enfin de laisser déposer, sous forme de cristaux plus ou moins purs, plus ou moins réguliers, l'excès des composés salins plus solubles dans l'eau chaude que dans l'eau froide.

L'effet de la pesanteur, plus simple encore, a été d'entraîner au fond les matières insolubles et lourdes, telles que les sels de chaux et de fer, l'argile, le sable siliceux.

Parmi les sels solubles, il en est un dont les eaux océaniques ont retenu une très-forte proportion, soit qu'il se trouvât tout formé dans la croûte solide, soit qu'il ait pris naissance dans le sein même de la masse liquide. Ce sel est celui que tout le monde connaît sous le nom de sel marin ou de sel commun, et qui est répandu dans la nature avec une si étonnante et si heureuse profusion. Ses deux éléments sont le gaz appelé chlore et le métal appelé sodium. S'est-il formé durant la période ignée, et, comme on dit en chimie, par la *voie sèche*, ou durant la période aqueuse, c'est-à-dire par la *voie humide?* Il serait difficile de le dire, bien que la seconde hypothèse semble plus probable. Quoi qu'il en soit, on ne doute plus aujourd'hui qu'il n'ait fait partie, dès l'origine, de la composition de l'eau des mers.

Cette double question : Pourquoi et depuis quand l'Océan est-il salé ? a cependant préoccupé pendant longtemps les géologues et les météorologistes. Quelques philosophes du siècle dernier ont pensé que les sels dont l'Océan est chargé provenaient du lavage des terres par les rivières et par les eaux pluviales; et cette opinion a été partagée de nos jours par les hommes les mieux initiés aux phénomènes et à la constitution des mers : notamment par le naturaliste anglais Ch. Darwin, et même par le commandant Maury, l'illustre directeur de l'observatoire de Washington.

« Cette opinion, qui n'était que la généralisation d'un cas particulier, dit M. le lieutenant de vaisseau Félix Julien, était fondée sur l'exemple qu'offrent la mer Morte et quelques autres lacs, dont les eaux, sans écoulement au dehors, se saturent nécessairement de tous les sels qu'elles reçoivent. Procédant dès lors par analogie, il (le commandant Maury) considérait la mer comme un lac sans issue, dans lequel les eaux, primitivement à l'état de pureté parfaite, se seraient chargées progressivement de tous les corps solubles que les fleuves entraînent.

« Maury n'a pas tardé à reconnaître l'erreur de cette première supposition. En avançant dans le cours de ses études spéciales, en groupant ensemble tous les documents qui lui ont été fournis par les *winds and currents charts*, il a fini par se convertir à l'opinion contraire. Rien, en effet, dans l'état actuel de nos connaissances géologiques, ne peut nous autoriser à penser que la mer ait jamais été douce[1]. »

Pour croire que l'Océan ait pu tirer tous ses sels des

[1] *Les Harmonies de la Mer*, p. 45.

eaux de nos rivières, il faudrait que ces rivières elles-mêmes fussent salées, — et l'on sait qu'elles ne le sont point, — ou bien qu'elles l'eussent été à leur origine ; ce qu'on ne saurait admettre, puisqu'elles n'ont pu se former que sur les continents, c'est-à-dire après la séparation des mers et des terres, et aux dépens des vapeurs atmosphériques. « C'est à compter de la retraite générale des eaux, dit Cuvier, que nos fleuves actuels ont commencé à couler et à entraîner leurs alluvions vers la mer [1]. »

Il n'est pas improbable sans doute que les fleuves, ou du moins quelques-uns des fleuves primitifs, aient dissous et conduit à la mer des sels précédemment déposés par celle-ci ; mais il est de toute évidence que la mer en avait d'avance dissous et entraîné, en se retirant, la plus grande partie. L'exemple de la mer Morte, qui est salée quoique n'ayant point de communication avec l'Océan, ne prouve absolument rien contre la salure originelle de celui-ci, et l'on peut affirmer que les sels qu'elle tient en dissolution ne lui viennent point des fleuves qui se jettent dans son sein, mais bien du lessivage opéré au commencement du monde par la mer universelle, dont elle n'est sans doute qu'un lambeau détaché par les révolutions du globe, et perdu au milieu des terres. La preuve que les fleuves ne fournissent pas aux masses d'eau qui les reçoivent des quantités appréciables de sels marins, c'est que si la mer Morte, la mer Caspienne, la mer d'Aral, qui sont isolées, sont restées salées, toutes les masses d'eau intérieures à écoulement se sont, au contraire, dessalées.

« Dans les mers fermées qui reçoivent une masse consi-

[1] *Discours sur les révolutions de la surface du globe.*

dérable d'eau douce, dit M. Alfred Maury, la salure est faible : ainsi celle de la mer Noire n'est que moitié de celle de l'Océan ; il en est de même des lacs. Ainsi tous les lacs à écoulement qui reçoivent des eaux douces ont perdu en totalité ou perdent graduellement leur salure, tandis que cette salure augmente dans ceux qui n'ont point d'issue, comme la mer Morte, la mer Caspienne, la mer d'Aral. Entre les lacs d'eau douce, ou plutôt entre les lacs complétement dessalés, on peut citer le lac de Genève, où tombe le Rhône, le lac de Constance, que traverse le Rhin, et, sur une plus grande échelle, les immenses lacs de l'Amérique du Nord, qui reçoivent tant de rivières, et d'où sort le Saint-Laurent. La salure primitive et l'origine maritime du lac Baïkal sont mises hors de doute par la présence des phoques et d'autres animaux marins, qui n'ont pas cessé d'habiter ces eaux, quoiqu'elles soient devenues graduellement douces [1]. »

La proportion de sels contenus dans l'Océan est évaluée, d'après les analyses chimiques, à un peu plus de 3 pour cent. Le commandant Maury dit 3 $\frac{1}{2}$, et il ajoute que, si tous ces sels étaient extraits des eaux et agglomérés en une seule masse, ils formeraient comme une immense montagne quadrangulaire, dont la base couvrirait, par exemple, toute l'Amérique septentrionale, et s'élèverait au moins à 1,500

[1] *La Terre et l'Homme*, p. 76. J'aurai plusieurs fois encore l'occasion de citer ce livre. L'auteur, membre de l'Institut de France (Académie des inscriptions et belles-lettres), ne doit pas être confondu avec le commandant Maury, de la marine des États-Unis. Ce dernier, dont j'ai déjà invoqué l'autorité, a publié, sous les titres d'*Instructions nautiques* et de *Géographie physique de la Mer*, deux ouvrages, les plus profonds et les plus complets qui aient paru sur le sujet que nous étudions. Inutile de dire que j'y aurai souvent recours.

mètres de hauteur. Or cette montagne saline, étant dissoute dans les 2,671,024,173 kilomètres cubes d'eau que contiennent l'Océan et les mers, n'en modifie pas sensiblement le volume, mais elle en augmente d'une manière notable la densité. En effet, Gay-Lussac a établi que la densité de l'eau de mer est à celle de l'eau pure comme 1,0272 est à l'unité.

Je reviendrai plus loin sur la composition et les propriétés des eaux de mer et sur leurs différents degrés de salure, et je trouverai dans la nature des êtres qui s'y sont formés les premiers une nouvelle preuve de leur salure originelle. Je reprends pour le moment l'histoire sommaire de l'Océan primitif.

Nous avons vu qu'il couvrait entièrement la surface du globe. Sa profondeur s'est accrue au fur et à mesure de la condensation des vapeurs, par le refroidissement graduel des parties les plus extérieures du sphéroïde. Je dis à dessein le sphéroïde, et non la sphère, parce que, comme tout le monde le sait, la figure de la terre n'est pas exactement celle d'un solide engendré par la révolution d'un demi-cercle autour de son diamètre. Dans l'état de fluidité générale où elle se trouvait au début, et qui est encore maintenant celui de son noyau, ou, pour mieux dire, de toute sa masse intérieure, elle a subi facilement l'action de la force centrifuge. Tandis que cette action était nulle aux extrémités de l'axe, elle se faisait sentir de plus en plus énergiquement vers le plan de l'écliptique, et acquérait entre les tropiques son maximum d'intensité. La terre s'est donc aplatie aux deux pôles et renflée vers l'équateur. Elle a pris la forme que les géomètres appellent un ellipsoïde de révolution.

Après la solidification des parties superficielles et la précipitation des vapeurs aqueuses, les eaux et les gaz, c'est-à-dire les parties restées fluides, ont dû continuer d'obéir en proportion de leur masse à la force centrifuge, et former à l'équateur et dans les régions voisines des couches plus épaisses que dans les régions polaires. La moindre épaisseur de ces dernières a dû contribuer à accélérer leur refroidissement, que favorisait d'ailleurs leur situation par rapport au soleil : situation qui fait que les rayons calorifiques ne les atteignent pas pendant une moitié de l'année, et ne les frappent que très-obliquement pendant l'autre moitié.

Néanmoins ce ne fut pas encore dans cette période que les mers polaires se refroidirent assez pour devenir ce qu'elles sont : des mers glaciales. Il est probable aussi que, malgré l'abaissement de température, la vie ne s'y manifesta pas beaucoup plus tôt que dans les mers plus centrales, et qu'elle y prit peu de développement. Car la chaleur ne suffit pas à la vie : il lui faut encore l'action prolongée de la lumière, et, pendant les six mois de l'été polaire, à peine les rayons du soleil pouvaient-ils percer l'atmosphère compacte et nuageuse qui enveloppait le globe.

Toutefois, on a supposé (M. de Candolle entre autres) que l'électricité, le magnétisme et la chaleur terrestre elle-même suppléaient alors jusqu'à un certain point à la radiation solaire; qu'une sorte de photosphère analogue à celle du soleil, — et dont les aurores boréales sont comme des reflets accidentels, — fournissait à la planète une lumière qui lui était propre, et que cette lumière, éteinte avant la création de l'homme, a suffi aux premiers besoins

Lumière magnéto-électrique sur l'Océan universel.

des organismes rudimentaires par lesquels la vie a débuté sur le globe... Cette hypothèse n'a rien qui répugne à la raison. Elle s'appuie sur les observations relatives à la constitution du soleil et à celle des nébuleuses planétaires, dont la lumière serait aussi toute superficielle. L'imagination se représente volontiers le spectacle étrange et grandiose de l'Océan sans bornes bouillonnant sur son lit volcanique, et roulant en tous sens ses flots impétueux sur lesquels se reflétait la lueur rougeâtre d'un ciel ardent, voilé d'une brume épaisse et chaude; et dans ses flots des milliards d'êtres invisibles, embryons des êtres futurs, s'essayant à la vie, montant à la surface pour chercher la lumière, et attendant au sein d'une agitation formidable que le jour, le vrai jour se levât sur le monde.

Mais qui pourra dire jamais jusqu'à quel point ces hautes conceptions, ces vagues peintures que la science évoque et qui plaisent aux nobles esprits, se rapprochent ou s'éloignent de l'impénétrable réalité?... Ce qu'on peut affirmer, c'est que la vie apparut pour la première fois dans les eaux tièdes et saturées de substances en dissolution : soit qu'alors l'inondation fût encore universelle, soit que déjà les boursouflements du sol eussent ébauché la division des mers et fait surgir au-dessus des flots les premières assises des continents. L'Océan primitif était placé entre deux sources de chaleur, l'une intérieure : c'était la masse incandescente, la pyrosphère dont le rayonnement se faisait sentir énergiquement à travers la mince pellicule solide qu'on peut comparer à celle dont se couvre le lait récemment bouilli; l'autre extérieure : c'était le soleil, ou bien l'atmosphère ardente que la terre possédait encore et qui allait s'éteignant peu à peu. Le refroidissement des eaux s'opérait donc avec une lenteur dont on pourra se faire une idée lorsqu'on saura que, depuis les temps historiques, la température du globe n'a pas varié de la moitié d'un degré. Il est vrai que l'émission du calorique a toujours été se ralentissant, et que la plus grande partie de notre chaleur nous vient maintenant, non du foyer central, mais du soleil. A l'origine du monde il n'en était pas ainsi. La terre couvait, pour ainsi dire, elle-même, et fit éclore par sa propre chaleur les premiers êtres dont les germes s'abritaient dans les profondeurs de son humide vêtement.

« D'abord, dit M. Alfred-Maury, l'atmosphère vaporeuse qui environnait notre globe entretenait une égalité de température et faisait de ce monde une véritable serre-chaude. Les premières plantes, les premiers êtres qui apparurent étaient donc organisés pour vivre sous le climat très-chaud dont jouissaient toutes les parties de notre globe ; c'est ce que démontre l'organisation des végétaux qui appartiennent aux terrains les plus anciens. Ces terrains sont des dépôts sédimentaires comme ceux qui composent toutes les parties de la couche terrestre, n'ayant point été recouvertes ou modifiées par des roches ou des matières en fusion. Ces terrains primaires, qu'on désignait jadis sous le nom de roches de transition, alors qu'on regardait les roches métamorphiques comme constituant les terrains primordiaux, ont été appelés siluriens et devoniens, du nom des cantons d'Angleterre à la surface desquels ils ont été d'abord observés[1]. »

La flore et la faune de ces âges primitifs ont un caractère particulier qui disparaît aux époques postérieures, et qu'on

[1] *La Terre et l'Homme*, chap. I, p. 13.

retrouve dans certains terrains schisteux de la Bohême, de la Scandinavie, de la Russie et de l'Amérique du Nord. Le règne végétal n'est encore représenté que par des algues et des fucus qui indiquent la prédominance des eaux. C'est par là que la vie organique a débuté. J'entends celle dont la science a pu retrouver les traces; car avant ces plantes, analogues à celles que nourrissent aujourd'hui les mers, combien d'autres végétaux rudimentaires avaient dû être créés, puis détruits ou transformés, et remplacés par d'autres! « La nature, disait Linné, ne fait point de saut (*Natura non facit saltum*). » La création n'est pas une œuvre capricieuse, procédant par bonds, par éclats; c'est une œuvre profondément méthodique, dont chaque phase est liée par une connexion nécessaire à celle qui précède et à celle qui suit; œuvre d'une inconcevable complexité si on l'envisage dans ses résultats et dans ses détails, mais dont la simplicité apparaît dans toute sa majestueuse grandeur lorsque l'esprit s'élève assez haut pour embrasser l'ensemble du plan général qui y a présidé, l'ordre suivant lequel elle s'est accomplie, et la succession logique des actes qui la composent.

Ainsi la nature va toujours du simple au composé; le plan primitif et fondamental suivi par elle dans la création de l'être le plus complexe est le même qu'on retrouve dans l'organisme le plus rudimentaire. Et l'étude des êtres éteints du règne végétal et du règne animal nous montre, en outre, que, dans l'un comme dans l'autre, les espèces inférieures ont constamment précédé les espèces supérieures. Enfin, deux séries d'êtres étant données, on peut toujours affirmer que celle qui, dans son développement, s'est arrêtée au terme le moins élevé de l'échelle organique, a toujours précédé celle qui aboutit à un type plus parfait. Donc, si nous cherchons à nous former une notion de ce que fut la vie dans l'origine du monde, nous voyons la création marine, destinée à demeurer, si l'on peut ainsi dire, inférieure en dignité à la création terrestre, précéder celle-ci; nous voyons le règne végétal, inférieur en dignité au règne animal, apparaître avant lui, soit au sein des eaux, soit sur la terre. Et de même que, dans la création des êtres destinés à peupler l'Océan, des végétaux microscopiques, agames ou cryptogames, ont précédé probablement les algues et les fucus dont on retrouve les débris ou les empreintes dans les terrains les plus anciens; de même aussi les animaux infusoires, les zoophytes ou animaux-plantes ont précédé les mollusques, les crustacés et les poissons. Les débris de leurs constructions madréporiques existent abondamment dans les terrains dits de transition. « D'après la grande et belle idée de Léopold de Buch, dit M. de Humboldt, toute la formation du Jura consisterait en énormes bancs de coraux antédiluviens, qui entourent à une certaine distance les anciennes chaînes de montagnes [1]. » Nous verrons, du reste, bientôt quelle part importante ces animalcules ont prise à la constitution de certaines couches de terrain, en accumulant sur le lit des mers les produits de leur fécondité et de leur activité prodigieuses.

[1] *Tableau de la Nature.*

L'Océan.

CHAPITRE IV

PLUTON ET NEPTUNE

La Genèse (v. 9 et 10 du ch. 1er) rapporte au troisième *jour* de l'œuvre divine l'acte qui fit surgir du sein des eaux les continents et les îles, et qui resserra dans de certaines limites l'Océan universel :

« Dixit vero Deus : *Congregentur aquæ, quæ sub cœlo sunt, in unum locum : et appareat arida.* Et factum est ita.

« *Et vocavit Deus aridam terram, congregationesque aquarum appellavit maria.* »

Il ne faut pas oublier qu'au moment de la précipitation des eaux le lit qui les reçut n'était, par rapport à la masse restée fluide et incandescente, qu'une pellicule extrêmement mince. Aujourd'hui même, l'épaisseur de cette écorce n'est pas évaluée à plus de 160 kilomètres, soit à la 80e partie du diamètre terrestre, lequel est d'environ 12,800 kilomètres. Les volcans, par où les matières minérales en fusion s'échappent sous forme de lave, les tremblements de terre, qui çà et là se font sentir avec plus ou moins de force et parfois engloutissent des villes entières, prouvent assez que notre planète n'est pas encore tellement « encroûtée » qu'il ne lui vienne de temps à autre comme des ressentiments de son état primitif.

On conçoit donc qu'à l'époque géologique dont il s'agit ses fluctuations et ses bouillonnements intérieurs durent réagir avec une bien autre énergie sur son faible épiderme, et y produire à plusieurs reprises des boursouflures, des dépressions, des crevasses, en un mot des irrégularités, insignifiantes sans doute, si l'on tient compte du volume total du globe et de l'étendue de sa surface, mais qui nous semblent formidables, et qui l'étaient réellement eu égard à la petitesse des êtres destinés à les mesurer.

Ainsi le feu reprend maintenant dans l'œuvre créatrice sa fonction suspendue pour un temps, au moins dans les phénomènes les plus apparents (phénomènes physiques), et nous voyons se justifier l'opinion déjà citée de M. Flourens sur l'action alternative du feu et de l'eau dans la formation, je dirais, si la langue le permettait, dans le *façonnement* des couches extérieures du globe. Les géologues ont personnifié ces deux agents primordiaux sous les noms des dieux auxquels la mythologie les supposait soumis. Le feu, c'est Vulcain, ou plus souvent Pluton, le dieu des enfers, le dieu souterrain. L'eau, c'est Neptune, dieu des mers et souverain des fleuves, qui tous lui apportent leur tribut. On a appelé, en conséquence, terrains *plutoniens* ceux dont la formation se rapporte à l'action du feu central, et terrains *neptuniens* ceux qui résultent de dépôts laissés par les mers dans les lits qu'elles ont autrefois occupés.

Les anciens géologues accordaient à Neptune — ou à l'eau — la plus grande part dans la formation des continents, des îles et même des montagnes. Tout en admettant l'existence du feu central, ils pensaient que le règne de Pluton avait pris fin à partir du moment où celui de Neptune avait commencé; que le premier s'était vu dès lors confiné à jamais dans son impénétrable empire, et réduit, pour toute manifestation de sa puissance, tantôt à lancer par le cratère des volcans des cendres, des laves et de la fumée, tantôt à secouer, sans pouvoir les briser, les voûtes de sa prison; tandis que Neptune triomphant, resté seul coopérateur de Dieu, préparait lui-même le lit des océans et des mers, et n'en prenait définitivement possession qu'après avoir remué la surface entière du monde, construit les futures demeures de l'homme, creusé les vallées, entassé les rochers en montagnes, et laissé partout des traces profondes de son gigantesque travail. Buffon, lorsqu'il écrivit sa *Théorie de la terre*, partageait encore cette opinion erronée.

« Ce sont, dit-il au tome Ier, les eaux rassemblées dans la vaste étendue des mers qui, par le mouvement continuel du flux et du reflux, ont produit les montagnes, les vallées et les autres inégalités de la terre; ce sont les courants de la mer qui ont creusé les vallons et élevé les collines, en leur donnant des directions correspondantes; ce sont ces mêmes eaux de la mer qui, en transportant les terres, les ont disposées les unes sur les autres en lits horizontaux; et ce sont les eaux du ciel qui peu à peu détruisent l'ouvrage de la mer, qui rabaissent continuellement la hauteur des montagnes, qui comblent les vallées, les bouches des fleuves et les golfes, et qui, ramenant tout au niveau, rendront un jour cette terre à la mer, qui s'en emparera successivement en laissant à découvert de nouveaux continents entrecoupés de vallons et de montagnes, et tout semblables à ceux que nous habitons aujourd'hui. »

Cette manière d'expliquer la séparation des terres et des mers, et cette prophétie du futur envahissement des premières par les secondes, sont de pure fantaisie et tout à fait insoutenables. Buffon, en les émettant, s'exposait non-seulement à la critique, mais aussi à la raillerie, surtout dans le siècle où il vivait. Voltaire, son ennemi, ne manqua pas cette occasion de lui décocher les traits de sa malice. C'est à Buffon que s'adresse l'épigramme contenue dans ce distique :

Et les mers des Chinois sont encore étonnées
D'avoir par leurs courants formé les Pyrénées.

Est-ce à dire que l'eau n'ait été pour rien dans le phénomène qui nous occupe? Loin de là : elle y a été pour beaucoup, comme le prouvent les immenses dépôts d'alluvions et de coquillages laissés par elle en tout lieu. Mais son action n'a été que secondaire; la mer a remanié, modifié, achevé l'œuvre du feu, et cela par une série de révolutions que nous étudierons bientôt, et qui ne doivent pas être confondues avec l'émersion des terres.

Buffon, dans ses *Époques de la nature*, parle de la période où les eaux ont couvert les continents, puis de celle où *elles se sont retirées*. (Voy. ci-dessus, ch. 1er.) Or, dans le principe, les eaux ont couvert le globe, mais non les continents, qui n'existaient pas encore. Et dire après cela qu'elles se sont *retirées*, c'est résoudre par un mot vague une difficulté capitale, à moins qu'on ne nous apprenne comment les eaux ont envahi les continents, comment ensuite elles les ont quittés et où elles sont allées en les quittant. Car les continents n'existent qu'à la condition d'être élevés au-dessus du niveau des mers; et s'ils sont élevés au-dessus du niveau des mers, celles-ci ne sauraient les submerger en dépit des lois de leur équilibre; elles ne sauraient spontanément quitter leur lit pour y retourner, après avoir séjourné pendant un temps plus ou moins long dans des régions où l'on ne comprend pas qu'elles aient pu parvenir.

Pourtant les continents portent dans leurs profondeurs des traces évidentes du séjour de la mer : non de la mer primitive et universelle, antérieure à l'émersion des terres, antérieure à l'apparition de la vie, mais de la mer tempérée ou froide, de la mer habitée par des milliards d'animaux divers qui ont laissé sur ses anciens lits leurs innombrables dépouilles.

Comment donc concilier ces deux faits en apparence contradictoires? La solution est simple, et c'est la théorie plutonienne qui la fournit. Au lieu d'imaginer l'Océan primitif se retirant, se resserrant par un mouvement spontané, puis sortant des bassins creusés par ses propres flots pour recouvrir de nouveau les terres qu'il avait laissées à sec et pour rentrer encore dans ses limites naturelles, il suffit d'admettre qu'à un moment donné les matières en fusion sous la croûte terrestre venant à se dilater ou à se vaporiser par l'effet du calorique, et trouvant en certains endroits cette croûte plus mince, plus flexible ou plus fragile, l'ont soulevée et bosselée, ou bien qu'elles l'ont rompue et se sont épanchées au dehors; que ces soulèvements ou ces épanchements ont été assez considérables pour faire saillie au-dessus du niveau primitif des eaux; que ces dernières ont été une première fois refoulées dans les parties déjà creuses, et qui se sont creusées davantage en raison même de la saillie produite ailleurs. Il suffit d'admettre que ces gonflements de la masse ignée se sont renouvelés à plusieurs reprises en sens divers, l'océan plutonien étant comme l'océan neptunien sujet à des flux et à des reflux, ses flots ne pouvant se porter d'un côté sans se retirer de l'autre, et les renflements de certaines parties de l'enveloppe entraînant nécessairement la dépression d'autres parties. Il suffit d'admettre enfin que ces bouleversements, ces déplacements tumultueux des mers, soulevées tour à tour et rejetées de rivages en rivages, ont continué jusqu'au moment où l'équilibre s'est établi généralement entre la tension intérieure et la pression extérieure, et où l'écorce du globe a acquis assez d'épaisseur et de solidité pour opposer aux efforts du liquide ardent qu'elle emprisonne une résistance presque partout invincible.

Alors seulement les continents et les grandes îles ont pris leur assiette définitive; les océans et les mers ont été resserrés dans des bassins qui n'ont plus éprouvé que des modifications lentes et comparativement insignifiantes. Les volcans, véritables soupapes de sûreté de l'immense chaudière, ont assuré davantage la sécurité des êtres qui vivent sur sa paroi convexe, et cette sécurité n'a plus été troublée qu'accidentellement par les convulsions affaiblies du redoutable fluide, c'est-à-dire par les tremblements de terre, par des soulèvements ou des affaissements locaux, par l'explosion de volcans sous-marins. Alors aussi se sont établis les courants marins et atmosphériques dont la marche régulière entretient dans ces éléments une circulation féconde. Les fleuves, formés par la chute des pluies, ont rendu à l'Océan les eaux que le soleil lui enlevait par évaporation. L'ordre et la vie, en un mot, sont nés du grand chaos primitif.

Et qu'on ne croie pas que je donne à ce mot chaos le sens vulgaire de désordre, de confusion. Non. Le chaos, ce n'était point la *rudis indigestaque moles* d'Ovide. C'était le travail normal d'un prodigieux enfantement; c'était la matière subissant, en vertu des lois éternelles qui la régissent, des transformations nécessaires, et obéissant à la puissance infaillible, qui de ses mille combinaisons allait faire sortir ce merveilleux ensemble de choses harmoniques que nous appelons le monde, et que les Grecs appelaient du beau nom de Cosmos : nom qui n'a d'équivalent dans aucune langue, car il signifie à la fois : Monde, Ordre, Ornement, Beauté. Le Chaos fut l'ébauche du Cosmos.

CHAPITRE V

LES DÉLUGES

Nous savons comment du sein de l'Océan primitif et universel ont surgi ces masses de terre qui, suivant leur plus ou moins d'étendue, s'appellent îles ou continents. Cette séparation des terres et des mers n'est pas un fait simple; elle ne s'est pas accomplie d'un seul coup, mais par une série de révolutions nombreuses, les unes soudaines et terribles, les autres lentes et presque insensibles, qui ont eu pour effet l'émersion et la submersion successives de toutes les parties du globe. Les preuves de ces révolutions existent partout, et sur les sommets des plus hautes montagnes, et dans les couches les plus profondes des régions les plus basses. Partout on reconnaît, à n'en pouvoir douter, les actions alternatives et combinées du feu et de l'eau, et c'est d'après leurs effets bien constatés que les géologues ont pu classer et dénommer les différentes *roches* [1] dont la superposition et l'enchevêtrement constituent l'enveloppe solide de notre planète.

Les unes, dites plutoniennes, forment les terrains de cristallisation dont l'origine est exclusivement ignée. D'autres, dites neptuniennes, forment les terrains sédimentaires, les *diluvia,* déposés en couches horizontales par les eaux marines. D'autres encore, de moindre importance et de formation plus récente, ont été amassées en certains endroits par les eaux douces, fluviales ou lacustres : ce sont les alluvions. D'autres enfin ont un caractère mixte, qui témoigne des transformations que leur ont fait éprouver ces actions alternatives des deux agents contraires dont je parlais tout à l'heure. Ce sont, par exemple, des dépôts sédimentaires ou diluviens, qui, engloutis sous des épanchements volcaniques, ont été calcinés, fondus et ramenés à la nature des roches plutoniennes primitives. De là le nom de roches *métamorphiques* sous lequel on les a désignées.

[1] On appelle *roches,* en géologie, les substances minérales qui, réunies en amas plus ou moins considérables, concourent à la formation du sol; tandis qu'on désigne sous le nom de *terrains* les diverses réunions de roches qui paraissent s'être formées dans des circonstances identiques. Le terme de *roche,* ainsi défini, ne préjuge rien sur l'état de la substance. Que celle-ci soit dure ou sans consistance, volumineuse ou en fragments ténus, amorphe ou cristallisée, elle constitue toujours une *roche* pour le géologue. Ainsi l'argile, le sable, etc., sont des roches aussi bien que le granit, le marbre, le porphyre, etc. (*Dict. illustré et Encycl. univ.* publié par B. Dupiney de Vorepierre, art. *Géologie.*)

Elles forment les terrains de transition, c'est-à-dire ceux qui marquent le passage du règne neptunien au règne plutonien. C'est ainsi que dans des bancs épais de calcaire compacte et saccharoïde, on remarque des fragments nombreux de coquillages disséminés, faisant corps avec la roche et révélant manifestement son origine neptunienne, tandis que son état cristallin accuse avec non moins d'évidence l'action énergique et prolongée d'une calcination vulcanienne.

Après donc la première émersion de la terre ferme, et avant que les continents et les îles, les océans et les mers prissent les limites et les contours à peu près fixes que la géographie nous a fait connaître, les eaux se sont déplacées plusieurs fois en divers sens; il y a eu des déluges qui tour à tour ont englouti les parties d'abord mises à nu, et laissé à sec les vastes et profondes vallées naguère occupées par la mer. Ces déplacements des mers ont rempli une période qui peut elle-même se subdiviser en d'autres phases embrassant un intervalle immense, et dont chacune a laissé des monuments dans ces archives de la nature que la géologie et la paléontologie ont su déchiffrer. Le plus apparent et le plus significatif de tous ces monuments, ce sont les coquilles fossiles qu'on rencontre en abondance à des hauteurs où l'on ne peut admettre que le niveau de l'Océan se soit jamais élevé.

« C'est à l'occasion des coquilles fossiles, dit M. Flourens, qu'est née la première idée du déplacement des mers. Cette grande idée du déplacement des mers, les anciens l'ont eue comme nous, et c'est le même fait qui la leur avait donnée : la dispersion des coquilles marines sur la terre sèche. On trouve partout les traces de cette idée :

dans Strabon, dans Sénèque, dans Pline, etc. » Ovide nous dit (Métamorphoses, liv. xv) :

Vidi ego quod fuerat quondam solidissima tellus
Esse fretum, vidi factas ex æquore terras,
Et procul a pelago conchæ jacuere marinæ,
Et vetus inventa est in montibus anchora summis;
Quodque fuit campus, vallem decursus aquarum
Fecit; et eluvie mons est deductus in æquor.

Les anciens admettaient le fait sur sa simple évidence, sans le comprendre et sans s'en embarrasser beaucoup. Leur ignorance même des lois de la gravitation et de l'hydrostatique, ainsi que de la forme de la terre, les empêchait d'y rien voir de surprenant et d'y chercher des explications. Au moyen âge on fut moins naïf et moins sensé. La philosophie scolastique, ne comprenant rien aux coquilles fossiles, prit le parti d'en nier l'existence; elle prétendit que ce n'étaient point de vraies coquilles, mais des simulacres de coquilles, des *jeux de la nature*. La nature s'était amusée à façonner des cailloux en forme de coquillages, sans doute dans le dessein malicieux d'intriguer les savants et de leur donner, comme on dit, du fil à retordre.

Ce fut un artisan, mais un artisan homme de génie, qui osa le premier réfuter cette fiction grossière, et soutenir que les prétendus jeux de la nature étaient bien de véritables coquilles, et que, « auparavant que lesdites coquilles fussent pétrifiées, les poissons qui les avoient formées estoyent vivans dedans l'eau,... et que depuis l'eau et les poissons se sont pétrifiés en même temps, et de ce ne faut doubter. » On voit que Bernard Palissy (car c'est lui que je viens de citer) n'en était pas encore à se faire une idée du déplacement des mers, et qu'il ne s'expliquait pas bien l'existence et le dépôt des coquillages fossiles; mais c'était beaucoup pour son temps et pour un homme ignorant comme lui, que d'en affirmer l'origine normale. Deux siècles plus tard la question était encore pendante parmi les philosophes. Les plus éclairés et les plus hardis croyaient bien aux déplacements des mers, mais sans en donner une raison satisfaisante. La géologie et la paléontologie, ces deux branches de l'histoire scientifique de notre planète, existaient à peine au siècle dernier. Elles ne se sont développées que dans le nôtre, grâce aux travaux de Cuvier, d'Élie de Beaumont, de Humboldt, de Buckland, de Lyell, de Darwin, de Léopold de Buch, de d'Orbigny, de Beudant, et d'autres savants investigateurs. C'est à ces hommes illustres que nous devons de pouvoir lire aujourd'hui dans les couches du sol les annales de la Terre et de l'Océan, aussi couramment que nous lisons celles des peuples anciens dans les écrits de leurs meilleurs historiens.

« La science guidée par le génie, dit M. Flourens [1], a donc pu remonter jusqu'aux époques les plus reculées de l'histoire de la terre; elle a pu compter et déterminer ces époques; elle a pu marquer, et le premier moment où les êtres organisés ont paru sur le globe, et toutes les variations, toutes les modifications, toutes les révolutions qu'ils ont éprouvées. » Elle a pu aussi déterminer les rôles respectifs des deux agents essentiels de la création, et entrevoir les causes qui les ont amenés et maintenus tour à tour dans les conditions les plus propres à l'accomplissement de l'œuvre dont ils étaient à la fois les sujets et les instruments.

1 *Éloge historique de Georges Cuvier.*

Cuvier a parfaitement fait ressortir la part considérable qui revient à l'agent liquide, à l'Océan, dans la constitution des couches superposées de l'écorce terrestre. Il a montré aussi que les soulèvements de cette écorce et les déluges qui en ont été la suite, se sont renouvelés un grand nombre de fois, et que sa configuration actuelle a été le résultat d'une longue suite de phénomènes subits, de crises violentes. Et c'est encore l'étude des êtres, surtout des êtres marins fossiles, qui l'a conduit à ces importantes découvertes. « Ce n'est point, dit-il, au bouleversement des couches anciennes, au retrait de la mer après la formation des couches nouvelles, que se bornent les révolutions et les changements auxquels est dû l'état actuel de la terre.

« Quand on compare entre elles avec plus de détail les diverses couches et les produits de la vie qu'elles recèlent, on reconnaît bientôt que cette ancienne mer n'a pas déposé constamment des pierres semblables entre elles, ni des restes d'animaux de mêmes espèces, et que chacun de ses dépôts ne s'est pas étendu sur toute la surface qu'elle recouvrait. Il s'y est établi des variations successives, dont les premières seules ont été à peu près générales, et dont les autres paraissent l'avoir été beaucoup moins... Ainsi les déplacements des couches étaient accompagnés et suivis de changements dans la nature du liquide, et des matières qu'il tenait en dissolution; et lorsque certaines couches, en se montrant au-dessus des eaux, eurent divisé la surface des mers par des îles, par des chaînes saillantes, il put y avoir des changements différents dans plusieurs des bassins particuliers.

« On comprend qu'au milieu de telles variations dans la

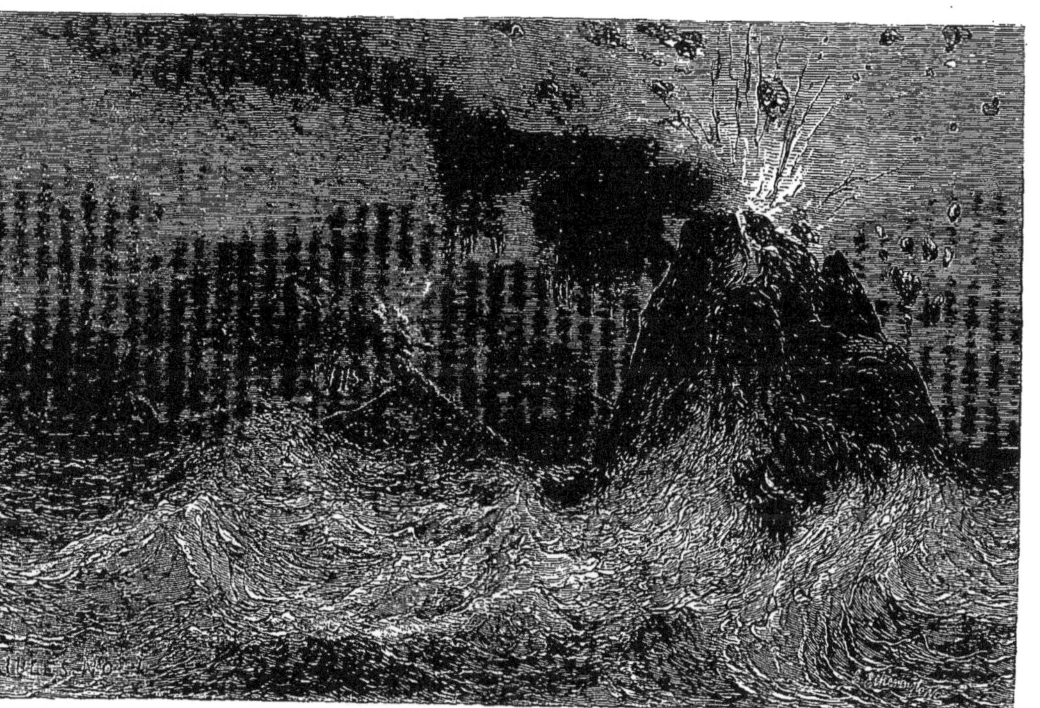

Soulèvements plutoniens au sein de l'Océan.

nature du liquide, les animaux qu'il nourrissait ne pouvaient demeurer les mêmes. Leurs espèces, leurs genres même changeaient... . . . .

« Il y a donc eu, dans la nature animale, une succession de variations qui ont été occasionnées par celles du liquide dans lequel les animaux vivaient, ou qui du moins leur ont correspondu; et ces variations ont conduit par degrés les classes des animaux aquatiques à leur état actuel; enfin, lorsque la mer a quitté nos continents pour la dernière fois, ses habitants ne différaient pas beaucoup de ceux qu'elle alimente aujourd'hui.

« Nous disons *pour la dernière fois,* parce que, si l'on examine avec encore plus de soin ces débris des êtres organiques, on parvient à découvrir au milieu des couches marines, même les plus anciennes, des couches remplies de productions animales ou végétales de la terre et de l'eau douce; et parmi les couches les plus récentes, il en est où des animaux terrestres sont ensevelis sous des amas de productions de la mer. Ainsi les diverses catastrophes qui ont remué les couches n'ont pas seulement fait sortir par degrés du sein de l'onde les diverses parties de nos continents et diminué le bassin des mers, mais ce bassin s'est déplacé en plusieurs sens. Il est arrivé plusieurs fois que des terrains mis à sec ont été recouverts par les eaux, soit qu'ils aient été abîmés, ou que les eaux aient été seulement portées au-dessus d'eux; et pour ce qui regarde particulièrement le sol que la mer a laissé libre dans sa dernière retraite, celui que l'homme et les animaux terrestres habitent maintenant, il avait déjà été desséché au moins une fois, peut-être plusieurs, et avait nourri alors des quadrupèdes, des oiseaux, des plantes et des productions terrestres de tous les genres. La mer qui l'a quitté l'avait donc auparavant envahi....

« Mais ce qu'il est aussi bien important de remarquer, ces irruptions, ces retraites répétées n'ont point toutes été lentes, ne se sont point toutes faites par degrés; au contraire, la plupart des catastrophes qui les ont amenées ont été subites; et cela est surtout facile à prouver pour la dernière de ces catastrophes, pour celle qui par un double mouvement a inondé et ensuite remis à sec nos continents actuels, ou du moins une grande partie du sol qui les forme aujourd'hui. Elle a laissé encore dans les pays du Nord des cadavres de grands quadrupèdes que la glace a saisis, et qui se sont conservés jusqu'à nos jours avec leur poil et leur chair. S'ils n'eussent été gelés aussitôt que tués, la putréfaction les aurait décomposés. Et d'un autre côté, cette gelée éternelle n'occupait pas auparavant les lieux où ils ont été saisis; car ils n'auraient pas pu vivre sous une pareille température. C'est donc le même instant qui a fait périr les animaux, et qui a rendu glacial le pays qu'ils habitaient. Cet événement a été subit, instantané, sans aucune gradation, et ce qui est si clairement démontré pour cette dernière catastrophe ne l'est guère moins pour celles qui l'ont précédée. Les déchirements, les redressements, les renversements des couches plus anciennes ne laissent pas douter que des causes subites et violentes ne les aient mises en l'état où nous les voyons; et même la force des mouvements qu'éprouva la masse des eaux est encore attestée par les amas de débris et de cailloux roulés qui s'interposent en beaucoup d'endroits entre les couches solides. La vie a donc été souvent troublée sur cette terre par des événements effroyables. Des êtres vivants sans nombre ont été victimes de ces catastrophes : les uns, habitants de la terre sèche, se sont vus engloutis par les déluges ; les autres, qui peuplaient le sein des eaux, ont été mis à sec avec le fond des mers subitement relevé ; leurs races mêmes ont fini pour jamais, et ne laissent dans le monde que quelques débris à peine reconnaissables pour le naturaliste »[1].

J'ai cru devoir citer presque en entier ce morceau capital du célèbre naturaliste, où sont exposées si clairement et si largement les grandes fluctuations de l'Océan, et les luttes continuelles de l'eau contre la terre. Cuvier s'est attaché aussi à démontrer qu'il y a eu des révolutions antérieures à l'apparition des êtres vivants ; et dans la suite de son beau travail, comme dans les pages qu'on vient de lire, il revient avec persistance sur le caractère soudain et brusque de la plupart des révolutions géologiques, de toutes celles au moins qui ont modifié sensiblement l'état du globe, et dont la science a pu retrouver les monuments.

Cette opinion a été confirmée par les recherches postérieures à celles de Cuvier. Toutefois elle ne s'applique exactement qu'à un certain ordre de changements, et il ne faut pas croire que la configuration actuelle de la surface du globe soit la conséquence d'une révolution subite, à la suite de laquelle la terre et l'océan auraient pris instantanément les positions respectives que nous leur connaissons. Ces positions se sont modifiées d'une manière très-notable avant et depuis les temps historiques, par l'effet de soulèvements et d'affaissements quelquefois brusques

[1] *Discours sur les révolutions de la surface du globe.*

et limités, mais souvent aussi très-lents et très-étendus, et aussi de l'action érosive des flots de la mer, des alluvions fluviales, etc. Il y a plus : depuis le dernier déluge dont notre hémisphère a été le théâtre, qui a détruit non-seulement des animaux, mais des populations entières, et dont les traditions de plusieurs peuples ont conservé le souvenir, les phénomènes géologiques ont continué et continuent encore de se produire. On peut en suivre la marche, et par là se faire une idée de ceux qui, aux premiers âges du monde, ont tant de fois bouleversé la surface du globe. Je reviendrai, au chapitre VII, sur ces phénomènes, qui prouvent que si l'action plutonienne s'est considérablement affaiblie, elle est loin d'avoir entièrement cessé; que les eaux ne laissent pas non plus de poursuivre leur travail lent, mais énergique, et que si, ce qu'on ne saurait affirmer avec certitude, l'ère des grandes révolutions est fermée pour notre planète, ce serait une erreur de croire que l'état où nous la voyons soit un état définitif et immuable.

CHAPITRE VI

LES DÉLUGES (SUITE)

Je ne sais si je préjuge à tort, d'après mes propres impressions, le sentiment de ceux qui me liront; mais je me persuade qu'on me pardonnera de m'arrêter encore sur cette mystérieuse question des déluges, qui a si fortement préoccupé, à notre époque, d'illustres philosophes [1].

Encore bien que ce livre soit plus particulièrement destiné à la jeunesse (je ne dis point à l'enfance), il ne me semble pas que l'étude des problèmes géogéniques qui se rattachent directement à l'histoire de l'Océan y soient déplacés, ni qu'elle ait rien de répugnant pour les jeunes gens animés de cette curiosité généreuse, de cette ardeur à pénétrer les secrets de la nature, qui est le propre des esprits bien doués.

Je ne sache pas, au contraire, de sujet plus vraiment digne de leur intérêt, plus propre à enflammer leur imagination, en même temps qu'à élever leur pensée. J'estime que les scènes de la création, même entrevues confusément, comme nous les pouvons entrevoir avec nos faibles lumières, sont un spectacle plus beau, plus fécond en précieux enseignements qu'aucun de ceux que leur offrent les annales des sociétés humaines; et mon seul regret est de sentir combien je suis peu capable de leur en faire apprécier toute la grandeur.

Les soulèvements et les dépressions de l'écorce terrestre ne sont pas les seules causes qu'on puisse assigner aux

[1] Ici, de même qu'en maint autre endroit, j'emploie les mots philosophe, philosophie, dans le sens qu'on leur donnait autrefois, et qu'on leur donne encore dans quelques pays, en Angleterre par exemple, où l'on ne sépare point la philosophie de la science. J'accorde toutefois que, s'il est difficile d'être philosophe sans être savant, on peut être savant sans être philosophe. Il suffit, en effet, pour mériter le premier titre, de connaître la physique, la chimie, les mathématiques, etc. Mais on ne devient philosophe qu'en approfondissant par soi-même ces connaissances, et en les faisant servir au dégagement des lois, des rapports de cause à effet, en un mot, des idées générales dont l'ensemble constitue proprement la philosophie.

déplacements des mers. Il est même des faits évidemment diluviens, dont ces phénomènes ne suffisent pas à rendre compte. Il en est d'autres beaucoup plus généraux et plus importants, qui ont bouleversé le sol, opéré d'immenses destructions d'êtres vivants, entraîné d'un pôle à l'autre les flots dévastateurs, changé la distribution des températures, et renversé l'économie inorganique et organique de la surface du globe, et que la seule théorie des soulèvements est impuissante à expliquer. Telle est la grande catastrophe dont parle Cuvier, et qui a porté dans les climats des perturbations assez profondes et assez brusques pour plonger tout à coup dans les horreurs d'un froid mortel des régions qui avaient joui auparavant d'une douce température.

Les convulsions les plus violentes des éléments solide et liquide paraissent n'avoir été elles-mêmes que des effets d'une cause supérieure, bien plus puissante que les expansions de la pyrosphère. Il a donc fallu recourir, pour les expliquer, à des hypothèses nouvelles, plus vastes et plus hardies que celles dont il a été question jusqu'ici. Quelques philosophes ont cru à une révolution astronomique qui aurait surpris notre planète pendant le dernier âge de sa formation, et qui aurait modifié sa position par rapport au soleil. Ils admettent que les pôles actuels n'ont pas toujours été ce que nous les voyons, et qu'un choc terrible les a déplacés en changeant l'inclinaison de l'axe de rotation de la terre : inclinaison d'où dépend, comme chacun sait, la distribution des températures. Cette hypothèse a été développée avec un rare talent par M. de Boucheporn.

C'est à des chocs multipliés, produits par la rencontre de la terre avec les comètes, que ce géologue attribue les révolutions de la surface du globe, la formation des montagnes, les déplacements des mers, la perturbation des climats : phénomènes qui se rattachent selon lui à la brusque destruction du parallélisme de notre axe de rotation. Cette manière de voir est à peu près celle du géologue danois Frédéric Klee. Seulement ce dernier s'abstient de se prononcer sur les causes premières. Il ne dit pas comment la direction de l'axe terrestre a été changée; mais il admet ce changement, et le considère comme ayant amené le dernier déluge. Selon lui, l'équateur antédiluvien faisait un angle droit avec l'équateur actuel. En d'autres termes, l'axe du globe formait alors avec le plan de l'écliptique le même angle que forme depuis le plan équatorial, et il se serait redressé tout à coup de 90 degrés.

Nous avons déjà vu ce qu'on doit penser de la prétendue rencontre des comètes. Nous savons que la matière dont ces astres sont formés est trop diffuse pour produire un choc capable de renverser le mouvement de la terre; et si ce choc pouvait avoir lieu, il aurait pour effet, eu égard à la prodigieuse vitesse dont les comètes sont animées et à leur immense volume, la destruction totale du corps céleste placé sur leur chemin. Quant à l'hypothèse de Frédéric Klee, elle expliquerait, il est vrai, d'une manière satisfaisante, et le déplacement des eaux et le soulèvement des plus hauts plateaux de l'Amérique et de l'Asie, dont le groupement se rapporterait assez bien à la position primitive de l'équateur; mais elle a le grave inconvénient de ne pas s'expliquer elle-même, et ce motif seul nous dispense de nous y arrêter.

Cuvier, toujours prudent, toujours sobre de suppositions, affirmait, sur les preuves fournies par l'observation des fossiles, le fait irrécusable des irruptions répétées de la mer, et il exprimait l'espoir que la même étude, poursuivie avec attention, permettrait un jour de connaître le nombre et les époques de ces déluges. Le dernier ne remontait pas, selon lui, à plus de cinq à six mille ans, époque qui coïncide avec celle que la chronologie vulgaire assigne au déluge raconté par Moïse. Mais en ce qui concerne l'explication scientifique de ce cataclysme, Cuvier s'est contenté de poser la question en la recommandant aux géologues comme une des plus importantes qu'ils aient à résoudre.

Je viens d'indiquer une des solutions qui ont été proposées. Il me reste à en mentionner une autre, moins hasardée, et qui a pris récemment faveur dans une partie du monde savant. C'est la théorie des déluges périodiques, émise, à ce qu'il paraît, pour la première fois en 1779 par Bertrand de Hambourg, dans un ouvrage intitulé : *Renouvellement périodique des Continents*. Bertrand de Hambourg pensait qu'à des intervalles réguliers de plusieurs milliers d'années l'Océan oscillait d'un hémisphère à l'autre, sous l'influence d'une comète, influence combinée avec celle d'une grande masse aimantée que la terre recèlerait dans son sein.

Tout récemment un savant mathématicien français, M. J. Adhémar, a repris la même idée, mais en la dégageant de ses éléments par trop problématiques, c'est-à-dire en laissant de côté les comètes et le magnétisme, et en cherchant à expliquer les déluges périodiques par les lois même de la gravitation et de la mécanique céleste. Sa théorie a été soutenue après lui, avec commentaires et variantes, par des écrivains très-compétents, notamment par M. de Jouvencel, dans son livre sur *les Déluges*, et par M. F. Julien, dans ses *Harmonies de la mer*. J'essaierai, à mon tour, non de la soutenir non plus que de la réfuter, mais de l'exposer aussi simplement et sommairement qu'il me sera possible. J'invoquerai, dans cette tâche délicate, le secours des deux écrivains que je viens de citer : du dernier surtout, qui s'est contenté sagement de résumer avec une grande clarté la thèse de M. Adhémar, en la mettant à la portée des personnes peu versées dans les calculs astronomiques.

On sait que notre planète est animée de deux mouvements essentiels : l'un de rotation sur elle-même, qu'elle accomplit en vingt-quatre heures, et qui constitue le *jour;* l'autre de translation autour du soleil, qui dure trois cent soixante-cinq jours, et constitue l'*année*. Mais ce que beaucoup de personnes ignorent, c'est que la terre possède en outre un troisième et même un quatrième mouvement. De ces deux nouveaux mouvements, il en est un dont nous n'avons pas à nous occuper ; c'est celui qu'on désigne sous le nom de *nutation*. Il altère périodiquement, mais dans des limites très-restreintes, l'inclinaison, sensiblement constante, de l'axe terrestre sur le plan de l'écliptique, par une légère oscillation dont la durée est d'environ dix-huit jours, et dont l'influence sur la longueur relative des jours et des nuits est presque inappréciable. L'autre mouvement, au contraire, est une des données fondamentales de la théorie de M. Adhémar. Il est donc indispensable de le faire connaître en quelques mots.

On sait que la courbe décrite par la terre dans sa révolution annuelle autour du soleil n'est pas un cercle, mais une ellipse, c'est-à-dire un cercle légèrement allongé, dont le soleil occupe un des *foyers* [1]. Cette courbe s'appelle l'écliptique. On sait aussi que, dans son mouvement de translation, la terre conserve toujours une position telle que son axe de rotation est coupé en son milieu par le plan de l'écliptique. Mais, au lieu d'être perpendiculaire à ce plan, il le traverse obliquement, de manière à former avec lui d'un côté le quart, de l'autre côté les trois autres quarts d'un angle droit. Cette inclinaison n'est altérée que d'une manière insignifiante, comme je viens de le dire, par la nutation, et l'on a coutume, dans les démonstrations élémentaires, de considérer l'axe terrestre, et par conséquent aussi le plan de l'équateur, comme toujours parallèles respectivement à eux-mêmes. A peine ai-je besoin de rappeler que la terre, dans sa révolution annuelle, occupe successivement, sur l'écliptique, quatre positions principales, qui marquent les limites des quatre saisons. Lorsque son centre est à l'extrémité du grand axe la plus éloignée du soleil (*aphélie*), c'est, pour l'hémisphère boréal où nous sommes, le solstice d'été. Lorsque son centre est à l'autre extrémité du grand axe (*périhélie*), c'est, pour le même hémisphère, le solstice d'hiver. Les deux points intermédiaires, c'est-à-dire les extrémités de la perpendiculaire passant par le centre du soleil et abou-

[1] L'ellipse est, si l'on peut ainsi dire, un cercle à deux centres. En termes plus précis, c'est une circonférence engendrée par un point mobile autour de deux points fixes, de telle sorte que la somme des distances du premier à chacun des seconds soit toujours la même. Ces deux points fixes sont les *foyers* de l'ellipse. On appelle *grand axe*, ou *axe transverse*, le diamètre qui passe par les deux foyers, et *petit axe* celui qui coupe perpendiculairement le grand axe en son milieu. Ce milieu est le centre de l'ellipse. Les lignes tirées d'un foyer à la circonférence sont dits *rayons vecteurs*. L'écliptique est une ellipse dont les foyers sont très-rapprochés l'un de l'autre.

tissant à l'écliptique, sont les points équinoxiaux qui marquent la position du centre de la terre aux *équinoxes* de printemps et d'automne. Le grand cercle de séparation d'ombre et de lumière passe alors précisément par les pôles, le jour et la nuit sont égaux, et la ligne d'intersection du plan de l'équateur et de celui de l'écliptique fait partie du rayon vecteur allant du centre du soleil au centre de la terre, et qu'on nomme *ligne équinoxiale.*

Cela posé, il est évident que si, comme nous l'avons admis jusqu'ici, l'axe terrestre demeurait toujours parallèle à lui-même, la ligne équinoxiale passerait toujours par le même point de la surface du globe. Or il n'en est pas absolument ainsi : le parallélisme de l'axe de la terre est détruit lentement, très-lentement, par un mouvement particulier qu'Arago comparait ingénieusement au tournoiement incliné d'une toupie, et qui, selon la plupart des astronomes, s'accomplit en 25,800 ans environ. Ce mouvement a pour effet de faire rétrograder vers l'orient d'année en année les points équinoxiaux de la surface du globe, parce que la ligne équinoxiale, après une année révolue, ne coïncide plus exactement avec sa position antérieure. De sorte qu'au bout de 25,800 ans (M. Adhémar dit seulement 21,000) le point équinoxial a fait littéralement le tour du globe, et il est revenu à la même position qu'il occupait au début de cette immense période, qu'on a appelée *grande année.* C'est cette évolution rétrograde, déterminée par le tournoiement de l'axe terrestre décrivant autour de son centre une double surface conique, qui est connue en astronomie sous le nom de *précession des équinoxes.* Ce phénomène fut observé et mesuré, il y a près de deux mille ans, par Hipparque; mais ce fut Newton qui en découvrit la cause, et la théorie complète en a été donnée par d'Alembert et par Laplace.

Nous avons maintenant à considérer l'influence qu'exerce la précession des équinoxes dans l'alternance et la durée des saisons pour les deux hémisphères boréal et austral.

Et pour cela, supposons d'abord que l'axe terrestre conserve toujours son parallélisme. Nous savons que, grâce à l'inclinaison de l'axe terrestre sur le plan de l'écliptique :

1° Les saisons sont inverses pour les deux hémisphères, c'est-à-dire que l'hémisphère boréal jouit du printemps et de l'été tandis que l'hémisphère austral passe par l'automne et l'hiver;

2° C'est alors que la terre s'approche le plus du soleil que notre hémisphère a l'automne et l'hiver, et que le pôle nord, ne recevant plus les rayons de l'astre bienfaisant, se voit plongé dans une nuit presque complète qui dure près de six mois;

3° C'est lorsque la terre s'éloigne du soleil, parcourt la plus grande moitié de l'écliptique et va s'éloignant du foyer lumineux et calorifique, que le pôle nord, étant tourné vers ce foyer, reçoit constamment ses rayons, et que tout le reste de l'hémisphère boréal jouit des longs jours du printemps et de l'été;

4° Le contraire exactement a lieu dans l'hémisphère austral; son solstice d'été se rapporte au périhélie, et son solstice d'hiver à l'aphélie.

D'après ces données, et en tenant compte de ce que la terre parcourt, pour aller de l'équinoxe de printemps à l'équinoxe d'automne de l'hémisphère boréal, une courbe plus longue que pour revenir du second au premier, en tenant compte aussi de l'accélération du mouvement qu'éprouve la planète en se rapprochant du soleil, dont l'attraction s'exerce avec une énergie inversement proportionnelle au carré des distances, on arrive naturellement à conclure, en théorie, que notre été est plus long et notre hiver plus court que l'été et l'hiver de nos antipodes. Et il en est réellement ainsi *dans l'état actuel des choses.* La différence en notre faveur est d'environ huit jours.

Je dis dans l'état actuel des choses, parce que si maintenant nous envisageons les effets de la précession des équinoxes, nous verrons que dans un temps égal à la moitié de la grande année, soit 12,650 ans, suivant la plupart des astronomes, ou 10,500 ans seulement, d'après les calculs de M. Adhémar, les conditions seront renversées : l'axe terrestre et, par conséquent, les pôles auront accompli la moitié de leur révolution bi-conique autour du centre de la terre; ce sera donc l'hémisphère boréal qui aura les étés les plus courts et les hivers les plus longs, et réciproquement l'hémisphère austral qui aura les étés les plus longs et les hivers les plus courts.

C'est en l'année 1248 de l'ère chrétienne, selon M. Adhémar, que l'été a atteint au pôle boréal son maximum de durée. Depuis lors, c'est-à-dire depuis 615 ans, il a commencé à décroître, et cette décroissance continuera jusqu'à l'année 11,748, où il atteindra son minimum de durée.

Mais, demande le lecteur, fatigué peut-être de ces abstraites considérations qu'à mon grand regret il m'a été impossible d'abréger, mais qu'a tout cela de commun avec les déluges périodiques? — M'y voici enfin.

La grande année se divise, pour chacun des deux hémisphères boréal et austral, en deux saisons que M. de Jouvencel appelle le grand été et le grand hiver, et dont la durée serait, d'après M. Adhémar, de 10,500 ans.

Durant cette période de 10,500 ans, un des deux pôles (B, par exemple), a des étés constamment plus longs que les hivers, tandis que l'autre (A) subit des hivers constamment plus longs que les étés; et, après une décroissance lente, une différence égale s'établit en sens contraire. Il en résulte, pour le pôle qui subit les 10,500 hivers plus longs que ses étés, un refroidissement graduel et continu, par suite duquel les quantités de glaces et de neige qui fondent pendant l'été ne sont jamais compensées par celles qui se produisent pendant l'hiver. Les glaces et les neiges vont donc s'accumulant d'année en année, et finissent, au bout de la période, par former au pôle le plus froid une sorte d'encroûtement ou de calotte assez volumineuse et assez dense pour modifier la forme même du sphéroïde terrestre. Cette modification a pour conséquence nécessaire un déplacement notable du centre de gravité, ou — car c'est tout un — du centre d'attraction autour duquel toute la masse des eaux tend à se répartir également.

C'est, comme nous venons de le voir, le pôle austral qui a vu finir, en 1248, son grand hiver. C'est à ce pôle que, durant 11,500 années, les glaces se sont ajoutées aux neiges et les neiges aux glaces. C'est donc vers ce pôle que les océans se sont portés, couvrant la presque totalité de l'hémisphère austral, et laissant seulement à sec, sur les parties plus septentrionales du globe, des continents et des îles. Mais, depuis 1248, le grand hiver a commencé pour nous. Notre pôle à son tour va se refroidissant; il se charge peu à peu de neiges et de glaces, et dans quelques milliers d'années le centre de gravité de la terre, après être revenu à sa position normale qui est le centre géométrique du sphéroïde, la dépassera et reviendra se placer en deçà. Suivant alors les lois immuables de l'attraction centrale, les eaux australes, accrues par la fonte des glaces au pôle sud, reviendront envahir nos continents; la croûte terrestre, débarrassée là-bas de leur pression, cèdera aux forces intérieures qui la sollicitent, se soulèvera et donnera naissance à de nouveaux continents.

Ainsi, refroidissement alternatif des deux pôles et transport des eaux de l'un à l'autre, c'est-à-dire déluges périodiques, submersion et renouvellement des continents : telle serait la loi découverte par M. Adhémar, et confirmée, s'il faut en croire lui et ses partisans, par tous les faits géologiques et météorologiques les mieux constatés; telle serait la solution du problème posé par Cuvier.

« La cause initiale que Cuvier signale avec raison comme véritable nœud de l'énigme géologique, dit M. F. Julien, n'est-ce pas la puissante attraction que les masses polaires exercent alternativement, comme nous l'avons vu, sur la sphère liquide? N'est-ce pas la force irrésistible qui, suivant l'invariable loi de la précession régulière des équinoxes, doit faire osciller périodiquement le centre de gravité du globe, en déplaçant, en entraînant avec lui, d'un hémisphère à l'autre, la plus grande partie des flots de l'Océan? Dix mille cinq cents ans composent la durée de chaque période. Quant à l'ordre dans lequel se sont accomplis ces bouleversements, nous pouvons presque en contrôler la justesse, en observant le gisement des innombrables débris de fossiles accumulés dans nos contrées septentrionales par la dernière des irruptions qui ont précédé le déluge. C'était évidemment du sud qu'arrivait cette fois l'invasion de la mer. C'était du midi vers le nord que se déroulait l'Océan, inondant de ses flots les contrées habitées, et chassant, refoulant devant lui les animaux terrestres du monde primitif.

« Traqués d'un côté par les eaux, tous ces lourds pachydermes, éléphants, mastodontes, mammouths et cerfs géants, remontaient vers le nord, fuyant sans cesse jusqu'aux zones glacées de nos régions polaires. C'est là qu'épuisés par la faim, engourdis par le froid, ils venaient s'abattre et s'engloutir en masses innombrables : gigantesque hécatombe, dont les ossements gisent encore intacts, amoncelés en couches larges et profondes sur les côtes glacées de l'Amérique et de la Sibérie [1]. »

Ce fut alors qu'on vit des hôtes inconnus
Sur ces bords étrangers tout à coup survenus;
Le cèdre jusqu'au nord vint écraser le saule;
Les ours noyés, flottant sur les glaces du pôle,
Heurtèrent l'éléphant loin du Nil entraîné [2].

M. Julien énumère, à l'appui de la belle hypothèse dont il s'est fait le champion, d'autres faits nombreux qui prouvent selon lui manifestement, qu'à cette première invasion des eaux allant du sud au nord en a succédé une autre, en sens contraire, qui a été la dernière. Les régions de l'hémisphère austral présentent à ses yeux l'aspect d'un monde submergé : « partout des eaux profondes et des côtes à pic; partout des caps saillants, des pointes avan-

[1] *Les Harmonies de la Mer,* ch. V.
[2] Alfred de Vigny.

cées; partout enfin des îles qui dominent les flots comme des sommets de montagnes et comme les derniers pitons de chaînes englouties. » Et d'autre part on retrouve bien dans l'ensemble des continents groupés autour du pôle nord, et se projetant vers le sud, la physionomie de terres abandonnées par les eaux; à mesure qu'on avance vers le septentrion, on voit les îles augmenter en nombre et en grandeur, les continents s'élargir, les mers se diviser, se morceler et devenir moins profondes, de grands lacs enfermés dans les replis du terrain conserver, en plein continent, la saveur amère de l'Océan qui les a laissés là en se retirant. Il y a plus. Si l'on descend du sud au nord, on voit qu'une loi presque mathématique a présidé à la distribution des eaux, et que le rapport de la terre à la mer suit une progression décroissante dont pas un terme ne rétrograde sur le terme qui précède. Si enfin on considère la direction constante que suivent les terrains et les blocs erratiques par rapport à leur gisement primitif, on ne peut s'empêcher de voir là encore une forte présomption en faveur de l'opinion qui attribue à la violence irrésistible des mers se ruant du nord vers le sud, le transport, difficilement explicable par d'autres causes, de ces masses pesantes à d'aussi énormes distances.

Est-ce à dire cependant que la théorie des déluges périodiques ne comporte pas aussi des objections? Il serait téméraire de le prétendre. Une des plus fortes est donnée par Cuvier dans cette page qu'on dirait écrite en prévision de la thèse dont il s'agit :

« Le pôle de la terre se meut dans un cercle autour du pôle de l'écliptique; son axe s'incline plus ou moins sur le plan de cette même écliptique; mais ces deux mouvements, dont les causes sont aujourd'hui appréciées, s'exécutent dans des directions et des limites connues, et qui n'ont nulle proportion avec des effets tels que ceux dont nous venons de constater la grandeur. Dans tous les cas, leur lenteur excessive empêcherait qu'ils pussent expliquer des catastrophes que nous venons de prouver avoir été subites.

« Ce dernier raisonnement s'applique à toutes les actions lentes que l'on a imaginées... Vraies ou non, peu importe ; elles n'expliquent rien, puisque aucune cause lente ne peut avoir produit des effets subits. Y eût-il donc une diminution graduelle des eaux, la mer transportât-elle dans tous les sens des matières solides, la température du globe diminuât ou augmentât-elle, ce n'est rien de tout cela qui a renversé nos couches, qui a revêtu de glace de grands quadrupèdes avec leur chair et leur peau, qui a mis à sec des coquillages aujourd'hui encore aussi bien conservés que si on les eût pêchés vivants, qui a détruit enfin des espèces et des genres entiers[1]. »

M. Adhémar et ses partisans semblent en effet manquer de logique en attribuant les déluges, les invasions brusques de l'Océan aux faibles et lentes oscillations que l'accumulation alternative des glaces à chacun des deux pôles pourrait imprimer au centre d'attraction de la terre. Il ne faut pas, de leur propre aveu, moins de 10,500 ans pour qu'une de ces oscillations s'accomplisse, et leurs calculs n'en évaluent pas l'amplitude à plus de 3,400 mètres, soit 1,700 mètres au nord du centre de figure, et 1,700 mètres au sud. Est-il admissible qu'une déviation aussi insignifiante

[1] *Discours sur les révolutions de la surface du globe.*

puisse produire les révolutions qu'on lui attribue ? Si c'est le déplacement du centre de gravité de la terre qui amène le déplacement des eaux, il est clair que l'un doit s'effectuer dans le même temps que l'autre : ce n'est plus alors à des déluges proprement dits qu'il faudrait croire, mais à une translation graduelle de la masse des eaux d'un hémisphère à l'autre. Or la réalité des déluges est incontestable; leurs effets violents, subversifs, destructeurs, sont d'une égale évidence; mais rien de tout cela ne s'explique d'une manière satisfaisante par les perturbations imperceptibles que le refroidissement des pôles pourrait amener dans l'équilibre terrestre. Le problème reste donc sans solution, et la science doit jusqu'ici se reconnaître impuissante à pénétrer les causes de ces grands bouleversements.

Quoi qu'il en soit, des géologues, des naturalistes éminents ont établi qu'un dernier cataclysme a eu lieu à une époque relativement peu reculée, et qui coïncide à peu près avec celle que la chronologie assigne au déluge de Noé. Ainsi, de ses recherches sur les os fossiles, Cuvier a pu conclure que « toujours et partout la nature nous tient le même langage, que partout elle nous dit que l'ordre actuel des choses ne remonte pas très-haut. » Il pensait avec Deluc, Dolomieu, Buckland, E. de Beaumont[1],

[1] Ce dernier géologue ne paraît pas croire qu'il soit besoin, pour expliquer les déplacements de l'Océan, d'imaginer d'autres causes que les soulèvements de l'écorce du globe. Les révolutions de la terre et celles de la mer sont à ses yeux dans deux formes d'un même phénomène dont il faut chercher la cause dans les réactions intérieures de la masse ignée. Il a même émis l'opinion que le dernier déluge pourrait avoir été occasionné simplement par le soulèvement de la grande chaîne de montagnes du nouveau continent. « Comme l'émersion subite des grandes masses de

que s'il y a quelque chose de constaté en géologie, c'est que la surface de notre globe a été victime d'une grande et subite révolution, dont la date ne peut remonter beaucoup au delà de cinq à six mille ans; que cette révolution a enfoncé et fait disparaître les pays qu'habitaient auparavant les hommes et les espèces d'animaux aujourd'hui les plus connues; qu'elle a, au contraire, mis à sec le fond de la dernière mer, et en a formé les pays aujourd'hui habités; que c'est depuis cette révolution que le petit nombre des individus épargnés par elle se sont répandus et propagés sur les terrains nouvellement mis à sec, et par conséquent que c'est depuis cette époque seulement que nos sociétés ont repris une marche progressive, qu'elles ont formé des établissements, élevé des monuments, recueilli des faits naturels et combiné des systèmes scientifiques [1].

CHAPITRE VII

LE PARTAGE DU MONDE

Nous savons que la première répartition des terres au-dessus du niveau de l'Océan remonte à la troisième époque

montagnes hors de l'Océan, dit-il, doit occasionner une agitation violente dans les eaux, ne se pourrait-il pas que le soulèvement des Andes eût donné lieu à ce déluge temporaire dont les traditions d'un si grand nombre de peuples font mention? » (*Annales des sciences naturelles*, 1829.)

[1] *Discours sur les révolutions de la surface du globe.*

de la création : à celle que les géologues appellent époque *silurienne*[1]. Alors, selon Alexandre de Humboldt, la terre ferme ne consistait qu'en îles détachées qui, dans les périodes suivantes, se relièrent les unes aux autres, de manière à former des lacs nombreux et des golfes profondément découpés. « Dans le monde silurien, dit l'illustre philosophe, l'étendue des terres émergées fut certainement moindre d'un pôle à l'autre qu'elle ne l'est aujourd'hui dans la mer du Sud et dans l'océan Indien. » Ce fut seulement, d'après le même auteur, au début de la période tertiaire, lors du soulèvement des Karpathes, des Pyrénées, des Apennins, que les grands continents apparurent presque sous la forme qu'ils ont à présent. Nous avons déjà vu que le principe plutonien avait joué le principal rôle dans cette phase de la création. Il est facile de s'en convaincre en jetant les yeux sur une mappemonde. On est frappé alors de la solidarité intime qui existe entre la forme des continents et des îles et la direction des grandes chaînes de montagnes.

Je n'insiste point sur cette considération, dont le développement nous éloignerait de notre sujet. Il suffit de l'indiquer pour rendre manifeste l'origine ignée du monde terrestre, pour montrer que c'est le feu qui a opéré le partage de la surface du globe entre l'élément solide et l'élément liquide : partage inégal, dans lequel l'Océan semble n'avoir cédé qu'à regret une faible partie de son empire, jadis universel. Dans l'état actuel de notre planète, la superficie de la terre ferme est à celle de l'élément li-

[1] Du nom de l'ancien royaume de silures, dans la Grande-Bretagne, où les terrains de cette époque ont été d'abord observés.

quide dans le rapport de 1 à 2 $\frac{4}{5}$ ou, d'après Rigaud, dans le rapport de 100 à 270, ou enfin, selon d'autres auteurs, de 1000 à 284 [1]. Les îles réunies représentent à peine la vingt-troisième partie des continents, et elles sont réparties avec si peu de régularité, qu'elles occupent sur l'hémisphère austral trois fois moins de surface que sur l'hémisphère boréal. Tandis que les terres abondent dans ce dernier, le premier, à partir du 40e degré de latitude sud, est presque entièrement couvert d'eau. L'inégalité de répartition qu'on observe entre les deux moitiés du globe se retrouve, bien qu'à un moindre degré, entre l'hémisphère oriental et l'hémisphère occidental, que nous supposons séparés par le méridien de l'île Ténériffe. En effet, l'élément liquide prédomine dans tout l'espace compris entre les côtes orientales de l'ancien continent et les côtes occidentales du nouveau. Là il est seulement parsemé de rares archipels, et il règne sur 145 degrés de longitude. Aussi cet immense bassin a-t-il été justement appelé *grand Océan* par le savant hydrographe Fleurieu. En résumé donc, l'Océan couvre la presque totalité de l'hémisphère austral et la plus grande partie de l'hémisphère occidental. Il n'y a guère que $\frac{1}{27e}$ de la terre qui corresponde également à de la terre dans l'hémisphère directement opposé, et sous l'équateur, les $\frac{5}{6es}$ de la circonférence du globe sont recouverts par les eaux. C'est du moins ce qu'on peut induire des connaissances encore imparfaites que nous possédons sur l'état extérieur de notre planète; car il ne faut pas oublier

[1] La superficie totale des terres émergées au-dessus des eaux est d'environ 37,657,000 milles géographiques carrés, soit 12,916 millions d'hectares. Celle des mers est d'environ 110,865,009 milles, soit 38,027 millions d'hectares.

que nous savons peu de chose du bassin polaire boréal, et qu'il existe entre le cercle polaire antarctique et le pôle austral un vaste espace encore inexploré. On sait cependant, par des découvertes récentes, qu'il existe près de ce pôle une grande masse de terre volcanique, qui semble faire compensation à la prépondérance des continents dans l'hémisphère boréal, et qui pourrait fournir un argument de plus aux adversaires de la théorie des déluges périodiques.

Outre leur infériorité d'étendue par rapport aux océans et leur concentration autour du pôle nord, les continents présentent d'autres particularités qui méritent d'être signalées.

C'est d'abord leur séparation en deux groupes tellement distincts, que leurs habitants sont demeurés, pendant une longue suite de siècles, totalement étrangers les uns aux autres, et réciproquèment ignorants de leur existence. Je réduis ces groupes à deux, bien qu'on ait voulu considérer l'Australie, ou Nouvelle-Hollande, comme un troisième continent, en raison de son étendue considérable. La série des îles qui forment, entre elle et la presqu'île hindoue, comme une chaîne dont les anneaux auraient été brisés, ne permet point de la séparer géologiquement du groupe oriental.

Les deux continents, « véritables îles entourées de tous côtés par l'Océan », dit Alexandre de Humboldt, offrent, dans leur étendue, dans leur structure, dans leur configuration, de frappants contrastes, et aussi quelques analogies remarquables.

Examinons premièrement leurs dimensions respectives.

La superficie de l'Europe est évaluée à 2,720,000 milles carrés, ou 933 millions d'hectares; celle de l'Asie, à 12,191,000 milles carrés, ou 4,181 millions d'hectares; et celle de l'Afrique, à 8,500,000 milles carrés, ou à près de 2,916 millions d'hectares. Si à ces nombres on ajoute les 2,400,000 milles carrés, ou 823 millions d'hectares qui forment la superficie de l'Australie, on a, pour le groupe oriental, une étendue totale de 25,451,000 milles carrés, ou 8,853 millions d'hectares, auxquels on pourrait ajouter encore les quelques centaines de mille hectares des îles réunies de la mer des Indes, formant, entre l'Asie méridionale et l'Australie, la chaîne brisée dont nous parlions tout à l'heure. D'autre part, on porte à 6 millions de milles carrés, ou 2,058 millions d'hectares, la superficie de l'Amérique septentrionale; à 140,000 milles carrés, ou 48 millions d'hectares, celle de l'Amérique centrale, et à 5 millions de milles carrés, ou 1,715 millions d'hectares, celle de l'Amérique du Sud; soit, pour la totalité du nouveau continent, 11,140,000 milles carrés, ou 3,821 millions d'hectares. La différence en faveur du groupe oriental est donc de 14,311,000 milles carrés, ou 3,821 millions d'hectares, c'est-à-dire que la superficie totale du second est plus que double de celle du premier.

Si nous considérons à présent la disposition des terres sur les deux hémisphères oriental et occidental, nous reconnaîtrons que sous ce rapport aussi la nature s'y est comportée de façons très-dissemblables.

Les forces intérieures qui ont élevé les deux grands continents au-dessus de l'abîme ont agi en sens opposé, c'est-à-dire presque parallèlement à l'équateur dans notre hémisphère, et suivant la direction du méridien dans le nouveau monde. Aussi la configuration générale des deux continents et la direction de leurs grands axes sont-elles fort différentes. Le continent oriental est dirigé en masse de l'ouest à l'est, ou, plus exactement, du sud-ouest au nord-est, tandis que le continent occidental est dirigé du nord au sud, ou, plus exactement, du nord-nord-ouest au sud-sud-est. Toutefois, à côté de ces différences fondamentales, on aperçoit aussi des analogies; mais celles-ci affectent surtout les contours des masses de terre et plus particulièrement ceux des côtes opposées d'un continent à l'autre. Ainsi les deux continents sont coupés au nord suivant un même parallèle (celui de 70°), et tous deux se terminent, au sud, en pointe ou en pyramide, avec des prolongements sous-marins signalés par la saillie d'îles ou de bancs : à l'extrémité de l'Amérique méridionale, l'archipel de la Terre-de-Feu; au sud du cap de Bonne-Espérance, le banc de Lagullas; au sud-est de l'Australie, la terre de Van-Diemen.

Un fait qui a éveillé l'attention de tous les observateurs, mais dont on n'a pu jusqu'ici se rendre compte d'une manière satisfaisante, c'est la tendance générale des terres à prendre la forme péninsulaire. Ce fait, très-remarquable en lui-même, le devient encore davantage par cette double circonstance, que presque toutes les péninsules sont dirigées vers le sud, et que les plus importantes sont terminées, dans ce sens, en forme de coin.

« La forme pyramidale des extrémités méridionales de tous les continents, dit Alexandre de Humboldt, rentre dans la catégorie de ces *similitudines physicæ in configuratione mundi*, sur lesquelles Bacon a tant insisté dans son *Novum organum*, et que l'un des compagnons de Cook,

Berthold Forster, a pris pour texte de considérations ingénieuses. Si l'on marche vers l'est, en partant du méridien de Ténériffe, on voit les pointes de trois continents, celle de l'Afrique (extrémité de tout l'ancien monde), celles de l'Australie et de l'Amérique méridionale, se rapprocher graduellement du pôle sud. La Nouvelle-Zélande, longue de douze degrés de latitude, forme un membre intermédiaire entre l'Australie et l'Amérique du Sud; elle se termine également au sud par une île (New-Leicester). Il est aussi bien remarquable que les saillies des continents vers le nord et leurs prolongements vers le sud soient situés presque sur les mêmes méridiens. Ainsi le cap de Bonne-Espérance et le banc Lagullas sont situés sur le méridien du cap Nord; la péninsule de Malacca, sur celui du cap Taïmoura en Sibérie. Quant aux pôles mêmes, on ignore s'ils sont placés sur la terre ferme, ou au milieu d'un océan couvert de glaces [1]. »

Humboldt fait également observer que la forme allongée et pyramidale, qu'affectent les continents à leurs extrémités, se reproduit fréquemment sur une moindre échelle, non-seulement dans l'océan Indien (presqu'îles arabique, hindoue et malaise), mais encore dans les mers d'Europe : Méditerranée, mer du Nord et Baltique.

Pour terminer ce qui est relatif aux analogies de forme entre les deux continents, nous remarquons la ressemblance de l'Afrique avec l'Amérique méridionale : toutes deux dessinées, pour ainsi dire, sur le même modèle, toutes deux d'une forme presque identique, simple, peu accidentée. D'une autre part, l'Amérique du nord ressemble à

[1] *Cosmos*, t. I.

l'Europe, en ce que, comme celle-ci, elle est profondément découpée par des golfes et par des mers intérieures. Les deux continents sont limités au nord par une ligne très-brisée, et leurs côtes sont bordées d'îles nombreuses et de rochers, qui semblent n'être autre chose que les plateaux et les sommets des montagnes qui hérissent une contrée sous-marine creusée en forme de coupe et occupant tout le pôle nord. La haute et large protubérance volcanique entrevue récemment au pôle sud, plus inaccessible encore que le pôle nord, ferait supposer que, dans l'origine, la croûte terrestre a subi, aux extrémités de l'axe, par l'action même de sa rotation et du ressac de la pyrosphère, des effets contraires, et donnerait une singulière vraisemblance à l'idée hardie émise par un géologue contemporain sur les causes qui ont donné aux portions méridionales des deux grands continents leur forme triangulaire allongée. Ce savant fait remonter à l'époque même de la précipitation des eaux la formation et le dessin général des grandes masses continentales, leur amincissement vers le sud et leur élargissement vers le nord.

« Tandis que la vaste coupe du nord, dit-il, se remplissait plus lentement pour atteindre le niveau supérieur du relief qui en fait les bords, l'eau, sur la calotte du sud, coulait rapidement dans tous les sens vers l'équateur... Il en est résulté immédiatement d'immenses marées qui sont venues se heurter contre les reliefs équatoriaux, à mesure qu'ils se consolidaient par les progrès du refroidissement..., et l'impétuosité des flots ne s'est arrêtée qu'au pied des grands plissements originels héliçoïdes, déterminés par l'accélération du mouvement de rotation des pôles à l'équateur; de là enfin la configuration, découpée en triangle, des continents, à leur limite méridionale [1]. »

Alexandre de Humboldt explique aussi par les mouvements de l'Océan, mais à une époque bien plus récente, le creusement du bassin de l'Atlantique, l'uniformité des côtes de l'Afrique et de l'Amérique méridionale, ainsi que le caractère accidenté des rivages de l'Asie. Il remarque que dans la vallée atlantique, de même que dans presque toutes les parties du monde, les rivages profondément déchirés et garnis d'îles nombreuses sont opposés aux rivages unis. Il ajoute, du reste, avec la sage réserve d'un grand esprit : « malgré ces analogies et ces contrastes, il n'est pas donné à la science de scruter bien profondément les grands phénomènes qui ont dû présider à la naissance des continents. Ce que nous savons se réduit à ceci : la cause agissante est une force souterraine; les continents n'ont point été formés tout d'un coup tels qu'ils sont aujourd'hui; mais leur origine remonte à l'époque silurienne, et leur formation occupe les périodes suivantes, jusqu'à celle des terrains tertiaires; elle s'est effectuée peu à peu, à travers une longue série de soulèvements et d'affaissements successifs; elle s'est accomplie enfin par l'agglutination de petits continents d'abord isolés [2]. »

[1] A. Gautier, *Introduction philosophique à l'étude de la géologie*, livre III, ch. v.

[2] *Cosmos*, t. I.

CHAPITRE VIII

DERNIERS EFFORTS

L'histoire de l'Océan est inséparable, dans les âges géogéniques, de celle des parties solides qu'il couvre ou qu'il environne. Elle se résume en une longue série de révolutions qu'il faut attribuer en grande partie aux actions souterraines, mais dont plusieurs aussi peuvent se rapporter à des causes encore inconnues. La dernière de ces révolutions est ce déluge attesté par les traditions anciennes, et dont on peut affirmer deux choses : la première, c'est qu'il a eu lieu après que l'homme avait paru sur la terre, sans quoi évidemment les hommes n'en auraient point conservé le souvenir; la seconde, c'est qu'il a été de courte durée, puisque des hommes et des animaux ont pu y survivre pour repeupler le monde. Par lui fut clause l'ère des révolutions géologiques.

Je dis des révolutions, non des changements; car, ainsi que je l'ai fait observer plus haut, la masse incandescente à l'intérieur et la masse des eaux à l'extérieur, bien que contenues depuis lors, n'ont cependant pas cessé d'agir : leur activité s'est ralentie, affaiblie, régularisée dans une certaine mesure, mais elle ne s'est pas éteinte; la délimitation des continents et des mers, déjà accomplie par les soulèvements antérieurs, et qui, après la retraite des eaux, a dû se retrouver à peu près telle qu'elle était auparavant, n'a pas cessé de subir encore de nouvelles modifications. Humboldt dit qu'elle s'est achevée par l'agglutination des petits continents. Les terres paraissent en effet avoir été, au début des temps historiques, plus divisées qu'elles ne le sont aujourd'hui. Les cartes anciennes, monuments des connaissances vagues et incomplètes que possédaient en géographie les peuples même les plus civilisés de l'antiquité, nous les montrent coupées par de nombreux détroits. Et s'il est sage de faire, dans ces dessins grossiers, une large part à l'ignorance et à l'erreur, rien ne nous autorise cependant à les rejeter comme des documents sans aucune valeur. Toutefois, il n'est guère admissible qu'après la retraite des eaux du dernier cataclysme le partage du monde entre la mer et la terre ait continué de s'effectuer toujours au profit de celle-ci. Il est au moins probable que si, en plusieurs endroits, des îles ont surgi qui n'existaient pas autrefois ; si d'autres se sont reliées entre elles ou au continent; si des soulèvements, des alluvions, des atterrissements ont refoulé l'Océan, ailleurs le phénomène a été inverse : des affaissements, des *failles,* comme disent les géologues, ont fait disparaître sous les flots des contrées plus ou moins étendues; la mer a miné, rongé, échancré ses rivages, et recouvert des plages d'abord mises à nu.

L'Australie, loin de s'être agrandie par l'annexion d'îles voisines, s'est vu enlever, au contraire, à une époque récente, les terres de Van-Diémen au sud et de la Nouvelle-Guinée au nord, maintenant séparées, par des détroits très-resserrés, du continent dont elles faisaient autrefois partie, comme le démontre leur structure géologique absolument identique à celle de la Nouvelle-Hollande. Le célèbre

Léopold de Buch regardait même toute la longue chaîne d'îles et d'îlots qui commence à la terre de Van-Diémen, comprend la Nouvelle-Zélande, la Nouvelle-Calédonie, les Nouvelles-Hébrides, les îles Salomon, l'archipel de la Nouvelle-Bretagne, et rejoint ainsi la Nouvelle-Guinée, comme ayant formé jadis la côte orientale et septentrionale de l'Australie. On pourrait soutenir avec non moins de vraisemblance que toutes ces îles avec l'archipel de la Sonde, les Moluques, Bornéo, les Philippines, etc., reliaient primitivement l'Asie à l'Australie; en d'autres termes, que la presque totalité de la Malaisie et de la Mélanésie actuelles formaient, avant la catastrophe qui les a converties en groupes d'archipels, un vaste continent analogue à l'Amérique méridionale, et que la langue de terre de Malacca rattachait à l'Asie comme l'isthme de Tehuantepec rattache l'Amérique du Sud à l'Amérique septentrionale.

Et semblablement, il y a lieu de croire que ces deux derniers continents n'ont pas toujours été aussi éloignés l'un de l'autre qu'ils le sont maintenant; que le golfe du Mexique a été dans l'origine une véritable mer intérieure communiquant avec l'océan Atlantique par le seul détroit de la Floride; et que le cordon dessiné par la presqu'île du Yucatan, Cuba, Haïti, Porto-Rico et les Petites-Antilles, n'est autre chose que l'ancienne limite nord de l'Amérique méridionale. L'identité des restes fossiles de quadrupèdes éteints, trouvés sur la terre ferme et dans l'archipel des Indes occidentales; l'énergie encore si puissante des feux souterrains de l'Amérique centrale, la nature volcanique de plusieurs des Antilles, dont plusieurs ont encore des volcans mal éteints; enfin la fréquence des tremblements de terre auxquels toute cette région est sujette : tout indique qu'il s'est produit là un bouleversement formidable, et que la croûte terrestre s'est enfoncée sur une étendue et sur une profondeur énormes. Cet affaissement ne remonte pas à une époque bien reculée, puisqu'il est postérieur à la destruction des grandes races de mammifères. Peut-être est-il contemporain du soulèvement du plateau mexicain ; peut-être aussi a-t-il été plus considérable encore que je ne viens de le supposer, et a-t-il creusé non-seulement la mer des Antilles, mais le golfe du Mexique lui-même.

Quoi qu'il en soit, voilà déjà, ce me semble, pour l'Océan, d'assez belles conquêtes, et pour la terre ferme des pertes sensibles. On pourrait, en parcourant la mappemonde, trouver sur les deux hémisphères et jusqu'en Europe des traces manifestes de ruptures brusques ou lentes accomplies entre des portions de continent : le détroit de Gibraltar, le Pas-de-Calais, sont des résultats d'un phénomène de ce genre. Sur plusieurs points des côtes de France et d'Angleterre, on aperçoit, dans les marées très-basses, des forêts de chênes, de sapins, de bouleaux, englouties par les flots, et l'on a retiré du sein de ces forêts sous-marines les ossements et les bois des espèces de cerfs qui les habitaient.

A ces affaissements, qui ont agrandi en plus d'un lieu le domaine de l'Océan, se joint l'action érosive des vagues, qui sans cesse battent en brèche ses rivages. Il est vrai que cette action est souvent compensée par une action contraire, et que dans beaucoup de cas la mer, transportant ou accumulant sur la plage les matériaux qu'elle a enlevés à la falaise, rend, pour ainsi dire, au continent ce qu'elle lui a pris. Mais ces sortes d'alluvions marines sont peu de chose, comparées aux alluvions pluviales, dont l'accumu-

Le delta du Nil.

lation lente, mais continuée durant de longues suites de siècles, a constitué des dépôts immenses, des couches entières de terrain, et contribué d'une manière notable aux empiétements de la terre ferme sur l'Océan. La formation des dépôts d'alluvion est surtout sensible dans ce qu'on nomme les *deltas,* où l'on en peut suivre les progrès presque année par année.

On sait que les anciens Égyptiens considéraient leur pays comme *un présent du Nil,* dont les débordements périodiques laissaient chaque année sur le sol une nouvelle couche de ce limon fertile auquel la terre des Pharaons était redevable de sa fécondité proverbiale.

Plusieurs des contrées les plus petites du globe, celles où précisément la civilisation paraît s'être développée plus tôt qu'ailleurs, ne sont aussi que l'œuvre des grands fleuves qui les arrosent. Une partie des terres charriées par ces vastes cours d'eau se sont déposées peu à peu sur les rives, à la suite d'inondations fréquentes. L'autre partie est transportée jusqu'à la mer, et là, arrêtée, refoulée par les vagues, elle forme d'abord des hauts fonds, des bancs, des barrages, qui plus tard s'élèvent au-dessus des eaux et donnent naissance à des îles ou à des groupes d'îles. Peu à peu, la même cause continuant d'agir, les bras de mer, qui séparent ces îles les unes des autres ou les isolent du continent, finissent par se combler; aux canaux, aux lagunes succèdent des marécages, et enfin de vastes plaines que l'homme ne manque guère de s'approprier, car elles sont presque toujours d'une fécondité remarquable. Ces plages obligent le fleuve à se diviser, à se ramifier pour arriver jusqu'à la mer, et elles prennent ainsi, le plus souvent, une forme triangulaire qui leur a fait donner le nom de deltas, parce que la lettre grecque ainsi appelée figure un triangle. Le delta du Nil est le plus célèbre de tous. Il commence à 14 kilomètres au-dessous du Caire. Une grande partie de ses côtes, en tout un développement de 180 kilomètres, sont bordées de lagunes dont le fond est incessamment exhaussé par le limon du Nil. On en compte cinq, séparées de la mer par des langues de terre sur lesquelles s'élèvent çà et là de petites dunes. Une de ces lagunes, le lac Maréotis, a déjà disparu une première fois, et a été remplacé par une vaste plaine de sable tout imprégné de sel.

L'Afrique possède un autre delta bien plus considérable que celui du Nil, mais beaucoup moins connu. C'est le delta du Niger, dans le golfe de Guinée, dont on évalue la superficie à plus de 88,000 kilomètres carrés. On rencontre aussi, sur les côtes de l'Asie, de nombreux et vastes deltas. Le plus fameux est celui que forment les deux branches réunies du Gange et du Brahmapoutra, et sur lequel s'est élevée la grande capitale de l'empire Indo-Britannique, Calcutta. Le delta du Gange occupe tout le fond du golfe de Bengale, sur une largeur d'environ 300 kilomètres, et remonte dans les terres à peu près à la même distance. La quantité de terre charriée chaque année par le fleuve sacré est évaluée à 200 millions de mètres cubes. La mer en est quelquefois troublée jusqu'à 96 kilomètres de la côte.

Les deltas les plus remarquables du nouveau continent sont : dans l'Amérique du Sud celui de l'Orénoque, et dans l'Amérique du Nord celui du Mississipi. Plusieurs fleuves d'Europe ont produit des effets semblables, mais en général sur une moindre échelle. On peut citer les deltas du Danube, du Pô, du Rhône, de la Meuse, de l'Escaut et du Rhin. « Des alluvions considérables, en se formant sur les rives de ce vieux Rhin, dit M. Alfred Maury, ont donné naissance à une partie de la province de Hollande. A l'embouchure de ce fleuve, comme à celle de la Meuse, de l'Escaut, de l'Ems, du Weser et de l'Elbe, il se produit, lors de la marée montante, un calme durant lequel sont précipitées les matières terreuses tenues en suspension dans les eaux. De là résulte un sédiment que les vents répandent sur la plage. Ces dépôts successifs élèvent le rivage, et il se forme une alluvion étendue qui reste à sec dans les marées moyennes. On nomme *polders* ces terres nouvelles, d'une fertilité vraiment surprenante, et les Hollandais en tirent un grand parti dans leurs cultures. Durant les hautes marées, ou pendant les tempêtes, les polders se trouveraient submergés, si l'industrie active des habitants n'avait établi des digues qui s'opposent à l'invasion des eaux de l'Océan[1]. »

Il est un autre phénomène qui, de même que la formation des deltas, appartient à l'ordre des changements géologiques contemporains, et qu'on peut à juste titre considérer comme une sorte de retentissement affaibli des anciennes convulsions du globe. Je veux parler des affaissements et des exhaussements qu'on a observés en divers pays, soit dans l'intérieur des terres, soit sur les rivages de la mer, et qui, dans ce dernier cas, continuent sous nos yeux la lutte opiniâtre des deux éléments. Il est parfaitement démontré, par exemple, que, depuis le temps des Romains, une assez grande étendue de la côte de Naples s'est

1 *La Terre et l'Homme*, ch. III.

d'abord abaissée au-dessous du niveau de la mer, puis s'est relevée au-dessus, et cela sans secousse, sans que les édifices construits sur ce rivage aient été renversés ni ébranlés : témoin le temple célèbre bâti sur la côte de Pouzzoles, vers le IIIe siècle, et dédié à Jupiter-Sérapis. Il ne reste aujourd'hui de ce monument, situé à peu près au niveau de la mer, que trois colonnes de marbre. Au XVe siècle, le sol avait éprouvé une dépression telle, que ces colonnes plongeaient dans l'eau jusqu'à une profondeur de près de cinq mètres, et des coquilles lithophages les ont alors creusées sur une hauteur d'environ deux mètres. Depuis, les colonnes sont peu à peu sorties de l'eau ; aujourd'hui le pavé sur lequel elles reposent est complétement à sec, et les traces qu'ont laissées les lithophages dépassent d'au moins trois mètres le niveau de la mer. Ce curieux phénomène ne peut évidemment être attribué à un mouvement de la mer, car ce mouvement se serait fait sentir dans toute la Méditerranée et y aurait causé d'épouvantables inondations ; c'eût été un nouveau déluge. Il ne s'explique donc que par un affaissement du sol, suivi bientôt après d'un relèvement graduel ; et cela n'a rien qui doive étonner sur cette côte volcanique, où l'on voit en un autre point, à 7 mètres au-dessus du niveau de la mer, des dépôts de coquillages tout à fait semblables à ceux qui vivent encore dans la Méditerranée.

A l'autre extrémité de l'Europe, sur les côtes de Suède, des rochers, naguère submergés, se dressent aujourd'hui au-dessus des flots. Leur lente émersion avait été signalée, dès le commencement du siècle dernier, aux académiciens d'Upsal, qui, pour s'en assurer, firent, en 1731, sur ces rochers, des entailles à fleur d'eau, et constatèrent, au bout de quelques années, que ces marques se trouvaient remontées de plus d'un pouce au-dessus de la surface de la mer. On a compté que, dans le golfe de Bothnie, la côte s'élevait en moyenne de 1^m,30 par siècle; ailleurs l'élévation est moindre; sur d'autres points du littoral de la Baltique, elle est nulle, ou même elle est remplacée par un affaissement; ce qui prouve bien que ces changements de niveau sont dus, non pas à une perturbation dans l'équilibre de l'Océan, mais aux contractions et aux dilatations de l'agent plutonien, qui réagit sourdement contre l'Océan, son éternel ennemi.

La guerre entre eux se ranimera-t-elle un jour, et faut-il nous attendre à voir de nouveau la vie remise en question sur le globe par quelque catastrophe pareille à celles qui ont tant de fois changé sa face? C'est là un mystère qu'il ne nous appartient pas de sonder. Nous avons vu le passé de l'Océan; n'entreprenons pas de prédire ses destinées futures, et contentons-nous de demander à la science ce qu'elle a pu découvrir sur son état présent.

DEUXIÈME PARTIE

PHÉNOMÈNES DE L'OCÉAN

CHAPITRE I

LES MARÉES

« Les grands mouvements de l'atmosphère et des mers, écrivait, au commencement de ce siècle, le savant Romme, commandent, comme ceux des corps célestes, l'attention et l'admiration des hommes. Ils ont en partie leur source dans des causes semblables; ils paraissent être un des grands développements de la puissance de la nature; et c'est à l'étude de ces mouvements, ainsi que de leurs circonstances, qu'on pourrait recourir, comme à celle du cours des astres, pour remonter aux principes généraux de l'organisation de cet univers[1]. »

Nul doute que, dès la plus haute antiquité, dès lors que l'homme, sorti des langes de la barbarie, commença de s'élever au-dessus des préoccupations matérielles, qui, au début de sa lutte contre la nature, durent absorber ses

[1] Introduction aux *Tableaux des vents, des marées et des courants*, Paris, 1806.

facultés, le spectacle de l'Océan n'ait été pour lui un des premiers sujets de méditation philosophique. Il a vu se mouvoir cette masse liquide dont il ne pouvait mesurer ni l'étendue ni la profondeur, et s'il n'a pu de longtemps pénétrer la cause des mouvements tumultueux et irréguliers qui l'agitent à la surface; si ces mouvements, soumis pourtant, comme tous les phénomènes physiques, à des lois immuables, lui ont fait considérer la mer comme un élément capricieux et perfide, il n'a pas tardé à reconnaître qu'en dehors de ses prétendus caprices l'Océan est animé de mouvements généraux, réguliers, périodiques; que chaque jour ses eaux s'élèvent et s'avancent sur ses rivages, puis s'abaissent et s'éloignent pour revenir encore et se retirer de nouveau.

Ce phénomène de flux et de reflux, bien des siècles avant que Newton découvrît les lois de la gravitation, révéla aux penseurs de l'antiquité l'attraction universelle. La coïncidence des oscillations de l'Océan avec les phases de la lune était un fait trop remarquable pour échapper à une observation tant soit peu attentive et suivie, et l'on n'ignore pas que l'homme est toujours porté à confondre les rapports de coïncidence avec les rapports de cause à effet. Cette tendance, qui a fait naître et entretenu tant d'erreurs, a conduit dans ce cas, presque d'emblée, à la vérité. La réalité est ici conforme à l'apparence, et la science moderne n'a eu qu'à préciser, à compléter par ses calculs les notions des anciens : elle n'a eu presque rien à en retrancher. Aristote avait dit, dans son livre *du Monde*, que les marées suivent le mouvement de la lune. Pline est plus explicite, et, par extraordinaire, le crédule naturaliste, tout en s'abandonnant encore à son irrésistible amour pour le merveilleux, énonce dans cette grave question, sous une forme poétique, la même idée qui devait être donnée plus tard pour base inébranlable à la mécanique céleste. « La cause des marées, dit-il, réside dans l'action du soleil et de la lune : les eaux se meuvent *en obéissant à un astre avide, qui soulève et attire à lui* les mers. »

Parmi les modernes, Kepler et Descartes ajoutèrent peu de chose à cette grande et simple vue du plus majestueux des phénomènes de l'Océan. Newton le premier, vers 1687, posa, dans son livre *des Principes,* les bases de la théorie scientifique des marées. Il détermina les forces avec lesquelles le soleil et la lune élèvent les eaux des mers, mais en considérant celles-ci, par hypothèse, comme une couche d'eau d'une épaisseur uniforme et couvrant toute la surface du globe. Cette théorie abstraite ne tenait aucun compte des nombreuses circonstances qui modifient sur les différents points du globe les effets de l'attraction luni-solaire. La question ne pouvait donc être considérée comme résolue ; aussi fut-elle mise au concours, en 1738, par l'Académie des sciences de Paris. Les plus illustres géomètres de l'époque répondirent à l'appel de la docte compagnie, et Daniel Bernouilli fit paraître un travail qui mit en lumière les lois principales auxquelles est soumis le phénomène des marées. Toutefois ce fut seulement un demi-siècle plus tard, grâce à la belle analyse de Laplace, que la science fut en possession d'une théorie à peu près complète des marées. Encore l'illustre astronome avait-il dû négliger bien des points accessoires, qui n'ont été éclaircis que de nos jours par MM. Chazallon et Gaussin [1].

[1] *Annuaire des Marées*, publié au dépôt de la Marine.

Les recherches de ces savants ingénieurs ont permis de rectifier les erreurs qui résultaient encore d'observations insuffisantes, et de déterminer avec plus de certitude l'heure et la hauteur des marées sur les principaux points de notre littoral.

Disons maintenant en quoi consistent les marées, et comment elles se produisent sous l'influence des attractions combinées du soleil et de la lune. Nous savons déjà que la terre est gouvernée, si l'on peut ainsi dire, par le soleil, qui est son centre de gravitation. Nous savons aussi que la lune est gouvernée de la même manière par la terre. L'obéissance de notre planète à l'attraction du soleil se manifeste essentiellement par son mouvement de translation suivant l'écliptique. Mais on conçoit que si la masse terrestre, revêtue de sa croûte solide, conserve dans ce mouvement sa forme à peu près régulière, grâce à la cohésion des molécules qui la composent, il ne puisse en être de même de la couche liquide, et par conséquent très-mobile, qui couvre la plus grande partie de sa surface; en d'autres termes, on conçoit que l'attraction solaire se fasse sentir d'une manière particulière sur l'Océan. Et en effet, sous l'influence de cette attraction, les eaux de la mer se soulèvent périodiquement et prennent l'apparence d'une montagne liquide très-étendue, qui suit le cours apparent du soleil, et se meut, par conséquent, dans le sens opposé à celui de la rotation du globe. Mais ces premières oscillations de l'Océan, ces marées solaires ne sont rien, comparées aux marées lunaires, et ne deviennent sensibles qu'en se combinant avec celles-ci; car bien que la force attractive du soleil soit incomparablement plus considérable que celle de la lune, cependant, en raison de la distance aussi beaucoup plus grande du premier de ces deux astres, la différence de l'effet qu'éprouvent les molécules liquides sur les surfaces diamétralement opposées du globe (différence d'où résulte le phénomène) est beaucoup moindre. Ainsi la lune, « servante de la terre », joue le principal rôle dans la production des marées. Comme entre les corps l'attraction est toujours réciproque, mais que le plus fort, celui qui a le plus de masse, entraîne le plus faible, la lune est contrainte d'obéir à la terre et gravite autour d'elle; mais les mers, immenses à nos yeux, ne représentent qu'une minime fraction de la masse terrestre, et notre satellite est assez fort et assez voisin de nous pour entraîner à sa suite une partie des eaux de notre océan, autour de la planète dont il ne peut les séparer. Le soleil, de son côté, agit sur elles de la même façon, mais beaucoup plus faiblement, comme on vient de le voir; le phénomène est donc double. Il y a marée solaire et marée lunaire : la première est environ trois fois moindre que la seconde. En fait, on ne l'aperçoit jamais comme phénomène distinct et isolé; elle ne devient sensible que par les modifications qu'elle apporte dans la hauteur et dans la périodicité de la marée lunaire. Nous verrons tout à l'heure quelles sont ces modifications.

Chaque jour les eaux de l'Océan s'élèvent et s'abaissent deux fois entre deux retours consécutifs de la lune au méridien. Une oscillation complète s'effectue dans l'espace d'environ 12 heures 50 minutes. On appelle *flux, flot* ou *marée montante* le mouvement ascensionnel de la mer vers les côtes; *reflux, jusant* ou *mer descendante* le mouvement contraire et rétrograde qui lui fait abandonner les plages tout à l'heure inondées. Après le flux on dit que la mer est *pleine* ou *haute ;* elle est *basse* lorsque le reflux l'a ramenée à son maximum de dépression ; elle est *étale* pendant le temps d'arrêt de sept à huit minutes qui sépare le flux du reflux, et réciproquement; en sorte que l'étale est tour à tour de haute et de basse mer.

Il s'en faut de beaucoup qu'à chaque flux la mer s'élève d'une même hauteur, qu'à chaque reflux elle éprouve la même dépression. On remarque entre les marées des inégalités régulières et périodiques comme les marées elles-mêmes, et correspondant à la fois aux phases de la lune et aux différentes périodes de l'évolution de notre planète. Ainsi c'est au moment des *syzygies,* c'est-à-dire lorsque le soleil et la lune arrivent ensemble au méridien, ce qui a lieu vers l'époque des équinoxes, que les marées, toutes choses égales d'ailleurs, atteignent leur plus grande élévation. Au contraire, c'est aux *quadratures*, qui coïncident à peu près avec les solstices, alors que les deux astres sont à 90° de distance l'un de l'autre, qu'on a les marées les plus basses. Au reste, comme tout se compense dans la nature, plus la mer s'élève dans une marée par le flux, plus aussi elle descend par le reflux. On donne le nom de *grandes eaux* aux marées des syzygies ou d'équinoxe, et celui de *mortes eaux* aux marées des quadratures ou de solstice.

La marée est d'ailleurs un phénomène très-complexe, et une foule de circonstances modifient, soit d'une manière générale, soit dans des cas particuliers, les effets de l'action soli-lunaire sur l'Océan. La disposition des côtes, l'étendue et la situation des mers, les vents, exercent sur la hauteur des marées, sur leur périodicité, sur l'impétuosité du flot, des influences très-diverses, dont on ne parvient pas toujours à se rendre compte, et qui déjouent quelquefois les prévisions les mieux calculées.

Les mers intérieures, en raison du peu de développement de leur bassin, ne sont guère accessibles au flux et au reflux. La mer Noire et la mer Blanche, par exemple, en sont totalement exemptes. La Méditerranée présente des espèces de marées; mais elles sont dues plutôt à l'action des vents, à celle des courants marins et fluviatiles et à la pression atmosphérique, qu'à la loi astronomique qui régit les marées proprement dites. On en peut dire autant des mers isolées et des grands lacs où l'on observe des oscillations périodiques, à savoir de la mer Caspienne, des grands lacs de l'Amérique, du lac de Genève, du lac Wettern en Suède, etc. Dans les mers ouvertes, la force des marées dépend beaucoup de l'orientation et de la configuration des côtes. Sur la côte ouest de l'Amérique méridionale, les marées ne dépassent guère $1^{m},50$ à 2 mètres; sur la côte occidentale des deux presqu'îles de l'Inde, elles atteignent 6 et 7 mètres, et elles montent jusqu'à 10 mètres et plus à l'époque des syzygies, dans le golfe de Cambaye. Dans la baie de Fundy, située au sud de l'isthme qui joint la Nouvelle-Écosse au Nouveau-Brunswick, les marées d'équinoxe s'élèvent à une hauteur de 20 à 25 mètres; elles atteignent à peine 3 mètres dans la Baie-Verte, au nord du même isthme.

On peut observer en Europe, dans des parages très-voisins, des différences non moins frappantes. Une marée qui ne monte qu'à $6^{m},70$ au port de Cherbourg, à l'extrémité d'un des côtés de l'angle formé par la baie de Cancale, s'élève à une hauteur presque double au port de Saint-Malo, situé vers le fond de cet angle. Une inégalité semblable

Inondation par la marée sur la côte du Danemark.

existe entre les hauteurs des marées à l'embouchure du canal de Bristol à Swansea d'une part, et d'autre part à la hauteur de Chepstow, plus avant dans le même canal.

Les vents exercent sur les marées une influence plus remarquable encore, puisqu'elle peut aller jusqu'à les supprimer en partie. C'est ce qui a lieu dans le golfe de la Vera-Cruz, où, au lieu de deux marées en vingt-quatre heures, il n'y en a quelquefois qu'une seule en trois ou quatre jours, lorsque le vent souffle avec violence dans la direction opposée au flot. La même anomalie se produit fréquemment sous les tropiques, particulièrement dans l'archipel Indien; on l'a aussi constatée sur la côte méridionale de la Tasmanie. Si la force du vent contraire est capable de refouler ainsi le flot des marées montantes, on conçoit qu'il doive accroître d'une manière formidable l'énergie du flux lorsqu'il souffle dans la direction du flot. La mer donne alors de rudes assauts aux remparts que la nature ou la main des hommes oppose à ses fureurs, et elle peut causer sur les rivages mal protégés des sinistres terribles.

« Les côtes très-basses du Danemark et de la Hollande sont la partie de l'Europe où ces désastres se répètent le plus souvent. L'Océan les attaque et les envahit, produisant quelquefois, par l'impétuosité de ses irruptions, des inondations effroyables. C'est ainsi qu'une tempête qui jeta sur l'île de Nordstrand une haute mer d'automne, en 1634, causa en une seule nuit la perte de treize cents maisons, de six mille habitants et de cinquante mille têtes de bétail [1]. »

[1] Élie Margollé, *les Phénomènes de la Mer.*

Aux causes de perturbation que nous venons de passer en revue s'ajoutent souvent d'autres influences peu ou point connues, qui compliquent et obscurcissent singulièrement la théorie des marées, et mettent en défaut les prévisions des astronomes et des météorologistes. Il est presque impossible de déterminer à l'avance, avec certitude, la hauteur d'une grande marée dans une région donnée, et les savants qui prétendent soumettre à des calculs rigoureux ce capricieux phénomène s'exposent aux mêmes déceptions que ceux qui se font les prophètes de la pluie et du beau temps. Les erreurs qu'ils commettent ont parfois de funestes conséquences; parfois aussi elles aboutissent à des mystifications burlesques qui retombent sur leur auteur, mais qui ont l'inconvénient grave de discréditer la science sérieuse aux yeux du public, déjà trop enclin à refuser aux spéculations élevées de l'intelligence la considération qu'il accorde souvent à l'imposture et au charlatanisme.

Un géomètre très-connu annonçait, en 1860, d'abord à l'Académie des sciences dont il est membre, puis dans la presse où il occupe une place distinguée, que l'équinoxe de printemps serait marqué par une marée telle qu'on n'en avait pas vu depuis un siècle, et qui se ferait surtout sentir sur les côtes voisines de l'embouchure de la Seine et dans les ports de la Manche. Le jour marqué par le savant astronome pour cette crue extraordinaire des eaux de l'Atlantique était le 9 mars. Tous les journaux des localités menacées répétèrent ses prédictions; les conseils municipaux s'en émurent et prononcèrent le solennel : « *Caveat consul*, que M. le maire avise. » Des précautions furent prises, des travaux exécutés, afin de prévenir le fléau dont on se voyait menacé : — une sorte de nouveau déluge.

A Paris, la sensation fut autre. Les curieux, les amateurs de spectacles émouvants se promirent d'aller contempler, — à distance respectueuse, — le redoutable phénomène. C'était, ou jamais, le cas de voir la mer dans son beau. La compagnie des chemins de fer de l'Ouest crut devoir faire en sorte de mettre cette partie de plaisir à la portée de toutes les bourses; elle organisa et annonça, par affiches imprimées en lettres énormes, des trains de plaisir. Le prix était fixé à 45 francs, aller et retour, tous frais compris; il eût fallu n'avoir pas 45 francs dans sa poche pour manquer une si séduisante occasion. Le 8 au soir, la gare de la rue Saint-Lazare était encombrée d'excursionnistes à destination du Havre et de Dieppe. On part, on arrive, on court au port et sur les falaises, on regarde. Le flot montait, mais sans se presser. Chacun avait sa montre en main et attendait l'heure du cataclysme. Enfin les aiguilles marquent onze heures. La mer était haute; mais ce n'était pas là le déluge annoncé. La jetée n'était point couverte; les navires restaient dans les bassins, au lieu de flotter dans les rues de la ville; le port et la côte avaient leur aspect accoutumé. Un quart d'heure se passa; on attendait toujours, croyant que la mer monterait encore. Au lieu de monter, elle redescendit. Ce n'était qu'une marée d'équinoxe des plus ordinaires. Les édiles en furent pour leurs frais; les habitants, honteux de la peur qu'ils avaient eue, injurièrent l'Océan et son prophète. Les Parisiens déçus, l'oreille basse, regagnèrent l'embarcadère, et ne rapportèrent de leur voyage d'autre impression qu'un amer désappointement. L'astronome fourvoyé fut bientôt assailli de lazzi. Tous les journaux de Paris et des villes maritimes lui décochèrent leurs sarcasmes. Il n'osa pas paraître le lundi suivant à l'Académie des sciences, et jura, mais un peu tard, qu'il ne se mêlerait plus de prédire la hauteur des marées, et laisserait désormais à la *Connaissance des temps* la responsabilité entière des erreurs qu'elle pourrait commettre. Parmi les quolibets qui célébrèrent la mystification du 9 mars 1860, les uns étaient en prose, les autres en vers. Un petit journal scientifique, rédigé par un docteur en médecine, se mit, à propos de ce grand événement, en frais d'éloquence lyrique, et le docteur rédacteur en chef ne dédaigna pas de composer et d'imprimer, sous forme de feuilleton, une pièce de vers, — disons le mot, — une chanson, où un des excursionnistes mystifiés exhalait en termes burlesques son mécontentement. Cette chanson avait pour refrain :

Ah! que je les regrette,
Mes quarante-cinq francs!

CHAPITRE II

CIRCULATION DE L'OCÉAN

C'est beaucoup pour la science d'avoir expliqué les marées, de les soumettre à des calculs même approximatifs, de rendre compte de leurs variations, de leurs anomalies. Mais sous ces oscillations tout extérieures imprimées par l'attraction des astres, l'Océan a d'autres mouvements qui lui sont propres, et auxquels les actions étrangères ne contribuent que pour une faible part. Ceux-là n'étaient point connus il y a trois quarts de siècle, ou ne l'étaient qu'empiriquement. On savait l'existence de courants et de contre-courants; on avait constaté à peu près leur étendue, leur direction. Du reste, on ignorait s'ils étaient ou non soumis à des lois constantes, s'ils étaient variables ou permanents; et quant à leurs causes, on ne les soupçonnait point. A peine s'avisait-on d'y chercher au hasard une explication telle quelle. Les marins ne songeaient point, pour la plupart, à tenir compte de ces courants, et ne semblaient pas s'apercevoir du temps qu'ils perdaient à lutter contre eux. Franklin, éclairé par les indications d'un vieux capitaine baleinier nommé Folger, appela le premier l'attention des navigateurs sur cette importante question, et signala l'emploi du thermomètre comme un moyen de reconnaître les courants et d'en présumer l'origine. C'est grâce à lui que cet instrument est devenu entre les mains des navigateurs une véritable sonde. L'application du thermomètre à ce genre de recherche a conduit Humphry Davy et Alexandre de Humboldt à d'importants résultats, qui ont été le point de départ de découvertes plus complètes. C'est l'illustre commandant Maury, de la marine des États-Unis, qui a pénétré, avec une admirable sagacité et une puissance de conception qui n'appartient qu'au génie, les mystères de ce qu'on a justement appelé l'organisme de l'Océan. Avant les recherches de Maury, l'Océan n'apparaissait aux observateurs les plus judicieux que comme une grande masse d'eau inerte, passive, obéissant à des forces aveugles et changeantes. Il a démontré que l'ordre et l'harmonie règnent là comme ailleurs, que tout y est motivé, pondéré, compensé; bien plus, que l'Océan est doué d'un ensemble de mouvements comparables à ceux qui entretiennent la vie chez les plantes et les animaux; qu'il a une circulation, un pouls, des veines et des artères, un cœur même, et qu'en outre des causes purement physiques auxquelles on peut attribuer cette circulation il existe un agent essentiel qu'on chercherait vainement ailleurs, une force vitale : celle des milliards d'êtres invisibles qui naissent, s'agitent, multiplient et meurent au sein des eaux. « Chaçun de ces imperceptibles, dit-il, change l'équilibre de l'Océan; ils l'harmonisent et sont ses compensateurs. »

Essayons donc de nous former, d'après Maury et ses éloquents interprètes, MM. Julien, Michelet, Margollé, une idée du vaste ensemble de mouvements qui constitue la circulation de l'Océan.

Les agents de cette circulation sont au nombre de trois principaux :

Le premier et le plus apparent, c'est le calorique, le rayonnement solaire; mais celui-là seul, entrevu dans le principe, ne suffirait pas.

Le second, non moins important et plus encore, c'est le sel.

Le troisième c'est l'animalité, « l'infini vivant de la mer, » dit M. Michelet; ce sont les infusoires. Expliquons sommairement l'action de chacun d'eux. Il est bon de noter ici que tous les mouvements de l'Océan, hormis ceux qui sont occasionnés par des convulsions de la pyrosphère déterminant l'élévation ou la dépression de l'écorce terrestre, n'affectent jamais que ses couches supérieures. Les couches inférieures forment sur le lit solide comme un second lit, que sa densité, due à l'énorme pression qu'il supporte et qui peut être évaluée à plusieurs centaines d'atmosphères, maintient dans une immobilité complète. « Tout concourt, dit M. Julien, à démontrer l'existence d'un calme absolu et d'un véritable coussin d'eau dormante interposé entre le fond des hautes mers et les régions agitées où se croisent et se divisent les courants et les contre-courants. » On conçoit qu'il n'en peut être autrement, sans quoi ces courants, labourant sans cesse le fond des mers, y creuseraient rapidement des sillons de plus en plus profonds, et finiraient par entamer et perforer la croûte solide interposée entre eux et le noyau incandescent du globe. Cela dit, reprenons notre sujet.

Nous avons vu que le calorique est une des causes qui engendrent les courants océaniques et qui en expliquent la permanence et la régularité. En effet, les inégalités de température qui existent dans les différentes régions du globe et qui, en dilatant ou en contractant son enveloppe gazeuse, déterminent les grands courants atmosphériques, ne peuvent manquer d'exercer une action analogue sur la masse des eaux. Les eaux, ainsi que les gaz, se dilatent par la chaleur, se contractent par le froid, prennent, en un mot, des degrés différents de densité qui troublent l'équilibre de l'Océan et donnent naissance à divers mouvements tendant tous à le rétablir sans jamais y parvenir. Si l'on ajoute à cela l'évaporation, presque nulle dans les régions froides, énorme dans les contrées torrides, on comprendra que les seules lois de la gravité rendent inévitable l'échange continuel des eaux tièdes de la zone tropicale et des eaux froides des zones polaires. C'est donc à l'intervention des rayons solaires, à leur puissante influence, qu'il faut attribuer l'origine des courants et des contre-courants qui constituent l'appareil circulatoire de l'Océan. Mais cette action ne devient vraiment efficace que grâce à la présence des autres agents dont nous avons parlé, à savoir : des sels et des innombrables animalcules dont la mer est chargée.

Maury voit dans les sels une des forces qui président à la formation des courants réguliers par lesquels sont transportées et mélangées les eaux des différentes parties de l'Océan, et la démonstration de ce fait est une réponse péremptoire à la question tant de fois soulevée : Pourquoi la mer est-elle salée? La salure des mers a été considérée longtemps comme un caprice de la nature. On sait aujourd'hui qu'elle a, ainsi que tous les autres phénomènes, sa raison d'être, son rôle dans l'ordre général du monde, dans la physiologie terrestre. La circulation de l'Océan est indispensable à la distribution des températures, au maintien des conditions météorologiques et climatériques qui régissent sur notre planète le développement de la vie; et cette circulation n'aurait pas lieu, ou plutôt elle changerait complétement de caractère si les eaux de l'Océan étaient douces au lieu d'être salées. « Supposons, dit à ce sujet M. Julien, que la mer, entièrement composée d'eaux douces, se trouve un instant à une température uniforme au pôle et à l'équateur, à la surface et dans les couches les plus profondes. La chaleur pénètrera les couches liquides les plus voisines de l'équateur, elle les dilatera, les élèvera au-dessus de leur niveau primitif, et par le seul effet de la pesanteur elle les fera glisser à la surface vers les zones polaires, que l'absence de tout rayonnement solaire tendra, au contraire, à refroidir et à contracter sans cesse davantage. Un échange s'établira donc des extrémités vers le centre, ou, pour mieux dire, un contre-courant d'eaux froides et lourdes, destiné à remplacer les pertes occasionnées par l'action des rayons solaires, descendra des pôles, tout en se maintenant immédiatement au-dessous du courant chaud et léger qui arrive de l'équateur. Dans un pareil système de circulation générale, la propriété physique que possède l'eau pure d'atteindre son maximum de densité à quatre degrés au-dessus de zéro produirait les plus singulières conséquences. Qu'on élève, en effet, ou qu'on abaisse la température au-dessous de ce point, l'eau devient toujours plus légère, et tend dans les deux cas à monter vers les couches supérieures[1]. » D'après cela, le courant équatorial, rencontrant vers le pôle des eaux froides, se refroidirait lui-même. Et lorsque sa température aurait atteint quatre degrés au-dessus de zéro, se trouvant plus lourd que le courant polaire, il devrait laisser monter celui-ci à la surface et descendre lui-même dans les couches inférieures. Le courant polaire, de son côté, continuant de descendre vers l'équateur, irait s'échauffant graduellement jusqu'à la même température de quatre degrés, où, devenu plus lourd, il redescendrait vers le fond tandis que le courant équatorial remonterait de nouveau. De là une sorte d'enchevêtrement de courants qui donnerait à l'Océan d'eau douce la plus étrange physionomie, et entraverait à chaque instant la circulation régulière de ses eaux.

Il n'en est pas ainsi dans la mer salée. Ce n'est qu'à deux degrés au-dessous de zéro que l'eau de cette mer atteint son maximum de pesanteur spécifique. En s'évaporant à la surface, elle se concentre et se précipite, tandis que les couches inférieures viennent la remplacer pour se modi-

1 *Les Harmonies de la Mer.*

fier à leur tour et se précipiter de la même manière. « Ainsi s'établit ce continuel mouvement ascendant et descendant qui entraîne dans les profondeurs de la mer la masse d'eau échauffée à la surface par le soleil de la zone torride. Ce double courant vertical facilite et prépare la formation du grand courant horizontal, qui met en communication ces réservoirs sous-marins de chaleur avec les couches inférieures de la mer glaciale [1]. » Dans le bassin arctique, les nuages, la fonte des neiges et les grands fleuves qui ont leur embouchure au nord des deux continents répandent une quantité considérable d'eau douce qui, en se mêlant aux flots de la mer polaire, forme une couche d'une densité moyenne, assez légère pour se maintenir à la surface et couler vers l'océan Atlantique. « Ces mouvements de surface déterminent dans la région inférieure des mouvements contraires. De là l'origine de ce puissant contre-courant sous-marin qui remonte le détroit de la mer de Baffin, et va reparaître au sein de la mystérieuse Polynia de Kane, en y répandant les trésors de chaleur dérobés à la surface de la zone intertropicale [2]. »

Les sels de l'Océan ont dans l'économie générale du globe une autre fonction, plus importante encore que celle qui vient d'être indiquée : ils modèrent et règlent l'évaporation des eaux marines, et par conséquent leur condensation à l'état de nuages, de pluie, de neige, etc. Le professeur Chapman a démontré que l'eau douce abandonne, à la faveur du rayonnement solaire et des vents, plus de vapeurs que les eaux salées de la mer n'en perdent dans des conditions identiques. La différence est de cin-

[1] *Les Harmonies de la Mer.*
[2] Ibid.

quante-quatre centièmes pour cent, en vingt-quatre heures. « On comprend dès lors, dit encore M. Julien, quel serait le genre de perturbation auquel pourrait donner lieu l'effet d'une évaporation excessive, si les vents alizés ne rencontraient pas à la surface de l'Océan un obstacle naturel, un véritable frein destiné à s'opposer à une absorption indéfinie de vapeurs, qui ne tarderaient pas à aller se résoudre en pluies diluviennes dans les régions extra-tropicales. »

Voilà pour les sels. Venons aux animalcules. Il semble incroyable au premier abord que ces imperceptibles aient aucune influence sur les mouvements de ce grand être, l'Océan, symbole pour nous de l'immensité; mais autant vaudrait nier l'action des gouttes, des molécules d'eau et de sel qui le composent. Qu'importe la petitesse, quand le nombre y supplée? Or le nombre des animalcules qui travaillent et pullulent au sein des mers est aussi incalculable que celui des gouttes d'eau. Leur fécondité est inconcevable; les eaux en sont littéralement composées, dit notre auteur (un marin) : ce sont les « flots animés » de l'Écriture, les « faiseurs de monde » de M. Michelet. Ils conservent toujours identique la composition de la mer en absorbant les sels, la plupart à base de chaux, qui proviennent du lavage des terres. Ils s'assimilent ces éléments solides et les transforment en coquilles, en madrépores, en coraux, dont les cellules se groupent, s'entrecroisent, se superposent, s'amoncèlent en couches épaisses et servent de base à des îles, à des archipels, peut-être à des continents. « Considérons isolément, au fond des mers, un de ces architectes imperceptibles : il s'empare des éléments en suspension dans l'eau; il les élabore, les triture dans un estomac annulaire d'une prodigieuse puissance; il les transforme enfin, et en extrait les sécrétions calcaires destinées à embellir et à étendre le palais de corail qui lui sert de demeure. Mais la goutte d'eau au centre de laquelle il opère, et dont il vient d'épuiser toute la partie minérale, ou du moins toute la substance calcaire, cette goutte d'eau est rendue nécessairement de plus en plus légère. Sous la pression uniforme des molécules plus denses qui l'environnent, elle tend à monter et à s'élever jusqu'à la surface avec une vitesse croissante. Les couches supérieures, soumises à l'action absorbante des vents, enrichies de tous les sels abandonnés par l'évaporation, tendent, au contraire, à descendre pour venir renouveler les approvisionnements de nos infatigables ouvriers. C'est donc une nouvelle source de mouvement et de vie qui se manifeste au milieu des eaux. C'est un nouvel agent dynamique qui entretient et qui accélère le double courant vertical dont nous connaissons déjà l'origine, et dont l'influence se fait directement sentir dans la circulation générale de l'Océan [1]. » Je n'insiste pas pour le moment sur les prodiges qu'accomplissent ces légions d'invisibles habitants des mers; il y faudra revenir lorsque nous étudierons particulièrement les êtres animés que recèle l'Océan [2].

Aux actions mécaniques que nous venons d'indiquer, et qui semblent être les grandes forces motrices des courants de la mer, d'autres forces s'ajoutent : la rotation de la terre, les vents; peut-être aussi l'électricité, le magnétisme. Ici le champ est ouvert aux hypothèses; mais sur ce qui concerne cette face obscure d'un problème déjà si vaste, la science positive s'abstient et se tait. Satisfaite, pour le mo-

[1] *Les Harmonies de la Mer.*

[2] Voyez ch. I de la IIIe partie.

ment, de découvertes qui éclaircissent les points les plus importants, elle attend de l'observation et du temps de nouvelles lumières. Sans doute Maury n'a pas tout dit sur l'Océan : il n'en a pas sondé tous les abîmes; il n'a pas disséqué ce corps immense comme l'anatomiste dissèque un cadavre; mais quelle tâche accomplie! quelles lumières jetées sur des ténèbres auparavant inexplorées! quelle sécurité donnée aux marins, jusqu'alors réduits à s'abandonner au caprice des flots et des courants, maintenant munis du fil d'Ariane, sûrs de la route à suivre et n'ayant plus à redouter que les tempêtes! L'entreprise du savant et laborieux directeur de l'observatoire de Washington eût découragé toute une administration. Il s'agissait de dépouiller et de mettre en ordre les documents informes, mal rédigés, souvent tronqués, que renferment les *livres de loch*. De ce chaos, Maury a fait les *Directions nautiques*, la *Géographie physique de la mer* : autant de chefs-d'œuvre où l'inspiration du génie s'ajoute aux efforts soutenus d'une patience laborieuse et d'une incorruptible exactitude. Il était juste que dans un livre ayant pour sujet l'Océan, et dont l'obscur auteur puise après bien d'autres à cette abondante source, un hommage fût rendu à l'homme éminent qui a été le créateur de la science nouvelle dont on essaie de donner ici un faible aperçu.

CHAPITRE III

LE GULF-STREAM

Ce que Maury nomme le cœur de l'Océan, c'est la grande zone équatoriale, le foyer des tropiques. De là partent les grands courants, les gros vaisseaux qui portent aux extrémités l'eau chaude, riche en sels et en matières organiques, le sang artériel; là se rendent les contre-courants d'eau froide et pauvre en substances solubles, qui, de même que le sang veineux des animaux, viennent au cœur se concentrer, s'échauffer, se transformer, pour retourner à leur point de départ en répandant sur leur passage la chaleur et la vie.

Le beau livre de Maury, *Géographie physique de la mer,* s'ouvre par une description splendide et saisissante de la plus célèbre de ces artères énormes, de celle dont le tronc et les rameaux embrassent la plus vaste étendue, et qu'il est permis d'appeler l'aorte de l'Océan.

« Il est, dit le savant écrivain, un fleuve dans la mer. Dans les plus grandes sécheresses, jamais il ne tarit; dans les plus grandes crues, jamais il ne déborde. Ses eaux tièdes et bleues coulent à flots pressés sur un lit et entre des rives d'eau froide. C'est le *Gulf-Stream!* Nulle part dans le monde il n'existe un courant aussi majestueux. Il est plus rapide que l'Amazone, plus impétueux que le Mississipi, et la masse de ces deux fleuves ne représente pas la millième partie du volume d'eau qu'il déplace. » Le Gulf-Stream[1] (*Courant du Golfe*) a été ainsi nommé parce qu'il semble avoir sa source dans le golfe du Mexique. Selon Humboldt, il faudrait en chercher l'origine au sud du cap de Bonne-Espérance; mais cette origine s'expliquerait difficilement. Les observations récentes des navigateurs la placent, avec plus de vraisemblance et de logique scientifique, dans le bassin brûlant enfermé entre les côtes intérieures des trois Amériques. C'est là qu'il fut reconnu pour la première fois par le voyageur Pedro Martyr de Anghiera (1523), et bientôt après par sir Humphrey Gilbert.

Quelle cause le produit? Franklin le premier hasarda une réponse à cette question. Il supposait le Gulf-Stream engendré et alimenté par les eaux que les vents alizés accumulent dans la mer des Antilles. Or ces vents ne peuvent contribuer que pour une part relativement très-faible à la formation de ce torrent océanien. L'explication de Franklin suppose d'ailleurs le niveau de la mer des Antilles plus élevé que celui de l'Atlantique : il n'en est rien, et, circonstance bien remarquable, on a prouvé que le Gulf-Stream, au lieu d'obéir, comme les courants ordinaires, aux lois de la pesanteur, et de suivre une pente descendante, est poussé par une force inconnue sur un plan incliné qui remonte du sud vers le nord.

Les marins emploient pour déterminer la direction des courants un moyen aussi simple qu'ingénieux. Ils jettent à la mer des bouteilles bien bouchées, renfermant une feuille de papier roulée sur laquelle sont marquées la date et le lieu de l'immersion. L'amiral anglais Beechey a dressé une

[1] M. F. Julien écrit *Golfstrim*, parce que cette orthographe est celle qui rend le mieux la prononciation anglaise.

carte qui représente approximativement les routes suivies par un grand nombre de ces flotteurs recueillis au large ou sur les côtes. Cette carte démontre que de tous les points de l'Atlantique les eaux affluent vers le golfe du Mexique et vers le Gulf-Stream. Il faut donc avoir recours aux causes indiquées par Maury, à savoir, l'inégalité de température et, par suite, de concentration, d'évaporation et de dilatation sous les différentes latitudes : d'où résulte la tendance constante des eaux chaudes des tropiques vers les pôles et des eaux froides des pôles vers l'équateur. Sans doute la chaleur solaire n'agit pas seule sur cette vaste chaudière du golfe mexicain, qu'enveloppent de toutes parts des côtes et des îles hérissées de cratères mal éteints, encore agitées de fréquentes secousses, et dénonçant à l'observateur la fournaise ardente qui fermente sous les flots. Qui sait si ce n'est pas à l'action des feux sous-marins que le Gulf-Stream, sorti de cet æstuaire, doit la force d'expansion irrésistible, très-analogue à la détente de la vapeur, qui le fait se frayer à travers la masse des eaux un passage jusqu'au cercle arctique? Qui sait s'il ne puise à ce même foyer l'énorme provision de chaleur qu'il prodigue sur son parcours, et dont il lui reste encore assez à la fin pour fondre les glaces de la mer polaire? Au moins est-il curieux de voir un autre courant presque aussi puissant partir du point de notre hémisphère dont les conditions météorologiques et géologiques sont à peu près les mêmes que celles du golfe du Mexique. Je veux parler de l'autre grande artère d'eau chaude et salée qui prend naissance au golfe du Bengale, au milieu d'un autre cercle de feu, et sur un lit que les convulsions intérieures du globe ont hérissé d'îles volcaniques. Nous reviendrons tout à l'heure à ce

Golfe du Mexique. Point de départ du *Gulf-Stream*.

fleuve de la mer des Indes. Tenons-nous pour le moment à son frère d'Amérique. Le Gulf-Stream sort du golfe du Mexique par le canal de Bahama. « Comme tous les agents que la nature emploie, dit M. Julien, il a une mission à poursuivre, un rôle important à remplir. Aussi rien ne peut l'écarter du but qu'il doit atteindre. Sa route est immuable; elle est tracée d'avance, aussi précise, aussi nettement indiquée que l'orbite elliptique que décrit la planète autour de son foyer. Comme la chaleur, la lumière, l'électricité, en un mot, comme tous les fluides en mouvement, que nul obstacle n'arrête, les eaux du Gulf-Stream suivent la ligne la plus courte qu'on puisse tracer du lieu de leur naissance au terme marqué pour accomplir leur tâche. Sur notre globe, on le sait, la plus courte distance entre deux points donnés est un arc de grand cercle; cette courbe est précisément celle que décrit le grand courant qui sort de Bahama, relie Terre-Neuve aux îles Britanniques, et va se perdre dans les régions polaires, en contournant au nord l'Europe occidentale. Toutefois, dans sa course rapide, il dévie légèrement à l'est, subissant l'impulsion transversale que la rotation de la terre imprime à tous les corps qui se meuvent à sa surface. » Il suit la côte de la Floride, et sa direction reste parallèle à la côte orientale de l'Amérique du Nord, ou ne s'en écarte que fort peu jusqu'à la hauteur du cap Hatteras; de là il va se dirigeant de plus en plus vers la droite, jusqu'aux bancs de Terre-Neuve, où il s'infléchit à l'est. Arrivé aux îles Açores, il se partage en deux branches : l'une longe le continent africain et va rejoindre le grand courant équatorial; l'autre reprend sa route vers le nord, vient envelopper les rivages de l'Irlande et du sud de l'Angleterre. Ici s'opère une nouvelle bifurcation. La branche qui s'en détache alors pour contourner le golfe de Gascogne, vient heurter presque normalement nos côtes de la Manche; et c'est sans doute à la pression qu'elle exerce en refoulant les eaux de l'Océan, qu'il faut attribuer les irrégularités du mouvement des marées sur les plages de Saint-Malo, de Granville et du Havre. Le rameau septentrional va baigner l'Islande, la Norwége. Au cap Nord, il disparaît, ses eaux ayant atteint la température de quatre degrés; il passe à l'état de courant sous-marin; « il s'en va, dit poétiquement un célèbre écrivain [1], consoler le pôle, y créer la mer tiède (je veux dire non glacée) qu'on vient d'y découvrir. » « C'est probablement, dit de son côté M. E. Margollé, ce courant sous-marin qui, remontant à la surface aux environs du pôle, y fait régner une température moins rigoureuse et y rend les eaux libres.

« L'existence d'une mer ouverte dans cette région inconnue, annoncée comme possible par les plus hardis explorateurs des mers polaires, Wrangel, Scoresby, Parry, a été constatée par le docteur Kane, des États-Unis, dans sa dernière expédition [2]. Cette mer s'étendait sur un espace libre de plus de quatre mille mètres carrés. Après une tourmente de vent du nord de plusieurs jours, dit la relation de Kane, il ne se présenta aucune accumulation de glaces flottantes : preuve évidente que des eaux encore libres existaient aux lieux d'où le vent soufflait. »

Le Gulf-Stream emporte sur tout son parcours des débris provenant des contrées où il prend sa source. Il dépose jusque sur les rivages de l'Irlande, des Hébrides, de l'Is-

[1] M. Michelet. *La Mer*.

[2] Voyez les *Voyages et Découvertes outre-mer au XIXe siècle*, 1 vol. in-8°. Tours, A^d Mame et Cie, éditeurs.

lande et de la Norwége, des graines tropicales et des bois dont les habitants s'emparent pour se chauffer. On sait que des tubes de bambous, des bois sculptés, des troncs d'un pin jusqu'alors inconnu, et d'autres objets poussés aux îles Açoriques de Fayal, de Flores et de Corvo par le Gulf-Stream, contribuèrent à la découverte de l'Amérique en confirmant Christophe Colomb dans la supposition qu'on trouverait de l'autre côté de l'Atlantique des Indes occidentales.

Nous connaissons l'itinéraire du Gulf-Stream. Voyons quels sont les caractères de cette « merveille de la mer. » J'en emprunte la description en grande partie à M. F. Julien, l'éloquent interprète du commandant Maury. « A la sortie du golfe du Mexique, la largeur du Gulf-Stream est de quatorze lieues, sa profondeur de mille pieds (environ neuf cent trente mètres), et la rapidité de son cours, qui s'élève d'abord à près de huit kilomètres par heure, diminue peu à peu, en conservant toutefois une vitesse relative encore considérable dans toute l'étendue de son parcours.

« Sa température, beaucoup plus élevée que celle des milieux qu'il traverse, ne varie que d'un demi-degré par centaine de lieues. Aussi parvient-il en hiver jusqu'au delà des bancs de Terre-Neuve, avec les abondantes réserves de chaleur que ses eaux ont absorbées sous le soleil des zones tropicales. Alternativement plongé dans le lit du courant ou en dehors des limites qu'il suit, le thermomètre indique des écarts de douze et même quelquefois de dix-sept degrés. Si l'on compare cette température à celle de l'air environnant, le contraste est plus frappant encore. Au delà du quarantième parallèle, lorsque l'atmosphère se refroidit parfois jusqu'au-dessous de la glace fondante, le Gulf-

Stream se maintient à une température de plus de vingt-six degrés au-dessus de ce point. Ses eaux, comme celles de toutes les mers très-riches en matières salines, se distinguent par leur teinte foncée et par leurs beaux reflets bleus, se dessinant en lignes nettes et tranchées sur le fond vert des eaux communes de l'Océan. Jusqu'au quarantième parallèle, il n'y a entre les eaux bleues et les vertes aucun mélange; c'est seulement à partir de cette latitude que les premières franchissent leurs digues, sortent de leur lit et se répandent au loin sur les couches froides de l'Océan. Leur marche en même temps se ralentit, et l'action du rayonnement de leur calorique sur l'atmosphère devient plus sensible. Elle adoucit notablement les climats de l'Europe septentrionale; sans lui, l'Angleterre et une partie de la France seraient condamnées à des hivers aussi rigoureux que ceux du Labrador. C'est grâce au Gulf-Stream que, dans le nord du Spitzberg, la limite des glaces et des neiges éternelles, au lieu de s'abaisser jusqu'au niveau de la mer, se maintient à plus de cent soixante-dix mètres au-dessus.

Un autre caractère très-extraordinaire du grand courant américain, c'est la saillie qu'il forme au-dessus des eaux qui le serrent et le compriment à gauche et à droite sans pouvoir le pénétrer. Cette saillie est évaluée à plus de soixante-cinq centimètres. La surface du courant affecte une courbure convexe, et présente sur sa ligne médiane une crête de chaque côté de laquelle s'étendent deux plans inclinés : en sorte que tout objet flottant à la surface glisse à droite ou à gauche. « Ce fait a été constaté par plusieurs bâtiments, dont la carène, profondément immergée, subissait entièrement l'action du courant principal, tandis qu'à leur côté de légers canots dérivaient en travers, emportés vers les bords dans une direction perpendiculaire à celle du navire.

Le Gulf-Stream a pour compensateur le contre-courant d'eau froide et peu salée qui, par le détroit de Davis, descend de l'océan Glacial arctique dans une direction précisément contraire. C'est au nord de Terre-Neuve que l'avalanche liquide du nord rencontre le fleuve chaud du midi. Ce choc produit la première déviation du dernier, et oblige le premier à se partager en deux rameaux, dont l'un plonge sous les eaux bleues et continue sa route vers le sud, tandis que l'autre s'infléchit à l'ouest, longe dans toute son étendue la côte orientale des États-Unis, en pénètre toutes les sinuosités. Cette région lui doit la rigueur de son climat, bien plus froid que celui des contrées de l'Europe et de l'Asie situées sous la même latitude.

On a d'abord attribué aux *grands bancs* de Terre-Neuve la déviation qu'éprouve en cet endroit le Gulf-Stream. C'était prendre l'effet pour la cause. En réalité ces bancs sont précisément un résultat de la rencontre des deux courants. D'une part, les glaces charriées par le courant polaire se fondent au contact des eaux chaudes, et déposent là les matières terreuses et les blocs de rocher que la débâcle arrache chaque année aux côtes du Spitzberg et du Groënland. D'autre part, les mollusques et les autres animaux qu'alimentent les eaux du Gulf-Stream ne peuvent supporter la brusque transition de leur milieu tiède, chargé de sels et de principes nutritifs, à la basse température du flot polaire, fade et glacé. Ils périssent par millions, et leurs dépouilles s'amoncellent mêlées aux substances minérales. « Terre-Neuve, dit M. Michelet, n'est autre chose que le grand ossuaire de ces voyageurs tués par le froid.

Les plus légers, quoique morts, restent en suspension, mais finissent par pleuvoir comme neige au fond de l'Océan. Ils y déposent ces bancs de coquilles microscopiques qui, de l'Irlande à l'Amérique, occupent ce fond. »

Les bancs de Terre-Neuve sont le plus remarquable exemple qu'on puisse citer d'alluvion marine. L'accumulation incessante de débris organiques et inorganiques amenés du pôle et de l'équateur dans ces parages a modifié du côté du nord, sur une immense étendue, le lit de l'Océan, qui s'élève suivant une pente douce jusqu'à la ligne de démarcation parfaitement distincte des deux courants contraires. Puis, à partir de cette ligne, l'atterrissement cesse tout à coup et la sonde accuse la présence d'un abîme. En deçà, elle s'arrête à quelques centaines de brasses; au delà, elle plonge jusqu'à deux mille cinq cents mètres et plus. La formation de cette crête immense, dont les bancs de Terre-Neuve ne sont que des saillies dues au voisinage de la terre ferme, donne la clef d'un des problèmes qui ont le plus occupé les géologues, celui de l'origine des *blocs erratiques*. On s'est longtemps demandé quelle cause avait déplacé ces masses de rocher, quelle cause les avait arrêtées en chemin. Cette question est aujourd'hui résolue : les deux phénomènes s'expliquent à la fois : le transport des blocs par la débâcle des glaces qui les enveloppaient, et leur dépôt par la fusion de ces mêmes glaces au contact des flots tièdes venus de la zone tropicale. « Telle est, dit M. F. Julien, la conclusion à laquelle s'est arrêtée, en 1846, la Société des géologues de France, lorsqu'elle a fait remonter l'origine des blocs erratiques à l'époque où les plus hautes terres disparurent sous l'envahissement des eaux de l'Océan. »

CHAPITRE IV

FLEUVES, PRAIRIES ET GLACIERS — LA MER DÉSOLÉE

Le mouvement diurne de la terre, la marche progressive des marées et l'impulsion des vents alizés déterminent, sous les tropiques, un courant de surface qui s'avance d'orient en occident, et qu'on nomme *courant équatorial* ou *courant de rotation*. Sa vitesse a été évaluée à 10 milles marins (1,856 mètres) par 24 heures. Christophe Colomb avait reconnu l'existence de ce courant pendant son troisième voyage, où il tenta pour la première fois d'atteindre les régions tropicales par le méridien des Canaries. « Les eaux, disait-il, se meuvent avec les cieux (*las aguas van con los cielos*). » Ce courant n'est que superficiel ; il s'étend en une large nappe mobile qui se meut entre les tropiques, porte dans la mer des Antilles ses eaux tièdes et salées, et, par conséquent, alimente le Gulf-Stream. Au cap San-Roque, il se divise, et d'un côté descend vers le sud, pour aller se perdre, ou plutôt se transformer en courant sous-marin, à sa première rencontre avec le courant polaire antarctique. De l'autre côté il suit sa direction transversale en baignant les rivages du Brésil et de la Guyane, et reçoit les abondants tributs de l'Amazone et de l'Orénoque.

Il a été dit un mot déjà de l'autre « fleuve de la mer », si semblable au courant de Bahama, et qui, de même, prend naissance dans un bassin volcanique chauffé d'en haut par les rayons perpendiculaires du soleil, et d'en bas probablement par la fournaise intérieure. Le Gulf-Stream de l'hémisphère oriental se distingue aussi, par sa couleur indigo, des eaux vertes du grand Océan. Les Japonais le connaissent sous le nom de Fleuve-Noir (*Kuro-Siwo*).

Sorti du golfe de Bengale, où affluent, comme dans le golfe du Mexique, les eaux chaudes des moindres courants équatoriaux, il passe à travers l'étroite issue du détroit de Malacca, remonte tout le long de la côte d'Asie, débouche au nord des Philippines, et s'élance de là dans le grand Océan, en décrivant un arc de grand cercle, jusqu'aux îles Aléoutiennes. Comme le Gulf-Stream dans l'Atlantique, il adoucit le climat des contrées qu'il traverse. L'analogie entre ces deux puissantes artères de l'Océan est frappante, et se retrouve jusque dans les moindres circonstances. L'un et l'autre s'échappent par des passes étroites. A la sortie du courant indien, Bornéo représente assez exactement Bahama, avec ses grands bancs à l'ouest, et le vieux canal de la Providence au midi. « Plus loin, continue M. F. Julien, qui nous sert de guide dans cette curieuse étude, les Philippines répondent aux Bermudes, les îles du Japon à l'île de Terre-Neuve. Les côtes de la Chine, baignées par un courant froid qui sort du Kamtchatka et qui s'interpose comme un corps isolant entre l'Asie et le grand courant chaud du golfe du Bengale, les côtes de la Chine, disons-nous, se présentent avec le même climat et l'aspect général des rivages des États-Unis, baignés eux aussi par le contre-courant polaire de la mer de Baffin, qui se répand

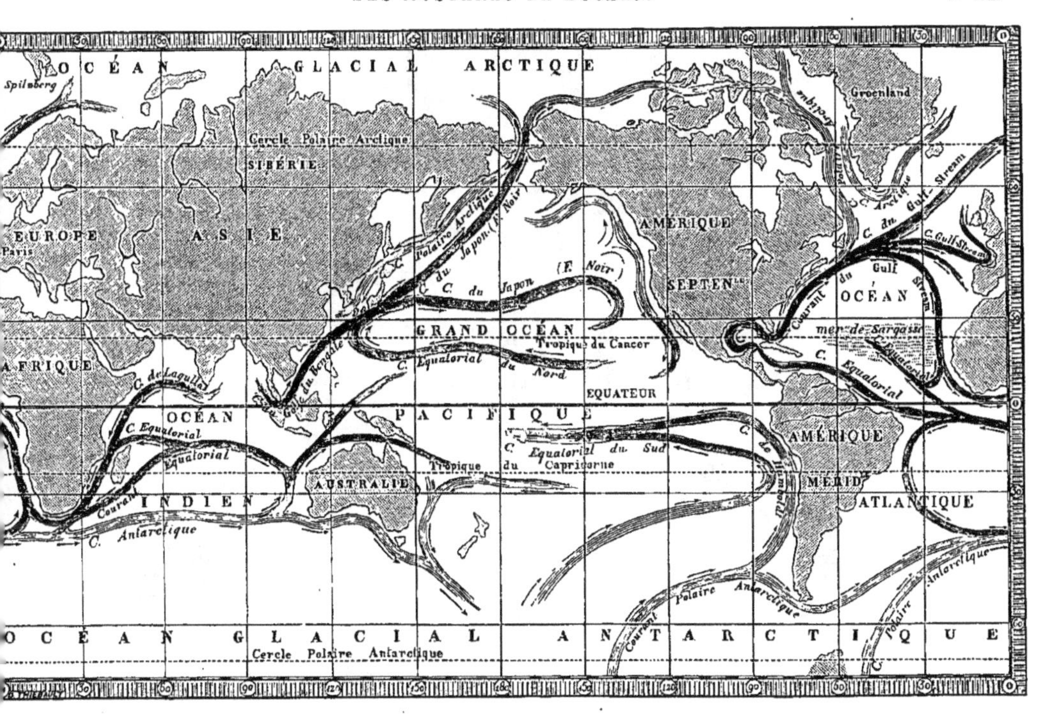

Carte des Courants.

vers le sud en se frayant un passage entre le Gulf-Stream et la terre. Sans issue vers le nord, les eaux chaudes du Pacifique sont arrêtées dans leur cours par la presqu'île d'Alaïska. La configuration des terres les oblige à dévier vers l'est, puis vers le sud, et à redescendre le long des

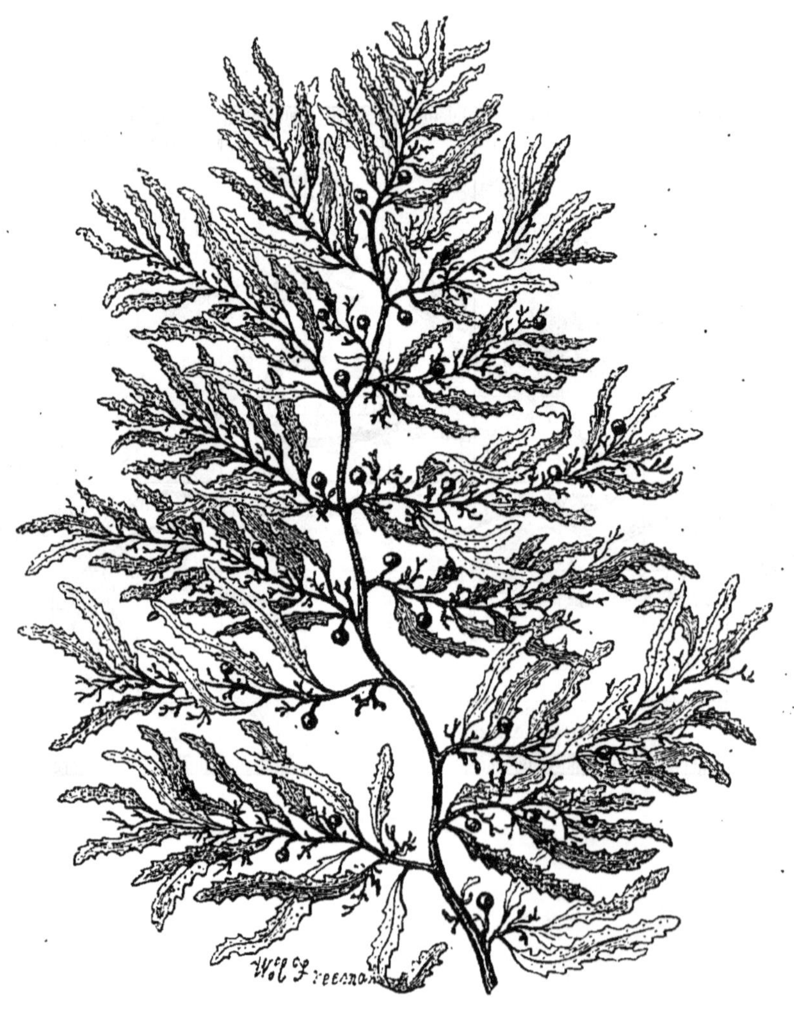

Fucus natans.

côtes de la Nouvelle-Calédonie (Amérique du Nord) et de la Californie, de même que les eaux du Gulf-Stream viennent baigner l'Europe et l'Afrique occidentales jusqu'au delà des îles du cap Vert. Nous avons vu le Gulf-Stream porter aux malheureux habitants de l'Islande et du Spitzberg des bois et des graines d'Amérique. Le fleuve indien charrie de même jusque sur les rivages des îles Aléoutiennes des camphriers de Formose et des bois noirs dont l'essence et l'origine ne sont point douteuses. Enfin les circuits des deux grandes artères océaniques donnent lieu à un phénomène des plus curieux, et dont les anciens navigateurs ont été vivement frappés. Au centre de chacun de ces circuits s'étendent de vastes bassins où, à la faveur de l'immobilité relative des eaux, les plantes marines, les varechs flottants (*fucus natans*) se sont développés avec une fécondité prodigieuse, au point de former comme d'immenses prairies marines (*praderias de yerva,* disait Oviedo), que les marins nomment *mers des Sargasses* (du mot espagnol *sargazo,* qui signifie varech). La mer des Sargasses du Gulf-Stream est située dans l'espace triangulaire compris entre les Açores, les Canaries et les îles du cap Vert. Les premiers explorateurs de l'Atlantique, malgré leur intrépidité, ne s'y aventurèrent d'abord qu'avec terreur. « On trouva tant d'herbe dès le point du jour, disait Christophe Colomb dans le journal de son premier voyage, que la mer paraissait prise comme elle l'eût été par la glace. » Et ce témoignage est confirmé par celui des observateurs modernes. Ces herbes marines sont tellement serrées et enchevêtrées, que les navires ne s'y fraient pas sans peine un passage, et que leur marche en est quelquefois retardée. Eh bien, le grand Océan, ainsi que l'Atlantique, a sa mer de Sargasses, sa prairie de varechs, qui occupe toute la partie centrale de l'espace enveloppé par le *fleuve Noir*.

Ce courant n'est pas le seul qui parte des régions tropicales de l'ancien hémisphère. Les eaux chaudes et dilatées, que la pression du torrent polaire fait déborder de la mer des Indes, ne trouvent pas, par le détroit de Malacca, un

Sargassum (fucus bacciferus).

assez large passage. Une certaine quantité se répand vers le sud-est, va baigner les îles de la Sonde, traverse la mer de Corail, puis, passant entre l'Australie et la Nouvelle-Zélande, s'avance jusqu'à la rencontre des flots polaires, et va creuser dans les glaces antarctiques l'échancrure profonde qui a permis au capitaine James Ross de pousser plus loin qu'aucun de ses prédécesseurs l'exploration de ces parages inhospitaliers.

Enfin un troisième fleuve d'eau tiède a sa source dans la mer d'Arabie. Il est connu sous le nom de courant de Lagullas. Il se dirige au sud-ouest, passe par le canal de Mozambique, et va rencontrer, au cap des Aiguilles, le courant transversal qui, à cette hauteur, entre de l'Atlantique dans le grand Océan. A partir de ce point, les deux courants, confondus en un seul, descendent au sud, et vont former, en avant du cercle polaire, une mer de Sargasses analogue à celles de l'Atlantique et du grand Océan boréal.

Tous les courants que nous venons d'étudier, et qui sont les troncs principaux du réseau circulatoire de l'Océan, dépassent peu la zone des tropiques. Les deux grands fleuves d'eaux chaudes qui partent de la mer des Indes et du golfe du Mexique, n'envoient vers le sud que des rameaux secondaires, et les courants équatoriaux suivent invariablement la direction circulaire que leur tracent le mouvement diurne de la planète et la marche des vents alizés.

Les mers du Sud présentent donc une circulation beaucoup moins active que celle des mers qui s'étendent au nord de l'équateur; et tandis que, dans ces dernières, la prédominance appartient aux courants chauds sur les courants froids, le contraire a lieu dans les premières. Aussi la moyenne de la température y est-elle sensiblement moins élevée, et la région des glaces polaires incomparablement plus étendue.

Au pôle nord, la vie et le mouvement ne cessent que vers le 75e degré de latitude; jusque-là on rencontre des rudiments de vie animale et végétale, quelques terres à la rigueur habitables, puis, au delà d'un désert de glaces, région funèbre où tout semble fini, on est étonné de voir la température tout à coup s'adoucir, de rencontrer de nouveau la mer : une mer liquide, vaste et presque tiède.

« Dans son second voyage d'exploration, dit M. E. Margollé, le docteur Kane, après avoir hiverné dans le détroit de Smith, à la latitude de 79°, fit au printemps une reconnaissance vers le pôle, et s'avança en ligne directe jusqu'à 125 milles. A cette hauteur, on retrouva la mer s'étendant à perte de vue au nord, dans un espace libre dont la surface fut évaluée à plus de 4,000 milles carrés. Des flots verdâtres roulaient aux pieds des explorateurs, comme les vagues sur le rivage de l'Océan. L'observation du flux et du reflux, l'élévation du thermomètre, la présence d'oiseaux et d'animaux marins qui habitent ordinairement les eaux libres, tout semblait indiquer une mer profonde et la permanence d'un climat moins rigoureux. »

« Jusqu'où, dit le docteur Kane lui-même, peut s'étendre cette mer? Existe-t-elle comme un trait de la région immédiate, ou comme partie de la vaste surface inexplorée formant le bassin polaire? Quels peuvent être les arguments en faveur de l'une ou de l'autre hypothèse, et comment expliquer la mystérieuse fluidité de l'eau au milieu d'immenses bordures de glaces? » — La science a résolu jusqu'à un certain point ces questions par la théorie des courants; on n'est pas éloigné de croire que l'influence des eaux chaudes venues de l'équateur se fasse sentir jusqu'au pôle même, qu'elle y entretienne une mer sillonnée par des courants, et dont les eaux, au moins pendant l'été, ne se congèlent pas.

Le commandant Maury ne doute point de l'existence de cette mer, et il l'attribue à l'affluence des eaux tièdes de l'Atlantique, qui par le détroit de Davis pénètrent dans le bassin arctique. Enfin, dans la séance tenue, au mois de mars 1860, par la *Société américaine de Géographie et de Statistique*, le docteur Hayes, qui devait partir quatre mois plus tard pour vérifier et continuer les courageuses recherches de son illustre compatriote et confrère K. A. Kane, s'exprimait en ces termes :

« Il y a un peu plus de quatre ans que le docteur Kane revenait du Nord, annonçant la découverte d'une mer polaire ouverte. Les savants avaient depuis longtemps pensé qu'une telle mer existait probablement; qu'au centre des terres arctiques une vaste étendue d'eaux profondes restait libre de toute accumulation de glaces, au moins durant l'été. La première confirmation de cette théorie fut donnée par les Russes qui, sous Hedenstrom, en 1810-11, et de nouveau, sous Wrangel et Anson, en 1820-24, découvrirent, au nord des îles de la Nouvelle-Sibérie, une mer ouverte qu'ils nommèrent Polynia. Il était réservé à notre compatriote le docteur Kane de trouver sur un méridien opposé des preuves plus concluantes, qui ont toute l'importance d'une grande découverte.

« .... L'océan Arctique a un diamètre moyen de 2,500 milles anglais, et une surface estimée à 5,000,000 de milles carrés. Les terres qui entourent ce vaste bassin forment la limite sud d'un grand banc de glaces, s'étendant comme un anneau autour de la région polaire, à travers les divers canaux qui lient l'océan Arctique à l'Atlantique et au

Pacifique. Dans son premier voyage arctique avec l'expédition dirigée par le lieutenant Haven, en 1850, le docteur Kane avait recueilli des observations importantes sur les courants et le mouvement des glaces dans la baie de Baffin. En rapprochant ensuite les diverses relations des navigateurs qui avaient tenté de franchir la barrière de glaces, il fut conduit à conclure que la véritable route était le détroit de Smith, non encore exploré, et qui s'ouvre à l'extrémité nord de la baie de Baffin.

« .... Les efforts que Kane put tenter dans cette direction, grâce au généreux patronage de notre compatriote Grinnell, devaient être d'abord de simples expériences. Il choisit son port d'hivernage sur la côte est du canal, par 78° 37' de latitude. Cette position était défavorable. On y était exposé à toute la force du courant qui descend du nord par le canal récemment découvert de Kennedy. Les glaces, entraînées par ce courant, s'opposèrent d'abord au départ, et, brisées en glaçons par les terres, elles rendirent ensuite la navigation vers le nord extrêmement laborieuse. Mais les mêmes causes qui encombrent ainsi la côte du Groënland doivent rendre libres les côtes de la terre de Grinnell, rive opposée du détroit. En visitant ce rivage au printemps de 1854, je trouvai une bande de glace peu épaisse, s'étendant le long de la terre jusqu'à la latitude de 80°. Cette glace avait été évidemment formée durant un seul hiver; d'où résultait qu'à l'entrée de l'hiver 1853-54, l'eau était libre dans toute cette direction. C'est la connaissance de ce fait qui m'a conduit à croire qu'on peut atteindre à une plus haute latitude en suivant le côté occidental du détroit. Je chercherai donc à m'assurer un port sur les côtes de la terre de Grinnell, et j'ai toute confiance qu'un bâtiment y peut hiverner avec sécurité près du 80e parallèle. »

Ainsi l'océan Arctique serait accessible et navigable dans toutes ses parties, et le moment ne serait pas éloigné, — si déjà même ce grand acte n'est accompli au moment où j'écris, — où d'intrépides voyageurs atteindraient et dépasseraient le sommet du pôle nord [1].

Rien ne permet d'espérer qu'un pareil prodige puisse jamais se réaliser au pôle antarctique. L'exploration de cette extrémité du monde est loin d'offrir le même intérêt pratique, et les difficultés et les périls y semblent insurmontables. Aussi ne compte-t-on qu'un petit nombre d'hommes qui s'y soient aventurés, et l'expédition la plus lointaine, celle de James Ross, poussée jusqu'au 80e parallèle, n'a pu qu'entrevoir un coin de ce désert immense et glacé. Des banquises [2] gigantesques, des remparts cyclopéens de glaces et de rochers, qui s'avancent en certains points jusqu'au 62e parallèle, interdisent l'accès de la région mystérieuse — abîme ou montagne? — qui occupe l'intérieur du cercle polaire antarctique. Là point d'habitants qui puissent, comme les Esquimaux, porter secours aux Européens; point d'animaux terrestres, point de ressources pour l'alimentation ou le travail; partant, point d'hivernage possible. Les rares voyageurs qui ont visité le cercle antarctique le représentent comme défendu par d'imposantes et infranchissables murailles, desquelles se détachent des blocs flottants qui menacent sans cesse d'écraser les navires ou de les enfermer dans de funèbres prisons.

1 Voyez dans les *Voyages et Découvertes outre-mer* le récit des principaux épisodes de l'expédition du docteur Kane.

2 Bancs ou montagnes de glace, de forme tabulaire.

L'Astrolabe et *la Zélée* dans les glaces du pôle antarctique.

Je citerai seulement un extrait de la relation du voyage accompli en 1838 par Dumont d'Urville, avec les corvettes *l'Astrolabe* et *la Zélée*.

« Le 18 janvier, les corvettes, qui, depuis leur départ de la terre des États, avaient navigué sur des eaux parfaitement libres, aperçurent un bloc de glace de vingt-cinq mètres et plus de haut. Le lendemain, les masses flottantes allaient en augmentant. Enfin, le 22, arrivé à 65° de latitude et 47° 30' de longitude, on fut arrêté par une barrière de glaces compactes, s'étendant à perte de vue, du sud-ouest au nord-est. Il est difficile de se faire une idée de la magnificence d'un tel spectacle. Abusé par de continuelles illusions, l'œil croit découvrir dans ces masses irrégulières une suite de monuments merveilleux; et, sans les dangers qu'elle recèle, cette scène pourrait longtemps captiver les regards. Pendant quelques jours, on côtoya cette interminable muraille jusqu'aux îles Orkneys, où l'on s'arrêta une semaine pour les reconnaissances hydrographiques. Le 2 février, le commandant prit de nouveau la route du sud. Dès le 4, par 62°, il retrouva la banquise. Croyant apercevoir une *clairière*, il y lança les deux corvettes, et ne tarda pas à se trouver emprisonné dans des glaces de plus en plus resserrées, que le froid toujours croissant menaçait de souder entièrement. Ce ne fut que par des efforts inouïs que l'expédition échappa à un si grand danger; il fallut briser à coups de pioche, sur une largeur de plus de deux milles, les glaces qui arrêtaient les navires, et l'on mit plus de huit heures à franchir cette distance, à force de voiles et de cabestan. Dégagées de leur prison, *l'Astrolabe* et *la Zélée* prolongèrent encore la banquise, de l'ouest à l'est, pendant l'espace de trois cents milles, sans trouver d'issue... Le 27 février, après une longue bordée poussée au sud, à travers de nombreux glaçons, l'expédition aborda, dans la portion intermédiaire qu'aucun voyageur n'avait jamais vue, les terres mystérieuses vaguement indiquées par les pêcheurs de phoques, qui les avaient appelées terre de Palmer et terre de la Trinité... Ces terres, que couronnent d'immenses pitons, sont couvertes de glaces éternelles d'une épaisseur indéfinie. Sans les rochers noirâtres mis à nu par la fonte des neiges, et qui forment leurs limites à la côte, on aurait peine à les distinguer des prodigieux amas de glaces qui les accompagnent. »

On a vu (ch. VI de la Ire partie) à quelle cause astronomique plusieurs auteurs attribuent le rigoureux climat qui règne sur les mers du Sud. On ne saurait dire si la circulation paresseuse de ces mers est un autre effet de la même cause, ou, au contraire, une des causes secondaires qui contribuent à l'abaissement de la température. Quoi qu'il en soit, les courants d'eau froide venus du pôle austral, au lieu de céder devant les eaux plus chaudes, les pénètrent, les refoulent devant eux, les compriment vers la terre, et les réduisent à se frayer d'étroites voies de sortie : d'un côté, en suivant le littoral brésilien; de l'autre, en s'échappant tout le long du continent africain, jusqu'au delà du cap de Bonne-Espérance et du banc des Aiguilles. On connaît, grâce à Humboldt, l'étendue et la direction du grand flot glacé qui, parti du pôle sud, fait irruption dans l'océan Austral.

« Un courant, dont j'ai reconnu la basse température dans l'automne de 1802, dit l'immortel philosophe, règne dans la mer du Sud et réagit d'une manière sensible sur le climat du littoral. Il porte les eaux froides des hautes latitudes australes vers les côtes du Chili; il longe ces côtes et celles du Pérou, en se dirigeant d'abord du sud au nord; puis, à partir de la baie d'Arica, il marche du sud-sud-est au nord-nord-ouest. Entre les tropiques, la température de ce courant froid n'est que de 15° 6, en certaines saisons de l'année, pendant que celle des eaux voisines en repos monte à 27° 5, et même à 28° 7. Enfin, au sud de Payta, vers cette partie du littoral de l'Amérique méridionale qui fait saillie à l'ouest, le courant se recourbe comme la côte elle-même, et s'en écarte en allant de l'est à l'ouest; en sorte qu'en continuant de gouverner au nord, le navigateur sort du courant et passe brusquement de l'eau froide dans l'eau chaude [1]. »

Cette large et profonde veine d'eau froide a conservé le nom de courant de Humboldt. Dans l'angle compris entre elle et la chaude artère qui du centre du Pacifique vient à sa rencontre, il existe un vaste espace, un désert humide, d'aspect sinistre, désolé, stérile, où rien ne vit ni ne se meut, et qu'on dirait frappé de malédiction.

« La mer immobile, dit M. F. Julien, y paraît déserte, abandonnée. Jamais la baleine ne sillonne ses flots; jamais l'alcyon, le pétrel, ne rasent sa surface. Loin des grandes routes ouvertes au commerce par la navigation, elle est restée longtemps peu connue et presque inexplorée; le hasard seul des vents et des tempêtes y entraînait parfois un navire égaré. Ce n'est que depuis la découverte de l'or de l'Australie et depuis l'exploitation du guano du Pérou,

[1] *Cosmos*, t. I.

qu'elle est fréquentée par les bâtiments qui vont des mers du Sud à Hobart-Town et à Sidney.

« Tous les journaux de bord, toutes les relations de voyage s'accordent pour représenter sous les mêmes couleurs le tableau qu'offre effectivement cette mer désolée. Quand on a doublé le cap Horn, on est entouré, poursuivi pendant des semaines entières par des nuées d'oiseaux très-communs dans les régions australes. Le fou, le satanique, le damier, le pétrel, la mouette du cap, escortent le navire, plongent autour de lui, se posent sur ses mâts, et suivent sans fatigue son rapide sillage. Perdu au sein des mers, on se lie d'amitié avec ces gracieux compagnons de voyage. Après une nuit de tempête, quel est le marin qui ne retrouve avec joie ces amis de la veille, bercés dans le creux d'une lame ou prenant leur essor sur la crête des flots? Il n'est pas jusqu'au gigantesque albatros qui n'abandonne aussi la région des orages, pour demeurer fidèle au navire avec lequel il cingle vers des cieux moins sévères. Mais dès qu'on approche de la mer désolée, tout fuit, tout disparaît, tout change. On n'aperçoit plus l'alcyon, on n'entend plus le cri de la mouette. L'atmosphère est sans bruit, les flots de la mer sont muets, rien ne vient animer les horizons déserts. L'univers tout entier semble privé de vie, et c'est sous l'impression de cet inexprimable sentiment de tristesse que l'homme se retrouve seul en présence de Dieu et de l'immensité [1]. »

[1] *Les Harmonies de la Mer*, ch. VI.

CHAPITRE V

LES SPASMES DE L'OCÉAN

Les marées et les courants sont des mouvements normaux, réguliers, sauf les variations d'intensité et les modifications secondaires qu'ils peuvent subir. De ces pulsations et de cette circulation résulte ce que, par métaphore, on a appelé la vie de l'Océan. Mais ce grand organisme est sujet à un troisième ordre de mouvements, à des convulsions violentes, à des secousses plus ou moins profondes, plus ou moins étendues. « Il se fait de temps en temps dans la mer, dit Maury, des commotions qui semblent avoir pour but d'assurer les époques de ses travaux. Ces phénomènes peuvent être considérés comme les spasmes de la mer. » Ces paroles du savant hydrographe américain ne s'appliquent pas, sans doute, à toutes les commotions de la mer, mais seulement à celles qui lui sont intrinsèques et par lesquelles elle réagit contre les obstacles qui viennent entraver ou interrompre le jeu de ses fonctions, déranger son équilibre. Il ne faut point confondre ces « spasmes », qui sont encore des manifestations de son autonomie, avec les perturbations produites par des causes extérieures, et dont l'Océan ne reçoit en réalité que le contre-coup. Malheureusement la distinction n'est pas toujours facile à établir; il reste dans la théorie des convulsions de la mer bien des points obscurs, bien des lacunes, malgré les progrès admirables que les observateurs modernes, Romme, Peltier, Piddington, Reid, Maury, Jansen, ont fait faire à la physiologie des éléments. On voit les effets, on les prévoit même par des indices qui trompent rarement; on détermine jusqu'à un certain point leur marche, leur liaison, leur mode de production; c'est beaucoup : les causes, le plus souvent, échappent. On a invoqué le magnétisme, l'électricité; on a bâti des systèmes, mais purement hypothétiques. Nous ne nous y arrêterons point. Ce livre n'est qu'un tableau, une esquisse, où l'on s'efforce de faire assister le lecteur à quelques-unes des scènes de la nature, et d'expliquer celles dont la science a pu pénétrer le mystère. La discussion des systèmes n'y saurait trouver place. Au plus on a cru devoir exposer, sous réserve, ceux que leur haute portée philosophique et l'autorité de leurs promoteurs ne permettaient point de passer sous silence.

Parmi les phénomènes qui ont leur siége dans le sein même des eaux, il en est qui s'expliquent aisément par les lois ordinaires de la mécanique, et par l'antagonisme des forces entre lesquelles l'équilibre, un moment troublé, tend nécessairement à se rétablir. Tant que cet équilibre subsiste, la mer est calme, c'est-à-dire immobile en apparence; sa surface est unie et limpide. Mais on conçoit sans peine qu'une cause quelconque venant à influer sur cette masse essentiellement mobile y détermine aussitôt une agitation dont le caractère et l'intensité dépendent du nombre, de la direction et de l'énergie des forces mises en jeu. Cette agitation se traduit le plus souvent par des intumescences, par des soulèvements qu'on désigne sous le nom de *vagues* ou de *lames*; on dit alors que la mer est *houleuse*. Ces lames, dans les grandes commotions de l'Océan, prennent des proportions formidables, retombent et roulent sur elles-mêmes en écumant, s'entrechoquent, se repoussent ou s'entassent les unes sur les autres. On les a comparées maintes fois, non sans raison, à des montagnes mouvantes séparées par des vallées profondes comme des abîmes. Lancées contre les côtes, elles y déferlent, s'y brisent avec des mugissements dont aucun bruit, aucun son ne peut donner l'idée. Tout est grandiose et terrible dans les tumultes de la mer, et dépasse ce que peut imaginer quiconque n'y a point assisté. « Nous devons aux navigateurs, nous autres hommes de terre, dit M. Michelet, ce respect de tenir grand compte des faits qu'ils attestent, de ce qu'ils ont vu et souffert. Je trouve de très-mauvais goût la légèreté sceptique que des savants de cabinet ont montrée relativement à ce que les marins nous disent, par exemple, de la hauteur des vagues. Ils plaisantent les navigateurs qui la portent à cent pieds. Des ingénieurs ont cru pouvoir prendre mesure à la tempête, et calculer précisément que l'eau ne monte guère à plus de vingt pieds. Un excellent observateur nous assure, tout au contraire, avoir vu fort nettement, du rivage, en sécurité, des entassements de vagues plus élevés que les tours de Notre-Dame et plus que Montmartre même.

« Il est trop évident qu'on parle de choses différentes. De là la contradiction. S'il s'agit de ce qui fait comme le champ de la tempête, son lit inférieur, si l'on parle des longues rangées de vagues qui roulent en lignes et gardent dans leur fureur quelque régularité, le rapport des ingénieurs est exact. Avec leurs crêtes arrondies et leurs vallées alternatives qu'elles présentent tour à tour, elles déferlent au plus dans une hauteur de vingt à vingt-cinq pieds. Mais les vagues qui se contrarient et qui ne vont pas ensemble s'élèvent à bien d'autres hauteurs. Dans leur choc, elles prennent des forces prodigieuses d'ascension, se lancent, retombent d'un poids d'une incroyable lourdeur, à assommer, briser, enfoncer le vaisseau. Rien de lourd comme l'eau de mer. Ce sont ces jets de vagues en lutte, ces retombées épouvantables dont les marins parlent, phénomènes dont on ne peut nullement calculer la grandeur réelle. »

Les obstacles que rencontrent les lames semblent exciter leur fureur. Dans les marées montantes et dans les gros temps, la mer assiége partout les rochers du rivage, les flancs des falaises, avec une violence telle que la côte en est ébranlée. Dans certains parages, elle rencontre au large, dans son propre lit, des brisants et des précipices qui donnent à ses mouvements un caractère effrayant et bizarre, et dont le marin ne s'approche pas sans danger : il court risque d'être écrasé contre les premiers ou englouti dans les seconds. Quelques-uns de ces écueils ont acquis une célébrité funeste. La mythologie antique avait personnifié sous les traits de deux monstres hideux les groupes de Charybde et de Scylla, moins redoutés aujourd'hui, grâce aux progrès de la navigation et à la disparition des idées superstitieuses qui frappaient de terreur les anciens et leur ôtaient d'avance tout espoir de salut. A Charybde (aujourd'hui Colfaro), la mer bouillonne, mugit et se débat comme au milieu d'un cratère sans fond ; à Scylla, elle se heurte et rejaillit contre d'énormes rochers. Les fiords ou petits golfes qui découpent la côte de Norwège et les nombreux îlots qui la bordent, donnent naissance à des tourbillons dangereux. Le plus redoutable est situé dans l'archipel Lofoden, par 68° de latitude nord. C'est le fameux *Maelstrom*, sorte d'entonnoir immense où les navires, au moment du flux, s'engloutissent en tournoyant avec une rapidité vertigineuse, et qui attire, par un entraînement irrésistible, tout navire se hasardant dans le vaste cercle où s'exerce sa funeste puissance. « On observe aussi un grand nombre de ces tourbillons dans l'archipel des îles Feroë; à l'un d'eux, le *Stamboemouch*, l'eau forme une sorte de colimaçon. On en cite encore au golfe de Bothnie, et sur la côte orientale des États-Unis, au détroit de Long-Island [1]. »

Il a été parlé plus haut de l'influence qu'exerce sur les marées la configuration des côtes. Le flot, par exemple, éprouve toujours un mouvement d'ascension très-marqué lorsqu'il pénètre dans une baie dont le fond va se rétrécissant. Or c'est précisément la figure que présentent, en général, les embouchures des grands fleuves. Et ici le flot ne se trouve pas seulement resserré de plus en plus entre les rives; il rencontre en outre devant lui un obstacle qui, non-seulement l'arrête, mais tend à le faire reculer : ce sont les eaux que le fleuve porte à l'Océan. La lutte de ces deux courants contraires produit le phénomène auquel on a donné, selon les pays, les noms de *barre*, de *mascaret*, de *ras de marée*, de *prororoca*. Les vagues montantes de la mer, d'abord refoulées, s'accumulent, se massent, et, quand elles sont en force, reviennent à la charge avec la certitude

[1] Alfred Maury, *La Terre et l'Homme.*

de vaincre. C'est alors une montagne qui s'avance, et d'un invincible élan envahit le fleuve, rejette au loin ses eaux, s'installe victorieuse dans leur lit. On peut voir en France ce phénomène aux embouchures de la Seine et de la Dordogne; mais il ne s'y montre pas avec les proportions imposantes qu'il prend dans les grands fleuves de l'Asie et de l'Amérique. L'Hougly, une des branches qui forment le delta du Gange, est le siége d'un mascaret qui se produit avec une rapidité extraordinaire. Le flot monte ordinairement de 20 milles à l'heure. Celui de la rivière Tsien-Tsang a été décrit d'une façon pittoresque dans un mémoire lu à la Société asiatique par le docteur anglais Macgowan, qui l'observa de la ville de Hang-Chan, il y a quelques années.

« Entre les remparts de la rivière, qui est éloignée d'un mille, dit ce savant voyageur, sont des faubourgs qui s'étendent à plusieurs milles sur les rivages. A l'approche du flot, la foule se rassembla dans les rues qui sont à angle droit avec le Tsien-Tsang. J'étais placé sur la terrasse du *Three-Waves* (château des Trois-Vagues), d'où je pouvais embrasser toute la scène. Tout trafic fut suspendu; les marchands cessèrent de crier leurs marchandises; les porteurs cessèrent de décharger les navires, qu'ils abandonnèrent au milieu du courant, et un moment suffit pour donner l'apparence de la solitude à la cité la plus laborieuse parmi les cités laborieuses de l'Asie. Le centre de la rivière fourmillait de bateaux de toute espèce. Bientôt le flot annonça son arrivée par l'apparition d'un cordon blanc prenant d'une rive à l'autre. Son bruit, que les Chinois comparent au tonnerre, fit taire celui des bateliers. Il avançait avec une prodigieuse vélocité, que j'estimai à trente-cinq milles à l'heure. Il avait l'apparence d'un mur

Le prororoca de Tsien-Tsang.

d'albâtre, ou plutôt d'une cataracte de quatre à cinq milles de long et trente pieds d'élévation, se mouvant tout d'une pièce. Bientôt il atteignit l'avant-garde de cette flotte qui attendait son approche. Ne connaissant que la barre du Gange, dont on a tant de peine à se préserver, et qui ne manque pas de faire chavirer les navires qui se présentent mal, je ne laissai pas d'avoir de fortes appréhensions pour la vie de ces équipages. Lorsque ce mur flottant arriva, tous étaient silencieux, attentifs à maintenir l'avant tourné vers la lame qui semblait vouloir les engloutir. Tous furent portés sains et saufs sur le dos de la vague. Le spectacle fut du plus haut intérêt quand le flot eut passé seulement sous la moitié de la flottille. Les uns se reposaient sur une eau parfaitement tranquille, tandis qu'à côté, au milieu d'un tumulte épouvantable, les autres sautaient dans cette cascade comme des saumons agiles. Cette grande et émouvante scène ne dura qu'un moment. Le flot courut encore en diminuant de force et de vitesse, et finit d'être perceptible à une distance que les Chinois disent être de quatre-vingts milles. Le trafic interrompu reprit peu à peu, les navires furent de nouveau amarrés au rivage, femmes et enfants s'occupèrent à recueillir les objets perdus dans la mêlée; les rues étaient couvertes d'écume, et une quantité considérable d'eau vaseuse remplissait le grand canal. »

D'après Humboldt, les marées qui, à l'embouchure de l'Orénoque, ne sont que de 80 centimètres à 1 mètre, se font sentir au mois d'avril, époque des plus basses eaux du fleuve, jusqu'à Angostura, à 85 lieues dans l'intérieur des terres, et leur hauteur, à 60 lieues, est encore de plus de 1^{m},30. Dans le fleuve des Amazones, le flux remonte jusqu'à 200 lieues à l'intérieur; aussi lui faut-il plusieurs jours pour parcourir une si grande distance. A l'entrée de cet immense cours d'eau, la marée montante se précipite avec une vitesse inouïe. Le célèbre voyageur la Condamine, qui dirigeait la commission envoyée vers le milieu du siècle dernier dans l'Amérique du Sud, par l'Académie des sciences de Paris, rapporte qu'au temps des syzygies deux minutes suffisent à la mer pour parvenir, dans l'embouchure du fleuve des Amazones, à la hauteur qu'elle n'atteint d'ordinaire qu'en six heures. « On entend, dit-il, d'une ou deux lieues de distance, un bruit effroyable qui annonce la pororoca. A mesure qu'elle approche, le bruit augmente, et bientôt on voit un promontoire d'eau de douze à quinze pieds, puis un autre, ensuite un troisième et quelquefois un quatrième; ils se suivent de près, et ils occupent toute la largeur du canal. Cette lame avance avec une rapidité prodigieuse, rase ou brise dans son cours tout ce qui lui résiste, déracine et emporte de très-gros arbres, et partout où elle passe le rivage est net comme s'il eût été balayé. »

On confond souvent, à tort, le mascaret ou pororoca avec un autre phénomène plus redoutable encore, et qu'on désigne sous le nom de *ras de marée :* nom impropre, car ce phénomène ne paraît avoir aucun rapport avec les marées. On ne l'observe guère que sous les tropiques, là où l'action des marées est presque insensible. Il n'a rien de régulier, ni de périodique; mais il se produit toujours pendant l'hivernage, à l'époque où règnent presque constamment les vents alizés. On voit alors ces vents interrompre subitement leur cours, le temps devenir calme, et la mer, très-unie au large, soulever aux abords des rivages, sans aucune cause apparente, des vagues monstrueuses, qui viennent se briser avec fracas sur la plage, comme si elles étaient poussées par une tempête furieuse. Les navires au mouillage en deçà de la ligne où commence le ras de marée peuvent d'autant moins résister à la violence du flot, que l'absence du vent ne leur permet pas d'user de leurs voiles pour regagner le large. Ils chassent sur leurs ancres, sont emportés et périssent inévitablement. Ce terrible phénomène ne dure, le plus souvent, qu'une journée; cependant on l'a vu quelquefois se prolonger pendant plusieurs jours, et occasionner des destructions épouvantables. C'est ainsi que la mer envahit Lisbonne il y a près d'un siècle, et que, vers la même époque, elle engloutit sous ses ondes déchaînées le port de Callao, sur la côte du Pérou.

La science n'a pu, jusqu'à présent, découvrir la cause de ces tourmentes. Quelques auteurs les attribuent à des tremblements de terre sous-marins; d'autres y voient l'effet de perturbations atmosphériques qui surviennent loin du lieu où se manifeste le ras de marée, mais qui agitent assez la masse des eaux pour que de proche en proche le mouvement se propage dans une direction donnée, jusqu'à la rencontre d'un obstacle sur lequel se décharge toute sa violence. La baisse notable du mercure dans le baromètre, qui souvent annonce quelques heures à l'avance le ras de marée, donne à cette explication une certaine vraisemblance. Mais, d'autre part, on ne comprend pas bien comment une tempête éclatant à plusieurs milles de distance pourrait déterminer à la côte des effets aussi terribles, sans qu'il en parût rien dans l'intervalle. On remarque d'ailleurs qu'au moment où la commotion se prépare la mer commence par se retirer du rivage. « Elle se replie sur elle-même, dit M. F. Julien; elle se concentre, elle semble recueillir ses forces; puis elle revient tout à coup furieuse, irrésistible, en sortant de son lit et bondissant au delà de toutes ses limites. » Le même auteur signale comme causes probables des ras de marée les gonflements, les dénivellations subites que détermine dans les mers tropicales une brusque variation dans la température, ou plutôt la condensation d'énormes quantités de vapeur pompées par le soleil et retombant en pluies torrentielles. Il fait observer à ce sujet que la chute de deux ou trois centimètres de pluie, sur la cinquième partie seulement de l'Atlantique, représente un poids total bien plus considérable que celui de toutes les eaux qui coulent, dans l'espace d'une année entière, entre les rives larges et profondes du Mississipi. M. E. Margollé partage cette opinion. « Dans le voisinage des calmes de l'équateur, dans la région des pluies perpétuelles, dit-il, on voit souvent des ras de marée qu'on peut attribuer à l'action des eaux douces abondamment versées par la pluie. Cette cause, au premier abord, paraît insuffisante; mais lorsqu'on en calcule les effets pour une vaste surface, on est étonné de l'intensité des forces qu'elle met en jeu. » Ajoutons que des phénomènes très-semblables aux ras de marée, sinon identiques, précèdent, accompagnent presque toujours les grands ouragans des tropiques. Les grands lacs sont aussi sujets à des perturbations analogues, qui prennent alors le nom de *seiches*.

Les seiches sont assez fréquentes sur le lac de Genève.

CHAPITRE VI

L'ATMOSPHÈRE ET LES VENTS

Au-dessus de l'océan des eaux qui baigne les continents et les îles, s'étend un autre océan, bien plus vaste, qui couvre à la fois les terres et les mers, et enveloppe de toutes parts notre planète. C'est cette couche gazeuse qu'on appelle *atmosphère*, et que l'analyse chimique nous montre essentiellement formée du mélange intime de deux gaz, à savoir : le gaz oxygène, agent indispensable de la combustion, de la respiration, de la vie ; et le gaz azote, corps inerte, qui dans l'air a pour principale mission de diluer, d'étendre l'oxygène et d'en tempérer l'action, comme l'eau atténue la force d'un vin généreux. Les proportions du mélange sont d'environ vingt-une parties du premier gaz et soixante-dix-neuf du second. Il s'y ajoute de faibles quantités de vapeur d'eau et d'acide carbonique. La vapeur d'eau, condensée sous forme vésiculaire, constitue les nuages et les brouillards ; ceux-ci, précipités sous forme de pluie, de grêle, de neige, retournent incessamment à la masse des eaux terrestres, qui de nouveau les rend à l'océan supérieur.

L'atmosphère est, ainsi que les mers, le siége de courants et de contre-courants que la subtilité et la mobilité de sa substance rend incomparablement plus rapides. Il est sujet aussi à des perturbations fréquentes, à des convulsions occasionnées par des causes multiples, parmi lesquelles il faut citer en première ligne les changements de température, l'accumulation et la condensation des vapeurs, les actions électriques et la rotation du globe. Les courants de l'ensemble desquels résulte la circulation de l'atmosphère sont connus sous le nom de *vents*. Le vent n'est donc autre chose que de l'air en mouvement. Les courants aériens exercent, on l'a entrevu déjà, une influence non douteuse sur l'équilibre de la surface des eaux, et il existe entre les mouvements de l'air et ceux de l'Océan une connexion intime et de remarquables analogies.

On conçoit en premier lieu que, si l'Océan obéit à l'attraction luni-solaire et se déplace périodiquement par l'effet de cette attraction, l'air y soit soumis le premier, et que son extrême mobilité l'y rende encore plus sensible. C'est, en effet, ce qui a lieu. Le phénomène des marées océaniques ne se produit que parce que l'attraction de la lune, avant d'agir sur les mers, agit d'abord sur l'atmosphère, et détermine ce qu'on appelle les *marées atmosphériques*. Ces marées, plus ou moins sensibles en temps ordinaire, deviennent souvent, à l'époque des syzygies, de véritables tempêtes, connues sous le nom de tempêtes d'équinoxe. Indépendamment de ces oscillations périodiques, il règne dans l'atmosphère des vents constants et généraux, dus au mouvement diurne de la terre, ainsi qu'au transport vers les pôles de l'air dilaté par la chaleur sous les tropiques, et à l'espèce de tirage qu'exerce sur l'air froid des pôles la tendance ascensionnelle de l'air échauffé des régions équatoriales. Il existe aussi des vents particuliers, dus à des causes locales plus restreintes dans leur étendue et dans leur durée.

Aux alternatives du jour et de la nuit répondent des alternatives d'échauffement et de refroidissement, qui naturellement donnent naissance à des vents de direction différente. Sur tout le littoral des régions intertropicales, l'échauffement inégal de la terre et de la mer par les rayons solaires produit ces vents particuliers qu'on nomme *brises*, et qui soufflent tour à tour du large vers la terre et de la terre vers le large.

« Pendant l'été, dit M. F. Julien, ce phénomène se produit encore dans les régions tempérées, et même sur les côtes des contrées les plus froides. Dans cette saison, en effet, l'action du soleil sur la terre commence dès le matin à se faire sentir. Vers les dix heures, elle est déjà capable de maintenir la surface du sol à une température supérieure à celle de la mer. Dès ce moment l'équilibre est détruit; l'air échauffé se dilate et s'élève; il est remplacé par les couches voisines qui viennent de la plage, plus denses et plus fraîches. Bientôt le mouvement se transmet sur les flots; il se propage et finit par s'étendre à une distance de plusieurs milles au large. Mais avec la cause cesse aussitôt l'effet qu'elle a fait naître.

« Quand le soleil s'incline à l'horizon, la brise de la mer perd de son énergie. Elle s'affaiblit peu à peu, et tombe vers le soir dès que la terre a laissé échapper, par le rayonnement, l'excès de calorique qui en fait dans le jour un foyer d'attraction. Avec la nuit, le refroidissement du sol continue à s'accroître. L'équilibre, un instant rétabli, s'altère de nouveau ; mais c'est sur les flots, cette fois, que s'élèvent les couches chaudes et légères ; c'est de la côte que se précipitent les colonnes d'air frais qui entretiennent jusqu'au retour des premiers rayons du soleil la brise vivifiante qui souffle du rivage.

« ... C'est surtout dans la zone des calmes de la ligne que l'on peut observer dans toute sa régularité le phénomène des brises de terre et des brises du large.

« Dans le golfe de Guinée et sur les côtes de la mer des Antilles, la succession régulière du jour et de la nuit amène dans la circulation de l'air des révolutions tout aussi périodiques et aussi régulières. Au Chili, le renversement journalier de la brise prend un caractère vraiment très-singulier dans la saison où la zone des calmes du Capricorne atteint, dans ses oscillations extrêmes, sa limite méridionale. C'est pour Valparaiso l'époque des chaleurs. Le ciel est pur, l'air transparent; le rayonnement dans l'espace s'opère sans obstacles. L'atmosphère, dans cet état d'équilibre parfait, semble être admirablement disposée à obéir à la moindre impulsion qui lui sera donnée par le plus léger changement dans la température.

« Dès dix heures, en effet, la terre a ressenti les effets du soleil : l'air échauffé se dilate et remonte. La brise se forme sur les flots, elle fraîchit, court vers la terre. A deux heures environ, elle souffle du large avec une violence extrême. Les navires mouillés en sont très-souvent tourmentés; ils chassent sur leurs ancres, et la circulation sur rade est rendue impossible. Mais à six heures le vent commence à épuiser ses forces. Il tombe promptement, il s'éteint, il expire, et le calme du soir devient aussi profond que celui du matin [1]. »

[1] *Les Harmonies de la Mer*, ch. IX.

Le vent peut d'ailleurs, en vertu de diverses circonstances météorologiques, changer de direction plusieurs fois dans la même journée. Il peut aussi persister pendant plusieurs jours, plusieurs semaines, plusieurs mois. Mais il faut distinguer, parmi ces vents persistants, ceux qui sont dus à des causes accidentelles de ceux qui résultent de la constitution même des climats et des lois générales de la nature. Ce sont les derniers qu'on nomme, suivant le cas, vents réguliers ou périodiques, comme les brises, les moussons et les vents étésiens; vents permanents, comme les alizés. C'est encore dans les régions intertropicales que règnent ces grands courants atmosphériques, engendrés par les actions combinées de la température et du mouvement diurne de la terre. Tels sont les vents alizés, qui soufflent sans interruption des deux côtés de l'équateur, du nord-est au sud-ouest dans l'hémisphère boréal, et du sud-est au nord-ouest dans l'hémisphère austral.

Au voisinage de l'équateur, à partir du 30e parallèle, la rapidité croissante du mouvement de l'air fait dévier ces vents, dont la direction varie alors du nord-nord-est à l'est-nord-est et du sud-sud-ouest à l'ouest-sud-ouest. Enfin, à l'équateur même, le mouvement de l'air qu'entraîne la rotation de la terre devient si rapide, qu'il neutralise complétement la force d'impulsion que les vents ont prise en venant du nord ou du sud, et le vent alizé souffle exclusivement de l'est à l'ouest. On l'appelle alors le *grand vent alizé*. Entre les tropiques, tous les vents se réduiraient à celui-là, si les continents ne lui barraient le passage. Mais l'Afrique intercepte l'alizé de l'océan Indien, l'Amérique celui de l'Atlantique, et l'Australie celui du Pacifique. Ce dernier commence à se faire sentir à une certaine distance des côtes occidentales de l'Amérique, et souffle constamment jusqu'aux côtes de l'Australie. Ce courant nord-est se montre dans toute sa régularité entre les 2ᵉ et 25ᵉ degrés de latitude sud; mais en été il se rapproche du nord. C'est poussés par cet alizé que Magellan et ses compagnons effectuèrent le premier voyage autour du monde, et que pendant deux siècles les fameux galions espagnols, chargés de l'or du nouveau monde, se rendaient d'Acapulco à Manille en toute sécurité. De là le nom de Pacifique donné à cet océan.

Dans la bande qui s'étend du 2ᵉ degré sud au 2ᵉ degré nord, et qui sépare les alizés des deux hémisphères, la dilatation et la force ascensionnelle de l'air, suréchauffé par le soleil, sont assez intenses pour paralyser le mouvement oriental dû à la rotation du globe. Il en résulte le calme complet qui caractérise cette zone, appelée pour ce motif *région des calmes*. Mais cet état d'équilibre n'est rien moins que stable, et peut être troublé par le moindre accident. Aussi voit-on souvent, près de l'équateur, succéder tout à coup aux calmes plats des tempêtes accompagnées de pluies torrentielles, et de ces coups de vent si redoutés des marins, que les Espagnols appellent *tornados*, et les Portugais *travados*. Durant ces bourrasques, il n'est pas rare de voir l'aire du vent décrire un cercle complet.

Dans l'océan Atlantique, la région des calmes n'occupe pas la même position que dans le Pacifique; elle se trouve au-dessus de l'équateur. Son étendue varie d'ailleurs suivant les saisons; mais elle se maintient toujours entre le 2ᵉ et le 25ᵉ degré nord.

« Il n'était donné qu'à un marin de nous dépeindre,

comme F. Maury l'a fait dans ses *Sailing Directions*, les régions tropicales de l'Océan, ces vastes et splendides solitudes sans cesse parcourues par une brise fraîche et vivifiante que les Anglais ont appelée « vents de commerce (*trade winds*) », et à laquelle nous avons conservé le doux nom de vents alizés. Il y règne un beau temps éternel; le ciel est pur, l'horizon net et limpide. La mer est toujours belle, et le bleu foncé de ses flots fait ressortir la blancheur éclatante de la crête des lames. Tout sourit, tout vient en aide au navigateur; rien ne peut l'inquiéter dans sa route. Vers le soir seulement, quelques vapeurs légères s'élèvent à l'ouest, et ne semblent flotter dans un ciel sans nuages que pour conserver pendant quelques instants de plus les splendides reflets du soleil noyé sous l'horizon. Quel est le marin qui ne se rappelle avec émotion les longues heures ainsi écoulées dans la contemplation des merveilles de la mer et des cieux?

« Quand on traverse ces régions fortunées de l'Océan, en avançant vers l'équateur, on arrive sans transition dans une zone de nuages et de pluies presque continuelles. La brise vivifiante des journées précédentes manque subitement : l'air devient lourd, l'atmosphère étouffante. L'homme y subit une sensation de malaise qu'il ne peut définir. On entre ainsi dans la zone des calmes équatoriaux, qui s'étend tout autour de la terre comme une infranchissable ligne de démarcation entre les alizés du nord et ceux de l'hémisphère sud. C'est là que ces vents viennent accumuler toutes les vapeurs absorbées à la surface des régions tropicales. La plus légère cause, les moindres changements dans la température suffisent pour y déterminer des précipitations abondantes. De là cette sombre et éternelle ceinture de nuages que Maury compare à l'anneau de Saturne, et qu'il désigne dans ses ouvrages sous le nom de *Cloud-ring*. Sa largeur ne dépasse pas cinq degrés, et son mouvement annuel, suivant le sens de la déclinaison, lui fait parcourir l'espace compris entre le cinquième degré de latitude sud et le quinzième de l'hémisphère nord[1]. »

Les vents n'ont pas dans l'océan Indien la même régularité que dans les deux grands océans. Cela s'explique par le caractère méditerranéen de cet océan, qui est comme un immense golfe enfermé entre les trois grandes masses continentales de l'Asie, de l'Afrique et de l'Australie. Ici donc, l'alizé du nord-est, arrêté par le continent asiatique, ne peut se faire sentir, et la circulation atmosphérique n'est plus réglée que par les différences d'échauffement et de refroidissement des terres voisines pendant l'hiver et pendant l'été. On n'a plus que des vents de saison (*etesiæ*, vents étésiens des anciens), qui soufflent régulièrement six mois dans un sens et six mois dans l'autre. C'est ce qu'on appelle aujourd'hui les *moussons*, mot dérivé de l'arabe *moussin*, saison. La *mousson* du nord-est souffle pendant l'hiver dans l'Inde et sur la partie de l'océan Indien située au-dessus de la ligne, parce qu'alors l'été règne en Afrique, et que la dilatation de l'air par la chaleur attire vers cette contrée l'air plus froid de l'hémisphère boréal. Le contraire a lieu après l'équinoxe d'avril : le vent vient du sud-ouest, parce qu'alors l'Inde et l'Asie sont plus échauffées que l'Afrique ; c'est la mousson d'été. Les moussons des régions plus tempérées situées au-dessus de la zone

[1] F. Julien. *Les Harmonies de la Mer*, ch. VIII.

tropicale ont les mêmes causes. Les Latins avaient donné à celles de la Méditerranée le nom d'*etesiæ* (du grec ἔτος, année). Ces vents soufflent pendant l'été, d'Europe en Afrique, parce qu'alors l'air de nos contrées est entraîné avec force vers le Sahara. En hiver, leur direction est renversée, parce que dans cette saison la température du désert est inférieure à celle de la mer.

CHAPITRE VII

LES TEMPÊTES

Les renversements des vents périodiques, la production de courants contraires engendrés par des causes diverses, telles que les marées aériennes, les perturbations électriques, les changements de densité résultant d'une abondante évaporation, occasionnent dans l'air des mouvements brusques, qu'on peut appeler aussi les spasmes de l'océan atmosphérique, et que tout le monde connaît sous les noms de tempêtes et d'ouragans.

Les tempêtes se manifestent par un vent d'une extrême violence, accompagné de phénomènes très-variables : orages, coups de tonnerre, trombes, quelquefois même tremblements de terre. Sur l'Océan, les tempêtes, n'étant arrêtées par aucun obstacle, se déchaînent ordinairement avec un degré d'intensité qu'elles n'atteignent point sur la terre ferme, si ce n'est dans les contrées où elles sont favorisées par le climat et par la configuration du sol : par exemple, dans les déserts de l'Afrique et de l'Asie ou dans les pampas et les savanes de l'Amérique tropicale. Elles se compliquent toujours d'une agitation terrible des flots soulevés par la force du vent, et les malheureux navires ont alors à soutenir contre la fureur des deux éléments une lutte inégale, dont l'issue leur est souvent funeste. On sait, hélas ! de combien de noms se grossit chaque année la liste des naufrages! Je reviendrai plus loin sur ce fu nbre sujet. Le moment n'est pas venu de faire apparaître l'homme sur ce théâtre mouvant où se jouent les drames imposants de la nature.

Les tempêtes ont leurs climats de prédilection : ce sont les climats extrêmes : très-froids ou très-chauds. Dans les derniers surtout, elles ont une fréquence et une fureur extraordinaires. La mer des Antilles, l'océan Indien, les zones de l'Atlantique voisines de l'équateur sont les régions les plus tourmentées. Aux Antilles, les ouragans s'élèvent d'ordinaire du 15 juillet au 15 octobre, pendant l'hivernage ou saison des pluies. Les plus redoutables sont les cyclônes ou tempêtes tournantes, qui embrassent dans leur tourbillon de vastes étendues, parcourent en tournoyant des distances énormes avec une rapidité prodigieuse, et détruisent tout sur leur passage. Les marins n'ont pas seuls à les redouter : les habitants des îles du golfe mexicain, de la mer des Indes, de la Malaisie, de l'Océanie, en éprouvent souvent les ravages.

« Dans le grand ouragan qui dévasta les Antilles en 1772, la mer s'élança de vingt-cinq mètres au-dessus de son niveau habituel. Près de trois cents personnes qui fuyaient devant le fléau, cherchant à gagner les montagnes, ne purent atteindre ce refuge et furent englouties. Au mois d'octobre 1780, deux tempêtes affreuses dévastèrent les mêmes parages.

« A Savana-la-Mar, dit le rapport officiel adressé au gouvernement français sur ces tristes événements, le coup de vent commença le 3 octobre, au sud-est, à une heure de l'après-midi, mollissant vers huit heures; la mer, durant cette première période, présentait la scène la plus terrible : les lames s'élançaient à une hauteur étonnante, se brisaient sur la côte avec une impétuosité indescriptible, et en quelques minutes déterminèrent la chute de toutes les maisons dans la baie. Vers dix heures, les eaux commencèrent à baisser, et à ce moment on ressentit un léger choc de tremblement de terre; trois navires furent portés si loin dans les marais, qu'on ne put jamais les en tirer. »

Le second ouragan dévasta la Martinique; les environs de Saint-Pierre et de Port-Royal furent surtout maltraités.

« Un ras de marée des plus furieux, dit le même rapport, mit le comble au malheur qu'on éprouvait : il détruisit en un instant plus de cent cinquante maisons au bord de la mer, dont trente à quarante nouvellement bâties; celles qui étaient derrière furent enfoncées en grande partie, et les marchandises qu'elles contenaient entièrement perdues. C'est avec beaucoup de peine que leurs habitants sont parvenus à se sauver. »

Suivant M. E. Margollé, le tremblement de terre qui accompagne quelquefois les cyclônes doit être la principale cause de ces énormes lames, qui d'un coup submergent avec le rivage les campagnes et les villes qui l'avoisinent.

Toutefois il arrive aussi que le vent fait refluer vers leur source les grands courants de l'Océan, et soulève le flot destructeur. « Mais, ajoute cet auteur, qui partage en cela la pensée de Maury et de son collaborateur le capitaine Jansen, ces terribles perturbations de la mer proviennent sans doute, dans la plupart des cas, de causes encore inconnues : elles sont appelées à rétablir l'équilibre dans la nature, à remettre dans leur condition normale les forces puissantes et mystérieuses qui les ont engendrées. [1] »

« Dans la mer de Java, dit M. Jansen, durant le mois de février, la mousson d'ouest souffle presque continuellement avec force ; en mars, elle souffle irrégulièrement et par violentes rafales; mais en avril ces rafales deviennent moins fréquentes et moins fortes. Le changement de mousson commence ; des coups de vent soudains viennent de l'est : ils sont souvent suivis de calmes. Les nuages qui se croisent dans le ciel clair indiquent la lutte des courants opposés qui se rencontrent dans les hautes régions de l'atmosphère.

« L'électricité qui se dégage des masses au sein desquelles elle accomplit mystérieusement, dans le calme et le silence, la puissante tâche que la nature lui impose, se manifeste alors avec une éblouissante majesté. Ses éclairs et son fracas remplissent d'inquiétude l'esprit du marin, sur lequel aucun phénomène atmosphérique ne fait une impression plus profonde qu'un violent orage par un temps calme. Nuit et jour le tonnerre gronde; les nuages sont en mouvement continuel, et l'air obscur, chargé de vapeurs, tourbillonne. Le combat que les nuages semblent à la fois

[1] *Les Phénomènes de la Mer*, ch. IV.

appeler et redouter les rend, pour ainsi dire, plus altérés, et ils ont recours aux moyens les plus extraordinaires pour attirer l'eau. Lorsqu'ils ne peuvent l'emprunter à l'atmosphère, ils descendent sous forme d'une trombe et l'aspirent avidement à la surface de la mer. Ces trombes sont fréquentes aux changements de saison, et surtout près des petits groupes d'îles qui paraissent faciliter leur formation. Le vent empêche fréquemment les trombes d'eau de se produire; mais à leur place des trombes de vent s'élèvent avec la rapidité d'une flèche, et la mer semble faire de vains efforts pour les abattre. Les vagues furieuses se soulèvent, écument et mugissent sur leur passage; malheur au marin qui ne sait pas les éviter.

«... En contemplant la nature dans son universalité, où l'ordre est si parfait que toutes les parties, par le moyen de l'air et de l'eau, semblent se prêter un mutuel concours, il est impossible de ne pas admettre l'idée de l'unité d'action. Nous pouvons alors conjecturer qu'au moment où cette union des éléments est troublée ou détruite par l'influence de causes externes et locales, la nature montre sa puissance par les efforts qu'elle fait pour combattre les forces perturbatrices, pour rétablir l'harmonie par l'action des forces souveraines, mystérieuses, qui maintiennent l'ordre et l'équilibre. »

A l'île Maurice et à la Réunion, les tempêtes éclatent surtout dans les mois de janvier, février et mars. Elles sont précédées de chaleurs excessives et de calmes absolus. L'atmosphère se charge de vapeurs épaisses, la mer grossit sur les côtes, et, le vent une fois déchaîné, la pluie tombe presque sans interruption.

Chose étrange, et qu'on n'eût point soupçonnée autrefois : dans leur désordre apparent, les tempêtes sont soumises à des lois, suivent une marche déterminée, ce qui est conforme aux vues de Maury, de Jansen, et de leurs disciples, sur la « mission » des tempêtes. On les a comparées aux maladies qui sont les crises de notre organisme, où la nature réagit contre les causes perturbatrices qui l'affectent. Comparaison ingénieuse et qui ne manque pas de justesse. Seulement nos maladies souvent nous tuent; les crises de la nature sont toujours passagères, n'intéressent jamais l'ordre général et immuable des choses. Du reste, les unes et les autres sont définies ou définissables; ce sont mystères qu'il est donné à la science d'étudier, de pénétrer. Le hasard, vain mot, n'y est pour rien; tout y arrive, tout s'y suit avec ordre. Il y a donc un diagnostic des ouragans comme il y a un diagnostic des maladies. D'abord, dans la période d'incubation, certains signes ou symptômes précurseurs annoncent à l'homme de l'art la crise qui menace. Il peut, d'après cela, prévoir ce qu'elle sera, se prémunir en conséquence. Puis l'ouragan éclate, se déroule, arrive à son maximum, s'apaise ou s'éloigne, suit la marche qui lui est assignée, et que récemment on a pu tracer. De là une science des tempêtes qui sera la base d'un art de salut par lequel on parviendra quelque jour non à les combattre, mais à en conjurer les effets funestes, et qui sait? — peut-être à s'en servir!

J'ai nommé plus haut les créateurs de cette science nouvelle. Romme, le premier, établit, en réunissant, comme Maury l'a fait depuis, un grand nombre d'observations, que l'ouragan proprement dit est un cyclône animé du mouvement giratoire. Après lui, Brande en Allemagne, et Redfield à New-York, ont montré que la tempête est généralement un tourbillon progressif qui avance en tournant sur lui-même. A son tour, Piddington, ingénieur anglais, a découvert et formulé une loi plus générale encore : dans l'hémisphère boréal, la tempête tourne de droite à gauche, c'est-à-dire part de l'est et revient à son point de départ en passant par le nord, l'ouest et le sud; dans l'hémisphère austral, elle tourne, au contraire, de gauche à droite. Un ingénieur français, M. Keller, a été plus loin que son confrère d'outre-Manche; il a déterminé la courbe que décrit le cyclône. « C'est, dit-il, une courbe parabolique, dont le sommet est situé du côté de l'ouest, et dont les branches s'écartent vers l'orient[1]. »

M. F. Julien a pu constater par lui-même la direction du mouvement giratoire des cyclônes, dans un terrible ouragan au centre duquel la frégate *la Belle-Poule* se trouva engagée le 16 décembre 1846, par le travers de l'île de la Réunion.

« La brise, dit-il, soufflait du sud-est; la mer était houleuse. Vers le soir, le baromètre descendit brusquement au-dessous des dernières limites marquées sur son échelle. Les vents, en fraîchissant, s'inclinèrent au sud; ils forcèrent progressivement, et finirent par se déchaîner avec une irrésistible violence. A minuit, malgré les plus énergiques efforts, la frégate désemparée, sans gouvernail, sans voiles, se couchait sur bâbord, avec sa mâture en lambeaux et son pont balayé par une mer furieuse. Ce ne fut que deux heures après que nous atteignîmes le centre du cyclône. Un calme subit succéda à la première crise de cette convulsion atmosphérique, mais il fut de

[1] *Des ouragans, typhons, tornados et tempêtes.* 1847.

courte durée. Les vents qui nous avaient abandonnés au sud reparurent à l'ouest et au nord avec la rapidité de la foudre. Nous entrions dans le deuxième segment du cercle d'ouragan. Pris par la gauche cette fois, notre bâtiment s'inclina de nouveau, ne pouvant résister à l'énorme pression qui le tenait couché sur le côté. »

Les vents avaient donc suivi la marche indiquée par Piddington pour les ouragans de l'hémisphère austral. Cette tempête fut marquée par un épisode étrange et lugubre, par une de ces scènes à la fois fantastiques et navrantes, que l'implacable Océan réserve, comme une ironie suprême, aux infortunés qu'il a plongés dans le deuil.

La corvette *le Berceau*, qui voyageait de conserve avec *la Belle-Poule*, avait disparu dans la tourmente. Échappés au danger et parvenus à gagner avec une mâture de fortune le lieu du rendez-vous, fixé à Sainte-Marie de Madagascar, les marins de *la Belle-Poule* fouillèrent en vain toutes les criques et toutes les sinuosités du rivage; en vain chaque jour ils interrogeaient de toutes parts l'horizon, dans l'espoir que la corvette, seulement emportée hors de sa route par la tempête, reviendrait au port.

Un mois s'était écoulé dans une profonde anxiété, et déjà l'attente avait fait place aux plus douloureux regrets, lorsqu'un matin la vigie signala, à l'ouest, un navire désemparé dérivant vers la terre.

« Ce n'était point un rêve, dit M. Julien, à qui je laisse maintenant la parole. Le soleil était resplendissant, le ciel limpide et pur. L'air échauffé vibrait à l'horizon. Toutes les longues-vues, braquées dans cette direction, ne firent que confirmer la réalité de cette première nouvelle. Mais l'émotion devait bientôt devenir plus poignante. Ce n'était plus

Les canots de *l'Archimède* au milieu des troncs d'arbre.

un navire en dérive qui nous apparaissait, c'était un radeau chargé d'hommes et remorqué par des embarcations sur lesquelles flottaient des signaux de détresse. Les images, d'ailleurs, étaient nettes et arrêtées; les lignes se dessinaient parfaitement distinctes. A bord de la frégate, officiers, commandant, matelots, tous, pendant plusieurs heures, sous le coup d'une hallucination fiévreuse, purent suivre de leurs propres yeux les détails de cette indescriptible scène de mer. L'amiral Desfossés, commandant alors la station de l'Inde, fit appareiller à la hâte le premier steamer qui se trouvait sur rade, pour voler au secours de ces débris vivants que l'Océan semblait nous renvoyer du fond de ses abîmes.

« Le jour commençait à baisser; la nuit, comme sous les tropiques, tombait déjà sans crépuscule, quand *l'Archimède* arriva au but de sa mission. Il stoppa au milieu des épaves flottantes, et mit ses canots à la mer. Tout autour il continuait à voir des masses d'hommes s'agiter, tendre les mains au ciel; on entendait déjà le bruit sourd et confus d'un grand nombre de voix mêlées aux battements des avirons dans l'eau. Encore quelques secondes, et nous allions serrer dans nos bras des frères arrachés à une mort certaine...

Illusions des nuits, vous jouiez-vous de nous?

« Nos canots s'enfoncèrent dans les épaisses branches de grands arbres arrachés à la côte voisine, et entraînés avec tout leur feuillage dans les contre-courants qui remontent au nord. Ainsi s'évanouit cette étrange vision. Ainsi se dissipa la dernière espérance qu'un mirage trompeur avait, pour ainsi dire, évoquée du fond de l'Océan. Ainsi sombra de nouveau sous nos yeux l'infortuné *Berceau*, avec les trois cents victimes englouties dans ses flancs! »

Trompés par la ressemblance de certains effets, plusieurs auteurs (M. Michelet, entre autres) confondent les cyclônes avec les trombes, et emploient indifféremment l'un ou l'autre de ces deux mots pour désigner les tempêtes tournantes, les tourbillons de vent, auxquels le premier seul s'applique.

« La forme ordinaire, dit l'éloquent écrivain, est celle d'un entonnoir. Un marin, qui s'y laissa prendre, me dit : « Je me vis comme au fond du cratère d'un énorme volcan; « autour de nous, rien que ténèbres; en haut, une échap- « pée et un peu de lumière. » C'est ce qu'on appelle techniquement l'*œil de la tempête*.

« Engrené, il n'y a plus à s'en dédire; elle vous tient. Rugissements sauvages, hurlements plaintifs, râle et cris de noyade, gémissements du malheureux vaisseau qui redevient vivant comme dans sa forêt, se lamente avant de mourir, tout cet affreux concert n'empêche pas d'entendre aux cordages d'aigres sifflements de serpents. Tout à coup un silence... Le noyau de *la trombe* passe alors dans l'horrible foudre, qui rend sourd, presque aveugle. Vous revenez à vous. Elle a rompu les mâts sans qu'on ait rien entendu.

« L'équipage parfois en garde longtemps les ongles noirs et la vue affaiblie. On se souvient alors avec horreur qu'au moment du passage *la trombe*, aspirant l'eau, aspirait aussi le navire, voulait le boire, le tenait suspendu dans l'air et hors de l'eau; puis elle le lâchait, le faisait replonger dans l'abîme. »

Dans cette peinture saisissante, chef-d'œuvre de style

descriptif, on reconnaît le cyclône ou trombe d'air. Quant à la trombe proprement dite, elle accompagne quelquefois le cyclône; mais elle se produit aussi indépendamment de ce phénomène, et paraît due surtout à une rupture violente d'équilibre dans l'état électrique de l'atmosphère. C'est assurément de tous les phénomènes orageux le plus curieux à observer et le plus terrible dans ses effets.

Elle consiste en un nuage très-épais, surchargé de fluide électrique, et animé de mouvements irréguliers d'une rapidité extraordinaire. Ce nuage affecte presque toujours la forme d'un cône renversé. Sa teinte est gris foncé, son aspect effrayant, ainsi que les symptômes qui le plus souvent la précèdent. Le ciel se couvre; le jour s'obscurcit; la lumière du soleil devient blafarde et jaunâtre; l'air est en proie à une violente agitation; l'ouragan se déchaîne sur les campagnes ou sur les flots avec des sifflements sinistres accompagnés d'un bruit sourd : il semble qu'un volcan bouillonne et mugisse dans les entrailles de la terre... puis la trombe éclate. Alors les éclairs et les coups de tonnerre se succèdent précipitamment; la grêle tombe ou plutôt voltige avec fracas. Mais ce ne sont encore là que des phénomènes accessoires. Ce qu'il y a de vraiment effroyable, c'est ce nuage noir qui s'allonge de haut en bas, faisant le vide au-dessous et autour de lui, et attire par la force du fluide dont il est chargé les arbres, qu'il dessèche, tord et déracine; les maisons, dont il fait des ruines en un clin d'œil; les hommes et les animaux, qu'il enlève et s'en va jeter meurtris et broyés sur le sol, à des distances énormes.

Entre la trombe terrestre et la trombe marine, il n'y a de différence que dans les effets, qui naturellement varient, suivant que le météore rencontre sur son passage la terre ferme et des corps solides, ou une masse d'eau étendue et profonde. L'action de la trombe sur la mer ne peut mieux se comparer qu'à une sorte de succion. Immédiatement au-dessous de la pointe du cône nuageux se forme, à la surface

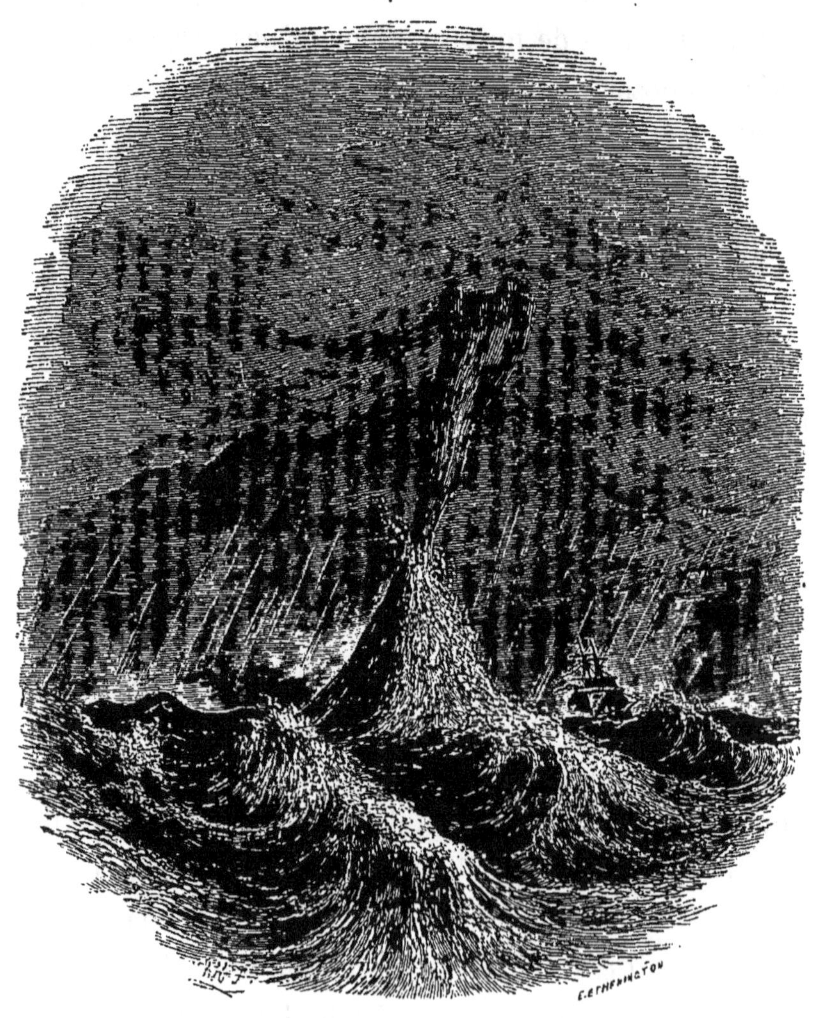

Trombe marine.

des flots, un cône symétrique, qui s'élève d'autant plus haut et dont la base est d'autant plus large que le volume de la trombe est plus grand et sa force électrique plus considérable. En même temps, la mer se soulève au loin; des précipices sans fond, tout blanchissants d'écume, se creusent alentour de la montagne humide; les vagues se heurtent et roulent les unes sur les autres, avec des mugissements qui se mêlent aux roulements du tonnerre. Malheur au navire qui se trouve, non pas seulement sur le passage du fléau, — dans ce cas il est perdu sans ressource, — mais à une courte distance de la ligne qu'il parcourt. Lui aussi est attiré, entraîné sans résistance possible. Ses mâts sont rompus, ses voiles déchirées par la violence du vent; le gouvernail ne peut plus diriger sa marche; il faut qu'il suive le météore. On voit quelquefois des vaisseaux enlevés au-dessus des flots, puis rejetés dans l'abîme, où ils s'engloutissent loin de tout secours. Pourtant, chose singulière, les marins ne sont pas toujours sans défense contre ce redoutable ennemi. Des auteurs respectables affirment que des coups de canon, tirés à propos dans le flanc de la montagne d'eau, la coupent en deux parties : l'inférieure s'affaisse, rentre au sein de la mer; le tronçon supérieur est emporté par le nuage, et un peu plus loin retombe en pluie. Mais il est difficile aux vaisseaux de prendre une position qui leur permette d'atteindre la trombe par leur bordée, sans pourtant s'en approcher assez pour être saisis par le tourbillon. Les trombes se dissipent d'elles-mêmes comme les orages ordinaires, lorsque l'équilibre électrique se rétablit dans l'atmosphère. Elles sont heureusement assez rares, même sous les tropiques. Enfin leur violence n'atteint pas chaque fois assez d'intensité pour donner lieu à des catastrophes, surtout en mer, où elles peuvent parcourir d'assez grandes distances sans rencontrer aucun navire.

TROISIÈME PARTIE

LE MONDE MARIN

CHAPITRE I

MER VIVANTE — MER DE LUMIÈRE

L'Océan, disais-je au début de ce livre, n'est pas un accident à la surface de la terre : c'est un monde doué d'une existence propre, siége d'une création à part, et au sein duquel des milliards d'êtres vivent d'une vie qui diffère complétement de la nôtre. Les marées et les courants, les pulsations et la circulation de la mer nous ont montré qu'il y a une *mécanique océanienne* comme il y a une mécanique céleste. Nous savons aussi que cette mécanique a un caractère spécial ; qu'elle n'est pas régie seulement par des forces physiques, mais que les forces chimiques et les forces vitales y ont la plus grande part. C'est que l'Océan est le grand réservoir de ces forces. Sans lui, notre planète serait, ainsi que son satellite, un corps rigide et froid. Supposons, au contraire, un instant, qu'elle fût demeurée dans l'état où elle se trouvait immédiatement après la précipitation des eaux, à la seconde époque de la création; supposons que le soulèvement des continents et des montagnes n'ait pas eu lieu : la vie ne se fût pas moins développée à la surface du globe. Des êtres marins en seraient les seuls habitants, mais ces êtres peuvent se passer de la terre : les êtres terrestres ne pouvaient ni naître ni se conserver sans le secours de l'Océan.

On connaît le vieil axiome de l'école : *Corpora non agunt nisi soluta.* Sans le feu [1] qui liquéfie et vaporise les corps, sans l'eau qui les dissout, point d'action des corps les uns sur les autres, point de combinaisons ni de décompositions. Mais le feu est impuissant à rien engendrer de stable : ce qu'il fait, il le défait aussitôt. Le règne du feu est incompatible avec la vie, telle au moins que nous la pouvons concevoir. Il a fallu, pour que la vie pût apparaître sur le globe, que sa surface, solidifiée et refroidie, devînt le lit de l'Océan; et lorsque les continents eurent émergé au-dessus de la surface des eaux, il fallut encore, pour qu'ils devinssent aptes à engendrer et à nourrir des êtres vivants, que la mer les couvrît à plusieurs reprises, y déposât ce limon, cette *vase* féconde dont l'homme fut pétri, dit la Genèse, par la main divine. Grave motif pour nous de respecter l'Océan. Si la terre, selon le langage des poëtes, est « notre mère », l'Océan n'est-il pas notre aïeul?...

C'est à peine une métaphore de dire que l'Océan est vivant, tant la vie est intimement confondue avec sa substance, inhérente à sa composition chimique. Les analyses qu'on trouve dans les livres ne donnent pas de cette composition une juste idée : elles représentent l'eau de mer

1 Il est entendu que le mot *feu* est pris ici dans un sens figuré, et comme synonyme de *chaleur*, ou plus scientifiquement de *calorique*.

comme une eau minérale, renfermant en moyenne pour un kilogramme :

Chlorure de sodium (sel marin). .	25 gr.	10
Sulfate de magnésie.	5,	78
Chlorure de magnesium	3,	50
Acide carbonique	0,	23
Carbonate de chaux et de magnésie.	0,	20
Sulfate de chaux.	0,	15

plus des traces de potasse, d'iode, de brôme et d'oxyde de fer. Ces analyses négligent le mucus, la matière gélatineuse appartenant ou ayant appartenu aux êtres innombrables que nourrit l'eau de mer, et qui fait proprement de cette eau une eau *organique*. Puisez de l'eau à la rivière, à une source, filtrez-la et mettez-la dans un vase : vous pourrez la conserver très-longtemps saine et potable; à la longue seulement, elle croupira. Mais de l'eau de mer, à peine séparée de la masse, enfermée dans une bouteille ou dans un baril, meurt, se corrompt, devient fétide. On ne peut la transporter, la conserver. Ce ne sont point assurément les sels qu'elle renferme qui se décomposent : non, c'est ce mucus dont je parlais tout à l'heure, ce sont ces myriades d'animalcules invisibles qui périssent aussitôt et entrent en putréfaction. Aussi la mer n'est fortifiante, tonique, salutaire, que pour les baigneurs qui vont se plonger dans ses flots. On a essayé d'établir des bains de mer à Paris, en y faisant venir de l'eau puisée au Havre, à Dieppe. Ils n'avaient aucune efficacité : on ne se baignait plus que dans une eau morte, inerte, sans vertu.

Les substances minérales et organiques qui entrent dans la composition des eaux de l'Océan y sont tellement incorporées que, loin d'en altérer la limpidité, elles semblent, au contraire, l'accroître. L'eau de roche la plus pure n'égale pas en transparence celle de l'Océan. Dans certaines parties de l'océan Arctique, on aperçoit distinctement des coquillages à la profondeur de 145 mètres, et dans les Antilles, à cette même profondeur, le lit de la mer est aussi visible que s'il était tout près de la surface de l'eau; mais la lumière solaire ne pénètre plus en assez grande quantité pour permettre de distinguer les objets, et l'on admet qu'à 300 mètres environ l'obscurité devient complète. La lumière de la lune, dans les circonstances les plus favorables, n'éclaire pas une couche d'eau de plus de 13 mètres d'épaisseur. La mer ne devient trouble et jaunâtre que dans les endroits où son lit est peu profond, vaseux; lorsque ses flots agités soulèvent le sable et le retiennent en suspension. Sa transparence varie néanmoins ainsi que sa couleur, indépendamment de ces troubles accidentels, en raison du plus ou moins de salure de ses eaux et d'autres circonstances parmi lesquelles il faut compter la nature de son lit, l'état du ciel et de l'atmosphère et l'incidence des rayons solaires. Sa couleur propre est cette teinte *sui generis* qu'on a appelée le *vert de mer*, et qu'il est impossible de définir. La peinture ne parvient qu'avec peine à l'imiter par des combinaisons très-étudiées. Les eaux très-concentrées, comme celles du Gulf-Stream et du *fleuve Noir*, sont d'un bleu indigo très-pur. Celles de la Méditerranée sont dans le même cas, différentes en cela de l'eau des autres mers intérieures, en général moins salées que celles de l'Océan, parce qu'elles reçoivent plus des fleuves d'eau douce qu'elles n'en perdent par évaporation. Le contraire a lieu dans la Méditerranée : la quantité d'eau que lui enlève l'action de la chaleur solaire est supérieure à celle qu'elle reçoit de ses fleuves, et c'est l'afflux de l'Atlantique qui maintient son niveau. La mer Noire doit son nom à l'inclémence de son ciel et à la fréquence des tempêtes qui l'agitent plutôt qu'à la couleur de ses eaux; mais la mer est réellement noire dans d'autres parages : par exemple, autour des îles Maldives. Elle est blanche dans le golfe de Guinée, d'un vert pur dans le golfe Persique, vert olive dans plusieurs parties de l'océan Polaire. Les infusoires, animaux et végétaux, jouent aussi un rôle important dans la coloration de la mer. Ce sont des animalcules microscopiques qui donnent à la mer Vermeille sa teinte rougeâtre; et la mer Rouge, que les anciens déjà appelaient Érythrée, fourmille à certaines époques d'une espèce de conferve filamenteuse de couleur pourpre, le *Trichodesmium erythræum*.

Que des infusoires puissent teindre la mer, c'est là sans doute un merveilleux phénomène; mais ils font plus encore : ils l'éclairent, ils l'illuminent! La phosphorescence de l'Océan a été longtemps pour l'homme un mystère devant lequel sa raison demeurait confondue, et qui lui inspirait un mélange d'admiration et de terreur : l'eau lumineuse! la mer en feu, et pourtant inoffensive, conservant sa température froide ou tiède! quel extraordinaire mirage, quelle étrange anomalie! C'est seulement dans les temps modernes que la science a cherché à ce miracle une explication; et cette explication, qu'on a enfin trouvée, repose sur un autre prodige qui n'est guère moins étonnant que le premier!

Dans nos climats, sur cette partie de l'océan Atlantique qui avoisine les côtes de France, on ne voit guère la mer devenir phosphorescente qu'en été, par les temps très-chauds et calmes. Alors l'écume des vagues qui viennent expirer sur la plage, celle que soulèvent les avirons des barques ou les roues des steamers, le sillage des navires, les gouttes que fait jaillir une pierre jetée dans l'eau, tout cela semble formé d'une neige lumineuse aux bleuâtres reflets. Mais ce spectacle n'est rien auprès de celui qu'offre la grande mer des tropiques, électrique et chaude, où fermente la vie. Là le phénomène se manifeste également avec le beau et le mauvais temps. Dans ce dernier cas, les vagues semblent lancer des éclairs comme les nuages orageux. Cook et plusieurs autres navigateurs ont observé la phosphorescence dans ces parages par des temps brumeux et sur une mer houleuse. « Celui qui n'a pas été témoin de ce phénomène, dans la zone torride et surtout sur le grand Océan, dit Humboldt, ne peut se faire qu'une idée imparfaite de la majesté d'un si grand spectacle. Quand un vaisseau de guerre, poussé par un vent frais, fend les flots écumeux, et qu'on se tient près des haubans, on ne peut se rassasier du spectacle que présente le choc des vagues. Chaque fois que dans le mouvement du roulis le flanc du vaisseau sort de l'eau, des flammes rougeâtres, semblables à des éclairs, paraissent partir de la quille et s'élancer vers la surface de la mer. » Deux naturalistes français, qui ont fait partie de plusieurs expéditions autour du monde et parcouru l'Océan en tous sens, MM. Quoy et Gaimard, ont été maintes fois à même d'admirer cette magique illumination des eaux. « A peine le jour a-t-il disparu, disent-ils, que la scène commence, et des millions de corps lumineux semblent rouler au milieu des flots. L'intensité de la lumière augmente sur les flancs du vaisseau ou des rochers contre lesquels la lame vient se briser; chaque coup de rame d'une embarcation fait jaillir des jets de lumière, et le navire qui fuit laisse au loin derrière lui un long sillon de feu dont l'intensité s'affaiblit à mesure qu'il s'éloigne. » En général, c'est par une agitation naturelle ou artificielle des eaux que la phosphorescence devient sensible; mais parfois aussi la mer est spontanément phosphorescente, et l'on voit d'immenses nappes lumineuses se former sur la plaine liquide, s'étendre, se rétrécir ou s'allonger, en suivant toutes les courbes de ses ondulations. On conçoit que dans les temps d'ignorance de telles apparitions aient dû donner lieu à bien des croyances superstitieuses; aucun phénomène n'est plus propre à inspirer à l'homme une sorte de religieuse stupéfaction. Depuis que la science s'est mise en devoir de pénétrer les secrets de la nature, de trouver le mot de chacune de ses énigmes, la phosphorescence de la mer n'a rien perdu de ses droits à notre admiration, et j'ai dit que si l'on est parvenu à en découvrir la cause, il reste encore à expliquer cette cause elle-même.

L'abbé Nollet avait attribué la phosphorescence de la mer à l'électricité : cette explication était un peu vague et tout hypothétique. Leroy, de Montpellier, ne la rendit pas plus précise en ajoutant que si l'électricité était pour quelque chose dans ce phénomène, la présence des sels que l'eau de la mer tient en dissolution y contribuait aussi. D'autres savants ne tardèrent pas à s'aviser de considérations fort simples, qui les mirent tout de suite sur la voie d'une solution plus satisfaisante. Ils réfléchirent que l'eau de mer n'a pas seule la propriété de devenir lumineuse dans l'obscurité : elle la partage avec quelques matières minérales et avec un grand nombre de composés organiques. Sans parler du phosphore, dont le pouvoir éclairant paraît dû à une réaction chimique extrêmement lente, il est avéré que les substances végétales et animales peuvent devenir phosphorescentes à un certain degré de décomposition, ou même sans aucune apparence de putréfaction. Des auteurs dignes de foi citent une foule d'exemples de viandes fraîches ou avancées qu'on a vues briller pendant la nuit d'une clarté plus ou moins vive. On a reconnu une propriété semblable aux excrétions de personnes ayant fait usage du phosphore, aux urines de certains malades et aux plaies de plusieurs blessés. Le poisson, et surtout le poisson de mer, lorsqu'il cesse d'être frais, acquiert une phosphorescence qui s'avive pendant la première période de la putréfaction. Si de l'état de mort et de maladie nous passons à l'état normal de vie et de santé, nous voyons des êtres vivants manifester des propriétés phosphorescentes non moins remarquables. Tout le monde a vu dans la campagne, pendant les nuits d'été, apparaître çà et là, au milieu des herbes et des broussailles, des points lumineux qui sont dus à la présence du petit animal connu sous le nom de ver luisant. Les insectes phosphorescents se rencontrent par milliers dans les pays chauds, et surtout entre les tropiques. A Cuba, les pauvres gens s'en servent en guise de luminaire. Une calebasse criblée de trous, dans laquelle ils mettent une quinzaine de *cocuyos*, leur tient lieu de lampe et de bougie. « C'est, disent-ils, une lanterne qui ne s'éteint point. »

Il n'y avait donc rien de déraisonnable à supposer *a priori*, d'une part, que des animaux semblables existassent dans l'Océan en nombre tel que, remontant à sa surface, ils lui communiquassent leur propriété lumineuse; d'autre part, que les cadavres de poissons et la grande quantité de matière phosphorée que l'eau de mer leur emprunte, fussent, sinon la cause, du moins une des causes du phénomène. L'observation et l'expérience ont pleinement confirmé ces deux hypothèses. En 1778, l'abbé Dicquemare reconnut à l'aide du microscope et même à la simple vue la présence d'animalcules phosphorescents dans de l'eau puisée au port du Havre. Le célèbre Cook avait déjà observé, en 1772, à la hauteur du cap de Bonne-Espérance, des animalcules semblables. M. Ehrenberg les a décrits dans un mémoire publié en 1835. Pendant le premier voyage autour du monde de Dumont d'Urville, la corvette *l'Astrolabe*, étant mouillée, par un beau temps, en vue de la petite île de Rawak, remarqua un soir sur l'eau des lignes d'une blancheur éclatante. Les deux naturalistes de l'expédition, Quoy et Gaimard, firent mettre un canot à la mer pour voir le phénomène de près. En traversant cette eau lumineuse, ils voulurent en enlever quelques gouttes avec la main; mais la lueur s'éteignait entre leurs doigts. Peu de temps après, ils virent la nuit sur la mer calme, près du vaisseau, beaucoup de bandes semblables, blanches et fixes. Ils les examinèrent avec attention, et reconnurent qu'elles étaient produites par des zoophytes d'une petitesse extrême, mais qui possédaient un principe de phosphorescence tellement puissant et diffusible, qu'en nageant avec rapidité en zigzag, ils laissaient derrière eux un long sillage de lumière. Deux de ces animaux, placés dans un bocal rempli d'eau, suffirent pour rendre toute cette eau lumineuse. Quoy et Gaimard constatèrent aussi que la chaleur accroît la faculté phosphorescente de ces noctiluques, comme cela a lieu pour les vers luisants de nos climats.

Voici une autre observation plus récente, que M. E. Margollé a empruntée à une lettre écrite au commandant Maury par le capitaine Klingman, du clipper américain *Shooting-Star,* en date du 27 juillet 1854.

« A sept heures quarante-cinq minutes du soir, mon attention fut attirée par la couleur de la mer, qui devenait rapidement de plus en plus blanche. Nous étions dans des parages très-fréquentés (8° 46' S., et 103° 10' E.), et ne me rendant pas compte de ce que je voyais, je mis en panne pour sonder, sans trouver fond à 110 mètres. Je remis donc en route. La température de l'eau était de 25° 8 centigrades, comme à huit heures du matin. Nous remplîmes de cette eau une jarre d'environ 270 litres, et reconnûmes qu'elle était pleine de petits corps lumineux qui, lorsqu'on agitait l'eau, offraient l'aspect de vers et d'insectes en mouvement : quelques-uns d'entre eux semblaient avoir 0m, 015 de long. Nous pûmes en prendre avec la main, et ils conservaient alors leur éclat jusqu'à quelques pieds d'une lampe; mais si on les approchait davantage, ils devenaient invisibles; à la loupe, leur apparence était celle d'une substance gélatineuse et incolore. Un des échantillons que nous saisîmes ainsi avait environ 5 millimètres de long et se voyait à l'œil nu; sa grosseur était celle d'un cheveu assez fort, avec une sorte de tête à chaque extrémité. La surface de la mer ainsi couverte pouvait avoir environ 23 milles du nord au sud; j'ignore sa dimension de l'est à l'ouest. Au milieu se trouvait une bande irrégulière, de couleur foncée et d'environ un demi-mille de large.

« J'ai déjà observé ce phénomène de coloration blanche dans plusieurs mers du globe; mais jamais je ne l'avais vu aussi complet, soit pour la teinte, soit pour l'étendue. Bien que le navire filât neuf milles à l'heure, il glissait dans l'eau sans y produire aucun bruit. L'Océan semblait une plaine couverte de neige, et son éclat phosphorescent était tel, que le ciel, malgré sa pureté, laissait à peine voir les étoiles de première grandeur. L'horizon était noir jusqu'à une hauteur d'environ 10 degrés, absolument comme s'il se fût préparé quelque mauvais temps, et la voie lactée du firmament était effacée par la blancheur de celle que nous traversions. C'était en effet aussi grandiose qu'effrayant.

« Après être sortis de cette région, nous remarquâmes que le ciel était notablement éclairé, jusqu'à 4 ou 5 degrés au-dessus de l'horizon, comme il eût pu l'être par une faible aurore boréale; puis tout rentra dans le cours normal, et le reste de la nuit fut très-beau. »

L'influence des poissons, tant morts que vivants, sur la phosphorescence de la mer, n'est pas démontrée d'une manière moins évidente par les expériences et les observations de MM. J. Canton, Becquerel et Breschet. Le premier, en agitant des poissons morts dans de l'eau de mer, vit qu'à la température de 25 à 30° ils rendaient cette eau lumineuse; il constata que des poissons d'eau douce ne produisaient pas le même effet, non plus que des poissons marins dans l'eau douce, et que la présence du sel rendait plus abondante la sécrétion de la matière lumineuse qui couvre souvent la surface de la mer, et que les pêcheurs désignent sous le nom de *graissin.* Les bancs nombreux de harengs et d'autres poissons qui parcourent certains parages laissent toujours après eux une grande quantité de cette matière, dont le rôle important dans la phosphorescence de la mer est facile à vérifier par l'expérience suivante : Abandonnez pendant deux ou trois jours des poissons marins morts dans de l'eau de mer non lumineuse; au bout de ce temps, cette eau sera couverte d'une pellicule de matière grasse, et elle ne tardera pas à devenir phosphorescente.

Les observations faites par MM. Becquerel et Breschet sur les eaux de la Brenta, rivière qui se jette dans la mer Adriatique près de Venise, prouvent également que le graissin contribue à rendre la mer phosphorescente, puisqu'il communique cette propriété singulière à des eaux presque douces. Celles de l'embouchure de la Brenta, en effet, s'éclairent de lueurs très-vives pendant les grandes chaleurs, lorsqu'elles sont ébranlées ou agitées par une cause quelconque. Les deux savants physiciens ont comparé leur aspect à celui d'un bol de punch enflammé, qu'on agite avec une cuiller. Le corps le plus léger qu'on jette dans l'eau suffit pour faire naître la lumière, non-seulement au point frappé, mais encore dans toutes les ondes produites par l'ébranlement du liquide. Il n'y a évidemment qu'une matière intimement combinée avec l'eau qui puisse donner lieu à un tel phénomène, puisque toutes les parties du liquide jouissent de la même faculté lumineuse. M. Becquerel va plus loin : il pense que les matières organiques qui se trouvent dans l'eau douce et stagnante sont, à la suite de la chaleur du jour, dans un état particulier de décomposition qui les rend phosphorescentes; et l'on sait que la vase des marais, toujours riche en substances organiques décomposées, possède aussi quelquefois cette propriété.

C'est ainsi que dans l'œuvre immense, aux infinis détails, de la création, on trouve, lorsqu'on y veut apporter un esprit attentif et réfléchi, des sujets d'admiration là où le vulgaire ne voit qu'objets d'indifférence ou de dédain. Ces atomes organisés, ces zoophytes imperceptibles, informes, ce sont les flambeaux de l'Océan : ils ont en eux le principe subtil que toutes les religions, toutes les philosophies, toutes les poésies ont proclamé l'emblème de l'esprit divin : la lumière! Et cette matière graisseuse et gluante, résidu de la décomposition d'innombrables êtres, plantes et animaux, ce mucus sécrété par les poissons, est encore une source de lumière : que dis-je? c'est une source de vie : c'est l'aliment universel de la flore et de la faune océaniennes; c'est le lait au sein duquel naissent et dont se nourrissent toutes ces créatures éphémères, si faibles, si délicates : infusoires, mollusques, rayonnés; ces infiniment petits dont la puissance pourtant est incalculable grâce à leur nombre, grâce à leur exubérante fécondité, et qui jouent dans le monde marin un rôle bien plus important que ne font les monstres gigantesques : requins, cétacés et autres. Car ces molécules vivantes se nomment légions et myriades de myriades de légions; et ce sont elles, on ne l'a pas oublié, qui font de l'Océan un immense réservoir de vie, un vaste organisme où la matière se meut, circule, se renouvelle, se transforme, s'organise, accomplit et recommence sans fin le cercle de ses mystérieuses évolutions, sous l'impulsion de la puissance invisible, incompréhensible, mais partout sensible, partout présente, qui régit l'univers.

CHAPITRE II

LES OUVRIERS DE LA MER

La circulation de l'Océan, sa phosphorescence et la coloration de certaines mers ne font connaître qu'imparfaitement ce que peuvent le nombre incalculable, la fécondité prodigieuse et l'activité dévorante des petits animaux, à peine perceptibles individuellement et d'organisation si élémentaire, dont il est peuplé. Ce sont eux, la géologie le démontre, qui ont commencé la vie animale dans cet immense berceau, dans cette inépuisable *nourricerie* (*nursery,* mot expressif de Maury) ; ce sont eux qui maintiennent toujours identique la composition de ses eaux, en absorbant, en élaborant les principes minéraux et organiques dont elles se chargent incessamment. Les uns servent d'aliment aux espèces plus fortes et déjà supérieures, aux mollusques, aux rayonnés dont se nourrissent les poissons et les crustacés, qui eux-mêmes sont dévorés, soit par des poissons de plus grande taille, soit par les cétacés et les amphibies. Les autres, architectes infatigables, construisent ces édifices aux formes capricieuses qui du fond des mers montent à la surface, s'étendent, se ramifient et finissent par devenir des récifs et des îles. M. Michelet les appelle des *faiseurs de mondes.* D'autres enfin, en mourant, ont entassé sur certains points leurs dépouilles calcaires ou siliceuses, et formé, eux aussi, des bancs, des hauts-fonds, des couches entières de terrain, où le géologue peut, à l'heure qu'il est, étudier ces premiers-nés de la création. Ces infusoires, ces polypes furent précédés, dans la mer primitive, dans l'Océan universel, par des végétaux proprement dits, algues et fucoïdes, analogues à ceux qu'on retrouve aujourd'hui sous la zone torride. Ces espèces végétales sont donc restées à peu près stationnaires : leur nombre s'est maintenu dans des limites relativement étroites, et l'on ne voit rien dans cette flore neptunienne qui approche de l'étonnante variété de la flore terrestre. Ce qui compose vraiment la flore de l'Océan, ce sont ces zoophytes (animaux-plantes), ces *lithophytes* (plantes-pierres) qui couvrent ses montagnes et ses vallées de forêts de coraux et madrépores, aux gigantesques et inextricables rameaux ; ce sont ces anémones, ces actinies, ces merveilleux coquillages qui, grâce à leurs formes élégantes et à leurs brillantes couleurs, ne sont pas, pour les prairies sous-marines, des ornements moins riches et moins curieux que ne sont pour nos campagnes les fleurs écloses aux rayons du soleil et sous la rosée du matin. Ces être mixtes, à vie végétative, pourvus cependant d'organes propres au règne animal et doués d'instincts et de facultés rudimentaires, il est vrai, mais manifestes, sont un des traits les plus caractéristiques de la création neptunienne. Il n'est même nullement certain que cette création ait produit des plantes proprement dites, et que les algues, les fucus qu'on a si longtemps et sans hésitation classés dans le règne végétal, ne soient aussi des polypiers bâtis, comme les coraux et les lithophytes, par des polypes qui s'y logent, s'y développent et s'y reproduisent à l'infini.

L'organisation singulière et surtout le mode de reproduction de ces algues ou hydrophytes donnent à cette vue hardie et nouvelle un haut degré de probabilité. En effet, les plantes marines sont entièrement formées d'un tissu composé d'une multitude de poches ou cellules, dont chacune paraît vivre de sa vie propre, indépendamment de toutes les autres, en absorbant les substances dissoutes

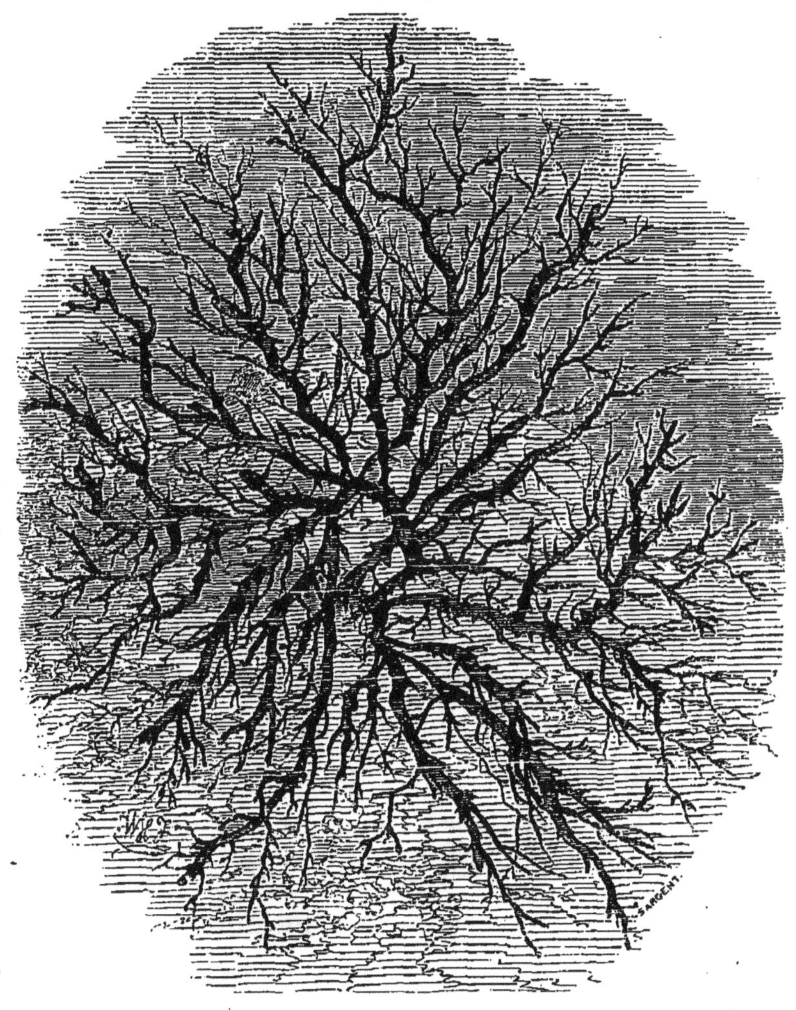

Dasyphlæa Tasmanica.

dans l'eau. « Les algues marines, dit M. E. Margollé, peuvent être flottantes ou cramponnées aux rochers par des attaches organiques. Leur tissu homogène est plus ou moins consistant, suivant les régions où elles se trouvent. Dans les mers agitées, elles sont coriaces et ligneuses, tandis qu'elles n'ont qu'une consistance molle dans les mers tranquilles. Elles varient aussi de grandeur, depuis les espèces microscopiques jusqu'aux laminaires et aux macrocystes, qui atteignent 40 et 50 pieds de longueur, et dont la tige a la grosseur de nos arbres moyens. Le capitaine Cook et Georges Forster citent une espèce de fucus gigantesque, vu depuis par d'autres navigateurs, et qui aurait jusqu'à 300 pieds de tige. Un mucilage abondant transsude à travers le tissu des algues, et doit contribuer, ainsi que l'enduit gélatineux qui couvre tous les animaux marins et dont un grand nombre sont entièrement formés, à donner à la mer son apparence luisante et ses propriétés nourricières.....

« Les algues, dont plusieurs espèces sont remarquables par la beauté de leurs formes et la vivacité de leurs couleurs, sont aussi intéressantes par leur mode de reproduction. Les corpuscules qui représentent la graine et auxquels on a donné le nom de zoosphores, à cause de leur mobilité singulière, se forment dans certaines cellules, d'où ils paraissent sortir, suivant les remarquables observations du célèbre botaniste Unger, « par un acte de leur propre volonté. » Ils se dirigent toujours vers la lumière, et leurs mouvements spontanés, qui durent quelquefois plusieurs heures, ne cessent qu'au moment où, fixés sur un corps étranger, ils commencent à germer pour reproduire une algue semblable à celle qui leur a donné naissance. On retrouve le même phénomène sur les petites algues qui croissent quelquefois sur la neige et la colorent en rose. Ces algues, au moment de leur propagation, se transforment aussi en animalcules qui redeviennent ensuite des algues du même genre.

Nemastoma gelinarioïde.

« L'étude attentive de ces transformations, rapprochée d'études analogues sur le mode de développement des végétaux qui croissent sous nos yeux, pourrait conduire à d'importantes découvertes. Il y a quelques années, M. Payen, en faisant hommage à l'Académie des sciences d'un volume contenant l'ensemble de ses recherches sur la vie végétale, faisait entrevoir que les tissus végétaux pourraient n'être que l'enveloppe protectrice de corps animés travaillant à la formation des diverses parties de la plante [1]. »

[1] E. Margollé. *Les Phénomènes de la Mer*, ch. I.

Déjà, quelques années auparavant, M. de Mirbel avait été conduit à des idées semblables. En examinant avec un fort microscope, dans le dracœna, la couche utriculaire délicate située entre l'écorce et la région intermédiaire et qu'il nommait *tissu générateur,* il avait vu se produire et s'accumuler des granulés d'une extrême petitesse. « A cette espèce

Halymenia Floresia.

de chaos succèdent bientôt, dit-il, l'ordre et la symétrie : les granules se meuvent, se rencontrent comme s'ils étaient animés, et, j'ose le dire, bâtissent des utricules. » Plus récemment encore, M. Paul Laurent, s'appuyant sur les travaux de MM. de Mirbel et Payen et d'autres physiologistes, a émis à son tour l'opinion que les varechs, les fucus, et même les végétaux terrestres, pouvaient être assimilés aux polypiers sous-marins, et remplissaient comme ceux-ci la fonction d'épurer le milieu au sein duquel vivent les animaux d'ordre supérieur. Cette opinion, si elle était confirmée, amènerait dans la science une révolution profonde, en effaçant la démarcation jusqu'ici admise entre le règne animal et le règne végétal, et en donnant une éclatante consécration à l'idée si longtemps hypothétique, soutenue par quelques philosophes, de l'unité de plan dans la création.

Un autre fait important, quoique d'une moindre portée, ressort de l'examen des animaux et des végétaux primitifs. C'est qu'ils étaient tous non-seulement aquatiques, mais essentiellement marins; qu'ils n'ont pu naître et se développer que dans un milieu riche en matières salines, et qu'ils diffèrent complétement des êtres lacustres et fluviatiles dont les débris se montrent dans les formations beaucoup moins anciennes, appartenant aux époques où les continents avaient émergé au-dessus des mers, où les eaux douces s'étaient séparées des eaux salées. C'est là une preuve décisive de la salure originelle de l'Océan, démontrée d'ailleurs par d'autres considérations qui ont été indiquées dans la première partie de ce livre [1].

Revenons maintenant aux infusoires, aux faiseurs de mondes, dont les débris se retrouvent en quantités prodigieuses parmi les restes de la création primitive. On leur a donné le nom d'infusoires, parce qu'ils ont été d'abord observés dans des liquides tenant en dissolution ou en infusion des matières animales. Les dépouilles amoncelées de ces infiniment petits constituent une partie notable de la croûte solide du globe, et nous assistons

[1] Voy. ch. III de la Ire partie.

encore aux phénomènes de reproduction et de destruction continues par lesquels ils ont préparé, à l'époque des anciennes formations géologiques, la demeure de l'homme.

Selon Ehrenberg, un pouce cube du tripoli qui se forme encore aux environs de Bilin, en Bohême, contient 41 millions de carapaces provenant des infusoires qui produisent cette substance friable. D'après le même naturaliste, leur puissance de reproduction est telle, qu'un million de ces animalcules peut naître en dix jours d'un seul individu. « On comprend quel immense amas de matière ont dû déposer les innombrables générations qui se sont succédé pendant les longues périodes des époques primitives, et qui ont couvert de couches accumulées, mêlées aux terrains de sédiment, les roches d'origine ignée, première écorce de la terre. Les débris fossiles de coquilles telles que les ammonites, les nautiles, les nummulites, se trouvent aussi en vastes amas, qui indiquent assez l'infinie multiplication de la vie dans les eaux épaisses et tièdes des mers primitives [1]. » D'après le géologue anglais Buckland, les nummulites forment une partie considérable de la masse entière de plusieurs montagnes ; témoin les terrains calcaires tertiaires de Vérone et du Monte-Bolca, et les terrains stratifiés secondaires des formations crétacées dans les Alpes, les monts Carpathes et les Pyrénées. Le fameux Sphinx gigantesque et la plus grande des Pyramides d'Égypte sont construits avec un calcaire entièrement composé de ces foraminifères [2], très-répandus par-

9

[1] E. Margollé. *Les Phénomènes de la Mer.*

[2] Du latin *foramen,* trou, pore, et *fero,* je porte ; parce que ces animaux sont pourvus d'une coquille lenticulaire à l'extérieur, sans ouverture apparente, mais qui présente à l'intérieur une spirale divisée par des

tout, et qui, par leur quantité innombrable, semblent, dit le docteur Chenu, vouloir racheter leur extrême petitesse.

« Le sable de tout le littoral des mers, dit le même auteur, est tellement rempli de foraminifères, qu'on peut dire

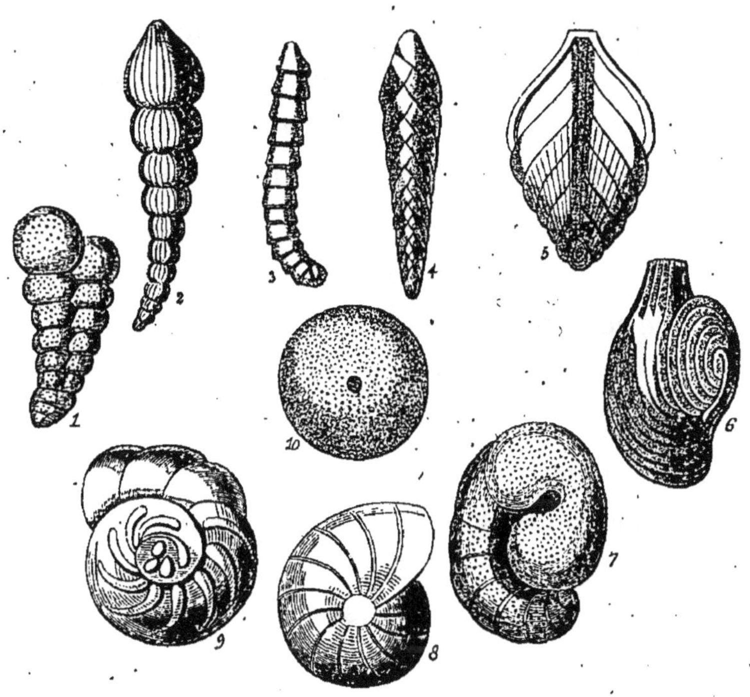

Foraminifères:

1 Gaudryina pupoïdes.	6 Adélosine striée.
2 Dentalina multicostata.	7 Bulimina variabilis.
3 Marginulina gradata.	8 Cristellaria rotulata.
4 Textulaire pygmée.	9 Rosalina clementiana.
5 Frondicularia radiata.	10 Orbuline universelle.

qu'il en est à moitié composé. Dans une once de sable des Antilles, on en a compté près de quatre millions d'individus. Les bancs formés par les restes de ces êtres de-

cloisons en une infinité de petites chambres ou cellules. On les rangeait autrefois parmi les mollusques testacés; mais M. Dujardin a démontré que leur organisation les rattachait plutôt à l'embranchement des zoophytes, où ils forment la deuxième classe du sous-embranchement des radiaires ou rayonnés.

viennent de véritables obstacles qui gênent la navigation, obstruent les golfes, comblent les ports, et forment avec les madrépores des îles qui surgissent de temps à autre dans les régions chaudes du grand Océan; et ce rôle, joué actuellement par les espèces vivantes, l'a été également autrefois par celles qu'on ne retrouve plus aujourd'hui qu'à l'état fossile. A l'époque des terrains carbonifères anciens, une seule espèce du genre Fusuline a formé en Russie des bancs énormes de calcaire. Les terrains crétacés en montrent une immense quantité dans la craie blanche, depuis la Champagne jusqu'en Angleterre; enfin dans les terrains tertiaires de nombreuses localités, et principalement de nos environs, les calcaires grossiers en renferment une quantité infinie, et l'on a calculé qu'un mètre cube de cette pierre, extraite des carrières de Gentilly, en contenait plus de trois milliards d'individus. Paris, de même que plusieurs villes environnantes et de nombreux villages, est presque entièrement bâti avec des foraminifères... Ainsi ces animaux, à peine saisissables à la vue simple, changent aujourd'hui la profondeur des eaux, et ont, aux diverses époques géologiques, comblé des bassins d'une étendue considérable. Cela nous démontre que chaque animal a son rôle marqué, et qu'avec le temps (le temps que la nature ne mesure point) des animaux qui nous paraissent méprisables par leur petitesse peuvent changer l'aspect du globe [1]. »

Ce n'est point là le seul exemple, ni même le plus curieux qu'on puisse citer de la part immense qui revient aux zoophytes dans la constitution de la croûte terrestre et du lit de l'Océan. Les foraminifères n'ont eu dans ce grand

[1] Chenu. *Encyclopédie d'histoire naturelle : crustacés, mollusques et zoophytes.*

phénomène qu'un rôle passif, consistant uniquement dans l'accumulation de leurs coquilles sur les lieux longtemps couverts par les eaux. Il n'en est pas ainsi des anthozoaires ou polypes, dont j'ai déjà mentionné l'étonnant travail. Ceux-là ne sont pas seulement remarquables par leur fécondité : ce sont des ouvriers, des ingénieurs, qui édifient dans les profondeurs de la mer, avec les matériaux qu'elle tient en suspension, des monuments auprès desquels les plus gigantesques constructions des peuples anciens et modernes ne sont que des œuvres de pygmées.

« Dans la zone torride, où les lithophytes sont nombreux en espèces et se propagent avec une grande force, dit Cuvier, leurs troncs pierreux s'entrelacent en rochers, en récifs, et, s'élevant jusqu'à fleur d'eau, ferment l'entrée des ports, tendent des piéges terribles aux navigateurs. La mer, jetant des sables et du limon sur le haut de ces écueils, en élève quelquefois la surface au-dessus de son propre niveau, et en forme des îles plates, qu'une riche végétation vient bientôt vivifier [1].

J'emprunte au commentateur de Cuvier, le docteur Hœfer, les détails suivants sur ces récifs et ces îles de lithophytes.

Parmi les nombreuses espèces de zoophytes qui concourent à leur formation, les plus communs appartiennent aux genres *astrée, méandrine, caryophyllie*, etc. Ces polypiers sont exclusivement propres aux régions chaudes et dépassent rarement 27° de latitude nord et sud, si ce n'est en quelques endroits placés dans des conditions spéciales, comme ceux où l'Atlantique est échauffé par le Gulf-

[1] *Discours sur les révolutions de la surface du globe.*

Stream. On en trouve aussi aux îles Bermudes, par 32° de latitude nord. L'océan Pacifique offre sous les tropiques des quantités prodigieuses de coraux. On sait que

Caryophyllia ramea.

ces lithophytes ont donné leur nom à la *mer de Corail* comprise entre la côte nord-est de la Nouvelle-Hollande, la côte sud-est de la Nouvelle-Guinée, les îles Salomon, les Nouvelles-Hébrides et la Nouvelle-Calédonie. On en trouve aussi beaucoup dans les golfes Arabique et Persique, ainsi que dans la partie de l'océan Indien comprise entre la côte du Malabar et l'île de Madagascar. Flinders donne à un récif de polypiers situé sur la côte orientale de la Nouvelle-Hollande une longueur de 362 lieues, et il le décrit comme ne présentant aucune solution de continuité dans une étendue de 127 lieues. Il existe dans le Pacifique d'autres groupes de coraux ayant de 390 à 434 lieues de longueur sur 109 à 145 de largeur : tels sont l'*archipel Dangereux* et celui que le navigateur russe Kotzebue a nommé Radack.

Les bancs de lithophytes ne se développent en général qu'avec une extrême lenteur. Ehrenberg accorde à certains polypiers isolés du golfe Arabique, ayant seulement de deux à trois mètres de diamètre, une antiquité de plusieurs milliers d'années. Les récifs de coraux affectent des formes très-variées; toutefois, le plus ordinairement ils consistent, au moins dans le Pacifique, en une bande de terre sèche, circulaire ou ovale, entourant une lagune d'eau dormante peu profonde où abondent les zoophytes et les mollusques. Ces îles annulaires dépassent à peine le niveau de la mer, et l'eau qui les environne est souvent d'une profondeur dont les sondes ne peuvent atteindre la limite. Sur les trente-deux îles de corail visitées par Beechey dans son voyage à la mer Pacifique, vingt-neuf avaient des lagunes en leur centre. Le diamètre de la plus grande était de trente milles (environ onze lieues); celui de la plus petite était à peine d'un mille. L'aspect de ces îles avec leurs lagunes au centre n'est pas moins remarquable par sa beauté que par sa singularité. Qu'on se figure une bande de terre de quelques centaines de mètres de large, couverte de cocotiers très-élevés, au-dessus desquels s'étend la voûte azurée du ciel.

Cette ceinture verdoyante est limitée à l'intérieur par un banc de sable d'une blancheur éclatante. L'extérieur est entouré d'un anneau de brisants qu'on dirait de neige, et au delà duquel on voit osciller les flots noirâtres de l'Océan. L'eau claire et tranquille de la lagune paraît d'un vert très-vif, malgré son lit de sable blanc, lorsqu'elle est éclairée verticalement par les rayons du soleil.

Le naturaliste Chamisso, qui accompagnait Kotzebue dans ses voyages, nous apprend comment ces polypiers font des îles. « Quand le récif, dit-il, est d'une hauteur telle qu'il se trouve presque à sec au moment de la basse mer, les zoophytes abandonnent leurs travaux. Au-dessus de la ligne qu'ils ont tracée, on aperçoit une masse pierreuse continue, composée de coquilles, de mollusques et d'échinides avec leurs pointes brisées, et des fragments de coraux cimentés par un sable calcaire provenant de la pulvérisation des coquilles. Il arrive souvent que la chaleur du soleil pénètre cette masse calcaire quand elle est sèche, et occasionne des pertes en plusieurs endroits; alors les vagues ont assez de force pour diviser des blocs de coraux qui ont jusqu'à 2 mètres de long sur 1 mètre ou 1^m,30 d'épaisseur, et pour les lancer sur les récifs; ce qui finit par en élever tellement la crête, que la haute mer ne la recouvre qu'à certains moments de l'année. Le sable calcaire n'éprouve ensuite aucun changement, et offre aux graines de plantes que les vagues y amènent, un sol sur lequel ces végétaux croissent assez rapidement pour ombrager bientôt sa surface éblouissante de blancheur. Les troncs d'arbres entiers qui y sont transportés par les rivières d'autres pays et d'autres îles, y trouvent enfin un point d'arrêt après une longue course. Quelques petits animaux, tels que des insectes ou des lézards, sont transportés avec eux et deviennent d'ordinaire les premiers habitants de ces récifs. Même avant que les arbres soient assez touffus pour former un bois, les oiseaux de mer y construisent leurs nids; les oiseaux de terre égarés viennent y chercher un refuge dans les buissons; et plus tard enfin, lorsque le travail des polypiers est depuis longtemps achevé, l'homme paraît et bâtit sa hutte sur le sol devenu fertile [1]. »

CHAPITRE III

LES JARDINS DE L'OCÉAN — LES AQUARIA

La connaissance du monde marin, de son histoire, de ses phénomènes, de sa configuration, de sa flore et de sa faune passées et présentes, cette connaissance, — encore que restreinte jusqu'ici dans des limites que jamais peut-être on ne pourra dépasser, — est sans contredit une des plus belles et des plus glorieuses conquêtes du génie de l'homme. Toutes les sciences, ainsi qu'on en a pu juger par ce qui précède et qu'on le verra encore par la suite, ont concouru à cétte œuvre difficile, qui sans elles ne pouvait même être tentée : l'astronomie et la physique ont expliqué les mouvements et la circulation de l'Océan; la

[1] *Voyages de Kotzebue* (1815-1818), t. III.

chimie a fait connaître la composition de ses eaux; la géologie nous raconte son histoire, qui n'est, si l'on nous permet cette expression, qu'un chapitre de l'histoire de la terre; enfin toutes les sciences naturelles: la minéralogie, la botanique, la zoologie, la paléontologie, la physiologie, s'appliquent pour une part considérable à l'étude des êtres innombrables qui depuis l'origine du monde ont peuplé tour à tour ce monde mystérieux.

Mais une chose nous fait défaut pour l'achèvement de cette vaste étude; ce sont les moyens d'observation. En effet, nos regards ne peuvent pénétrer dans la masse liquide qu'à une faible profondeur, au delà de laquelle il n'y a plus que ténèbres, et que les plus vigoureux plongeurs ne pourraient atteindre sans être étouffés, écrasés. Nous possédons sans doute un instrument précieux, et qui a reçu depuis peu d'admirables perfectionnements: la sonde. Celle qu'a imaginée l'aspirant américain Brooke a déjà rendu à la science d'inappréciables services. A l'aide de cet instrument, d'une grande simplicité, on a pu relever avec une justesse suffisante toute l'orographie de l'Atlantique; on a pu explorer jusqu'à des profondeurs de huit kilomètres le lit de l'Océan, et en ramener des spécimens parfaitement intacts des débris de coquillages et de zoophytes dont il est tapissé. D'autre part, il n'est peut-être pas une des espèces animales ou végétales que nourrit l'Océan, dont les naturalistes n'aient étudié l'organisation, qu'ils n'aient décrite et classée avec autant de certitude qu'ils ont pu faire des espèces terrestres.

Et pourtant leurs investigations laissent toujours un *desideratum*. Nous connaissons dans ses moindres détails le monde marin; mais l'ensemble nous échappe. La mer recèle dans ses profondeurs des arcanes qu'aucun regard ne saurait entrevoir, que notre esprit ne peut se représenter qu'imparfaitement en imagination. Dans le monde terrestre et aérien, et jusque dans les espaces célestes, la nature déroule libéralement à nos yeux ses merveilleux tableaux; nous pouvons d'un pôle à l'autre explorer toutes les parties de notre domaine; nous pouvons fouiller les entrailles de la terre, ou, élevant nos regards vers le firmament, contempler l'immense panorama des mondes, mesurer les dimensions et les distances des astres, suivre leurs cours, calculer leurs orbites et jusqu'à leurs densités. Et de cet Océan, mince couche d'eau de quelques mille mètres d'épaisseur étendue sur notre petite planète, nous ne connaissons *de visu* que la surface et les bords. Là seulement l'homme peut prendre sur le fait la nature neptunienne; et ce qu'il lui est donné d'en embrasser, le caractère étrange et grandiose et la variété — plus grande qu'on ne croit — des scènes que présente l'Océan dans certaines régions et dans des circonstances favorables, augmentent nos regrets de nous voir réduits à des aperçus si restreints et si fugitifs, en nous faisant présumer, d'après le peu que nous voyons, la magnificence de ce que nous ne voyons pas. « Un marin placé au milieu de l'Océan, dit Maury, éprouve, en contemplant sa surface, des sentiments analogues à ceux de l'astronome lorsqu'il observe les astres et interroge la nuit les profondeurs des cieux. » Qu'on juge, en effet, de ces sentiments par la description suivante, qu'un savant professeur et voyageur allemand, M. Schleiden, a donnée, dans son livre *la Plante et la Vie*, du spectacle qui s'offre aux navigateurs dans les plaines sans limites de la mer des Tropiques.

« Si nous plongeons nos regards dans le liquide cristal de l'océan Indien, nous y voyons réalisées les plus merveilleuses apparitions des contes féeriques de notre enfance : des buissons fantastiques portent des fleurs vivantes; des méandrines et des astrées massives contrastent

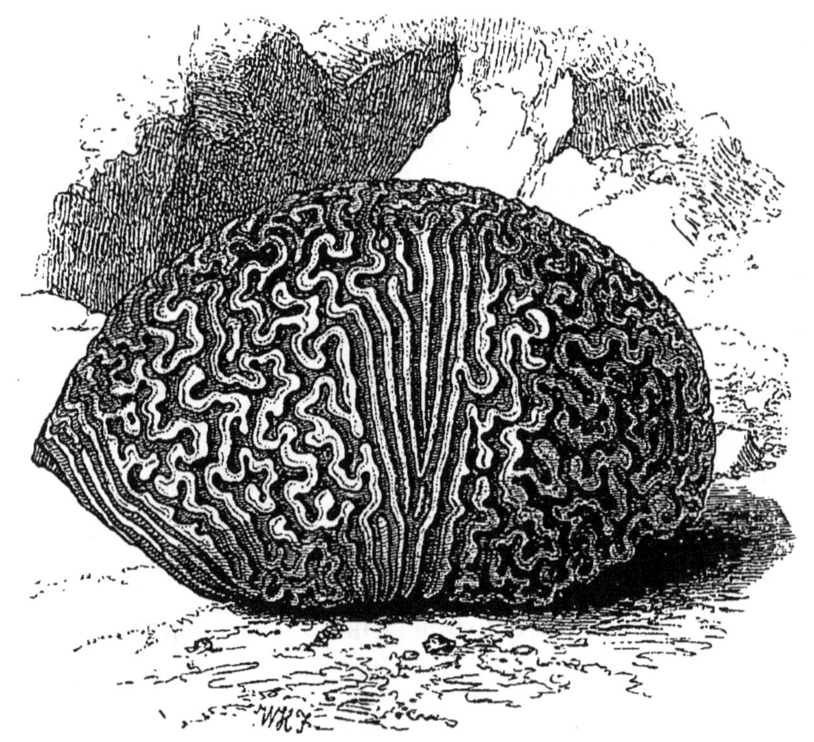

Meandrina cerebriformis.

avec les explanarias touffus qui s'épanouissent en forme de coupes, avec les madrépores à la structure élégante, aux ramifications variées. Partout brillent les plus vives couleurs; les verts glauques alternent avec le brun et le jaune; de riches teintes pourprées passent du rouge vif au bleu le plus foncé. Des nullipores roses, jaunes ou nuancées comme la pêche, couvrent les plantes flétries, et sont elles-mêmes enveloppées du tissu noir des rétipores, qui ressemblent aux plus délicates découpures d'ivoire. A côté se balancent les éventails jaunes et lilas des gorgones, travaillés comme des bijoux de filigrane. Le sable du sol est jonché de milliers de hérissons et d'étoiles de mer, aux formes

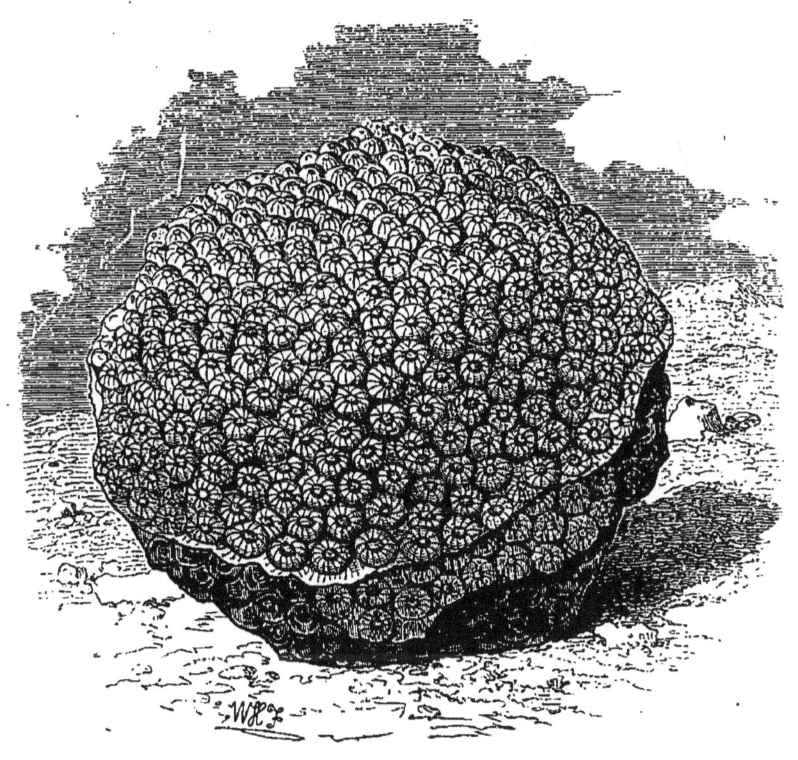

Astrea cavernosa, Astrea argus.

bizarres, aux couleurs variées. Les flustres, les escares s'attachent aux branches de corail comme des mousses et des lichens, et les patelles striées de jaune et de pourpre s'y fixent comme de grandes cochenilles. Semblables à de gigantesques fleurs de cactus, brillantes des plus ardentes couleurs, les anémones marines ornent les anfractuosités des rochers de leurs couronnes de tentacules, ou s'étendent au fond comme un parterre de renoncules variées. Autour des buissons de corail jouent les colibris de l'Océan, petits poissons étincelants, tantôt d'un éclat métallique rouge ou bleu, tantôt d'un vert doré ou du plus éblouissant reflet d'argent.

« Légères comme les esprits de l'abîme, flottent les clochettes blanches ou bleuâtres des méduses, à travers ce monde enchanté. Ici se poursuivent l'isabelle violette et vert d'or et la coquette jaune de feu, noire et striée de vermillon. Là serpentent à travers les massifs les bandes marines, comme de longs rubans d'argent aux reflets roses et azurés, la némerte, la sépia resplendissante des couleurs de l'arc-en-ciel, qui tour à tour s'entre-croisent, brillent ou s'effacent.

« Et toute cette vie merveilleuse nous apparaît au milieu des plus limpides alternatives de lumière et d'ombre, qu'amènent chaque souffle, chaque ondulation qui rident la surface de l'Océan. Lorsque le jour décline et que les ombres de la nuit descendent dans les profondeurs, ce jardin radieux s'illumine de splendeurs nouvelles. Des méduses et des crustacés microscopiques semblables à des lucioles font étinceler les ténèbres. La pennatule, qui le jour est d'un rouge de cinabre, flotte dans une lumière phosphorescente. Chaque coin rayonne. Tout ce qui, brun et terne, disparaissait peut-être pendant le jour au milieu du rayonnement universel des couleurs, brille maintenant de la plus charmante lumière verte, jaune ou rouge, et, pour compléter les merveilles de cette nuit enchantée, le large disque d'argent de la lune de mer (*orthagoriscus mola*, vulgairement appelé *poisson lune* à cause de sa forme arrondie) s'avance doucement à travers le tourbillon des petites étoiles.

« La végétation la plus luxuriante des contrées tropicales ne peut développer une plus grande richesse de formes, et, pour la variété et l'éclat des couleurs, elle reste bien en arrière des jardins magnifiques de l'Océan, composés presque entièrement d'animaux. Cette faune marine n'est pas moins remarquable par son développement extraordinaire que l'abondante végétation du lit de la mer dans les zones tempérées. Tout ce qui est beau, merveilleux ou extraordinaire dans les grandes classes des poissons et des échinodermes, des méduses, des polypes et des mollusques à coquilles, pullule dans les eaux tièdes et limpides de l'Océan tropical, y repose sur les sables blancs, ou y couvre les roches abruptes, et, lorsque la place est déjà prise, se fixe en parasite, ou nage à la surface et dans les profondeurs, au milieu d'une végétation relativement rare. Il est d'ailleurs remarquable que la loi d'après laquelle le règne animal, qui se plie plus facilement aux circonstances extérieures, a un développement plus étendu que le règne végétal, s'applique à l'Océan aussi bien qu'à la terre. Ainsi les mers polaires abondent en baleines, phoques, poissons, en oiseaux aquatiques, et sont peuplées d'une multitude innombrable d'animaux inférieurs, lorsque depuis longtemps toute trace de végétation a disparu au milieu des glaces. Cette même loi s'observe également si l'on considère la direction verticale de l'Océan; car, à mesure qu'on descend dans ses profondeurs, la vie végétale disparaît beaucoup plus rapidement que la vie animale, et même dans les abîmes où ne pénètre plus aucun rayon de lumière, la sonde découvre encore des infusoires vivants. »

Qu'il y a loin de ce féerique spectacle au peu que nous apercevons du monde marin, nous autres gens de terre! Ceux qui habitent les côtes ou qui les visitent en curieux voient la mer du rivage; quelques-uns s'embarquent pour quelque petite promenade, vont en bateau à vapeur du Havre à Trouville ou à Honfleur, ou traversent la Manche de Boulogne ou de Calais à Folkestone, à Douvres ou à Ramsgate. Hélas! le mal de mer ne leur permet de rien voir, et aussi bien l'eau opaque, sombre et froide, resserrée entre ces côtes, n'offrirait à leur curiosité qu'un maigre aliment. Tout au plus verraient-ils çà et là quelques poissons sautillant à la surface, quelques méduses aux reflets irisés nageant près du navire, quelques mouettes rasant de leurs longues ailes aiguës la crête immense des lames.

La plage, mise à nu par le reflux des grandes marées, donne mieux que la mer elle-même la notion de ce que doit être le fond de l'abîme. Là sur le sable, dans les flaques d'eau, parmi les galets ou sur les bancs de rochers, se déploie l'étonnante variété des produits de l'Océan. Le sable est émaillé d'une multitude de coquillages; des astéries (étoiles de mer), des oursins, des méduses gisent ou rampent sur la plage; des chevrettes sautent dans les lagunes où nagent en tout sens de petits poissons aux brillantes écailles; des crabes courent de toute la vitesse de leurs pattes se cacher dans les crevasses des rochers au flanc desquels sont fixés des moules, des huîtres et d'autres mollusques testacés. Les bancs de roches tabulaires disparaissent sous les longues franges entrelacées des algues aux teintes sombres et des mousses vertes, sous les bruyères nacrées, les corallines, les spirorbes, et forment ainsi comme de vastes tapis où s'épanouissent en fleurs vivantes, en arbustes déliés, les actinies et les polypiers nains. On a donc devant soi, sur une étendue de quelques centaines de mètres carrés, facile à parcourir dans l'intervalle de deux marées, un aperçu assez complet de la flore et de la faune de l'Océan. Malheureusement, il y manque le milieu vivifiant de tous ces êtres; et aussi sont-ils en proie à une agitation, à un malaise visibles. Plusieurs périssent avant le retour de la mer.

Mais voici que la science moderne, non moins ingénieuse dans ses procédés de vulgarisation que patiente et hardie dans sa recherche des secrets de la nature, a trouvé un moyen de nous faire assister aux scènes du monde sous-marin. Elle a créé de petits océans en miniature, de petites mers d'appartement, où l'on peut voir à travers des murs de cristal les poissons, les crustacés, les mollusques et les zoophytes vivre de leur vie normale au sein de « l'onde amère, » parmi les rochers, les coraux et les fucus. Je veux parler des *aquaria* qui ont été établis depuis peu d'années dans quelques musées d'histoire naturelle, notamment au *Zoological garden* de Londres, et au *Jardin d'acclimatation* de Paris.

L'aquarium de Londres est le plus ancien. Il a été inauguré en 1852. C'est un bâtiment dont les murs et la toiture sont presque entièrement construits en fer et en vitrage, de telle sorte que la lumière y pénètre de toutes parts. Dans l'intérieur sont disposés un grand nombre de bassins ou bacs quadrangulaires, à parois de verre, renfermant les uns de l'eau douce, les autres de l'eau de mer, qui se renouvelle incessamment. Ces bacs, garnis de coquillages, de galets, de fragments de rocher, servent de demeure à une grande variété d'animaux aquatiques qui, sauf l'espace et la liberté, retrouvent à peu près, dans leur prison transparente, les conditions d'existence pour lesquelles la nature les a formés. Le voisinage de la mer, qui permet de fournir toujours à ces exilés de l'eau fraîche et vive, est, pour l'aquarium de Regent's Park, une circonstance singulièrement favorable. La ménagerie marine peut aussi, grâce à cette proximité, être maintenue au complet, et les vides qui s'y produisent « par suite de décès » sont aussitôt comblés.

Mais ce qu'on peut appeler la mise en scène de cette exhibition n'approche pas de l'arrangement artistique et des heureuses dispositions que présente l'aquarium de Paris, œuvre pourtant d'un ingénieur anglais, M. W. Alford Lloyd, qui s'est occupé spécialement, pendant plusieurs années, de ce genre de travaux. Le bâtiment, au lieu d'être une sorte de palais de cristal, comme celui de Londres, est, au contraire, en maçonnerie de briques, avec des soubassements et des corniches en pierres de taille. Il n'a point de fenêtres, et n'offre à l'intérieur qu'une longue galerie éclairée seulement par les deux portes situées à chacune des extrémités, et par la lumière qui pénètre à travers les viviers. Ceux-ci sont construits dans l'épaisseur du mur et disposés sur une seule rangée. La paroi qui donne du côté de la galerie et celle qui sert de couvercle sont en verre bien blanc, soigneusement poli; les quatre autres parois sont en ardoise.

On voit d'après cela que la lumière qui pénètre dans les viviers vient exclusivement du dehors, tandis qu'une demi-obscurité règne dans la galerie. Ce système d'éclairage est d'un effet saisissant, et produit une illusion singulière. Le regard n'étant point distrait par les objets environnants, l'attention se concentre tout entière sur le polyorama vivant qu'on a devant soi; et, comme l'idée de grandeur n'est que relative, les tableaux prennent bientôt aux yeux des spectateurs des dimensions de plus en plus grandes, ou plutôt leurs dimensions réelles disparaissent pour faire place, dans la perception de chacun, à celles que l'imagination veut bien leur prêter. La décoration de ces théâtres d'un nouveau genre, où se joue au sérieux le drame de la vie sous-marine, est d'ailleurs des mieux entendues. Ce sont des grottes de rocailles, des voûtes de coquilles, des rochers de diverses natures, ayant les formes les plus bizarres et les plus variées, au milieu desquels végètent les plantes marines et les anthozoaires. Inutile d'ajouter qu'une balustrade, qui règne d'un bout à l'autre de la galerie, tient les visiteurs à distance respectueuse des vitrines.

Les viviers sont au nombre de quatorze, sur lesquels quatre seulement contiennent des animaux d'eau douce; les dix autres sont réservés aux habitants de la mer. La capacité de chacun est de mille litres ou un mètre cube. Ils sont alimentés d'eau de mer par un appareil particulier, qui établit dans tous les bassins un courant continu. L'eau est fournie par trois réservoirs souterrains, dont le plus grand a une capacité de 22,000 litres, et les deux autres peuvent contenir 5,400 et 3,600 litres. L'appareil qui la fait circuler est une machine hydraulique et pneumatique qui peut fonctionner environ vingt-trois heures sur vingt-quatre, et permet de se servir pendant assez longtemps de la même eau, toujours filtrée et aérée. Il est seulement nécessaire d'entretenir constamment les filtres en bon état, et de compenser par une petite quantité d'eau de pluie celle qui se serait perdue par l'évaporation dans les viviers.

Comme beaucoup d'animaux marins ont besoin d'alternatives d'immersion dans l'eau et d'exposition à l'air, on s'est ménagé le moyen de produire un flux et un reflux artificiels : ce qu'on fait la nuit, afin de ne pas nuire à la beauté du coup d'œil pendant le jour. Notons aussi qu'un système d'écrans est adapté aux ouvertures qui éclairent les viviers, afin de n'y laisser entrer que la quantité de lumière qui convient aux animaux, et en même temps d'éviter la formation d'une quantité trop considérable de conferves; cette végétation a été longtemps un des plus sérieux obstacles à la réussite des aquaria. Du reste, les glaces sont nettoyées tous les jours avec soin des dépôts qui s'y produisent, et qui ne tarderaient pas à les obscurcir.

Ce qu'on peut reprocher à l'aquarium du jardin d'acclimatation de Paris, — et ce reproche s'applique également à celui de Londres, — c'est d'être établi sur une trop petite échelle: Malgré l'illusion fort habilement préparée qui résulte de la disposition des viviers, l'effet obtenu est loin de ce qu'il serait si l'on avait pu y affecter des capitaux suffisants pour donner aux réservoirs et aux bassins de plus grandes dimensions [1]. Car toute la question est là : Les

[1] Qu'on veuille bien se rappeler ici ce que je disais quelques pages plus haut de la facilité avec laquelle l'eau de mer *meurt* et se corrompt lorsqu'elle est en petite quantité et séparée de la masse. Il est certain que les animaux marins trouveraient des conditions beaucoup plus favorables, qu'ils seraient plus vivaces et mieux portants, dans de vastes bassins où l'eau de mer serait amenée de réservoirs beaucoup plus spacieux encore, et fréquemment renouvelée. L'aquarium du Jardin d'acclimatation de Paris a fait, depuis son installation, des pertes nombreuses. La mortalité qui y règne doit être attribuée sans aucun doute à la parcimonie qui préside à l'approvisionnement des réservoirs en eau de mer fraîche. On s'est probablement trompé aussi en admettant que l'eau de mer se conserverait mieux sous terre qu'exposée à l'action de la

difficultés d'exécution sont secondaires, et toutes se résoudraient aisément si l'argent ne manquait point. On pourrait alors exposer aux regards du public non plus seulement quelques douzaines de petits animaux étroitement emprisonnés, quelques chétifs échantillons de végétaux marins, mais un choix plus varié et plus abondant des principaux représentants de la faune et de la flore océaniennes. Et ce n'est pas à une société de particuliers, animés sans doute d'un zèle sincère pour la vulgarisation des sciences, mais dont les intentions libérales sont nécessairement limitées par l'état de leur fortune, c'est à notre Muséum d'histoire naturelle, pourvu de ressources mieux en rapport avec sa haute mission, qu'il appartiendrait d'élever à la science un semblable monument. Alors ce bel établissement, qui déjà dans son étroite enceinte, avec ses collections écourtées et mal entretenues, et ses maigres revenus, excite l'admiration des étrangers, deviendrait enfin ce que, dans la pensée de ses fondateurs, il devait être un jour, à savoir : un abrégé de la création, une exposition universelle et permanente des œuvres de la nature.

lumière. On a oublié cet aphorisme d'Hippocrate, confirmé par la science contemporaine : « *Sol aquas illustrat et castigat.* Le soleil clarifie et purifie les eaux. »

CHAPITRE IV

LES FOSSILES

Nous avons vu les imperceptibles et infatigables ouvriers de l'Océan élevant du fond de ses abîmes des récifs qui peu à peu montent jusqu'à la surface, grandissent, émergent et forment au milieu du désert liquide des oasis couvertes de verdure. Nous avons vu les matériaux élaborés par les foraminifères tapisser le lit des mers sur des étendues et des épaisseurs telles, que Buckland a pu dire avec raison que les ossements des éléphants, des cétacés, des géants de la création, occupent dans l'enveloppe solide du globe une place incomparablement moindre que les dépouilles microscopiques des infusoires. L'œuvre de ces petits êtres est immense. Ils remplissent une double mission ; la plus apparente, celle d'architectes, de terrassiers, n'est que secondaire ; la principale consiste dans l'incessante épuration des eaux de la mer. Là est vraiment leur raison d'être, leur brevet d'immortalité. Ils sont à la fois le point de départ et les agents conservateurs de la création océanienne.

M. Margollé remarque judicieusement que dans l'Océan primitif, dont ils furent les premiers habitants, aux époques des plus formidables révolutions géologiques, ils ont échappé constamment aux causes de destruction si fréquentes, si terribles alors, et qui ont anéanti tour à tour des espèces bien supérieures. Il attribue cette indemnité à leur petitesse même, à leur grande vitalité, à leurs ingénieuses constructions, à leurs coquilles très-solides qui les protégeaient, enfin à leur nombre prodigieux. Il me paraît négliger justement la raison supérieure à laquelle ils ont dû ces moyens de défendre leur vie, de perpétuer leurs espèces. Cette raison, c'est qu'ils étaient dès le principe et qu'ils sont restés nécessaires au développement et à l'entretien des animaux d'ordres plus élevés, d'organisations plus parfaites, au profit desquels s'accomplit leur continuel travail; c'est qu'ils sont indispensables aussi, comme on l'a vu plus haut, à la circulation océanique. Ils ont donc vu paraître et disparaître successivement d'innombrables générations d'êtres de toute forme et de toute grandeur; eux seuls sont demeurés et n'ont subi que des modifications secondaires; leur organisation extrêmement simple a pu s'accommoder des conditions diverses de température et de composition chimique, auxquelles ils ont été soumis. Aujourd'hui encore on ne les rencontre guère en moins grande abondance dans les mers glacées des pôles que dans les parages brûlants de l'équateur et des tropiques. Ils ont suivi sans difficulté les déplacements des eaux qui ont noyé des populations entières d'animaux et de végétaux terrestres, et laissé périr sur le lit desséché des anciennes mers des myriades d'animaux marins. Et telle est leur fécondité, telle est leur insensibilité ou, si l'on aime mieux, leur résistance inerte aux influences extérieures, qu'ils se fussent multipliés au delà de toute mesure si des légions d'animaux voraces n'étaient venues mettre un frein à leurs envahissements.

C'est ainsi que dans la nature entière, les différentes espèces servent à la fois à se conserver et à se limiter réciproquement; que l'équilibre se maintient, et que les êtres vivants se détruisant et se reproduisant à chaque instant, la quantité de vie sur le globe reste toujours sensiblement la même. Cette loi fondamentale n'est nulle part plus manifeste que dans le formidable tourbillon du monde marin. L'esprit profondément religieux du commandant Maury a vivement senti l'austère beauté de cet ordre inaltérable qui résulte précisément d'une cause propre, en apparence, à produire un effet entièrement contraire; je veux dire de la lutte qui se livre sans cesse et partout entre la vie et la mort.

« Quand on contemple, dit-il, les œuvres de la nature, on est nécessairement frappé de l'admirable système de compensation qui y a présidé, et de l'exactitude avec laquelle tout y est balancé. Mille agents divers accomplissent des fonctions distinctes et nettement tranchées, et pourtant l'équilibre de tous ces éléments est si parfait, que la plus entière harmonie règne dans l'ensemble. »

Il faut rapporter à la même loi d'équilibre le caractère méthodique et progressif de l'œuvre cosmogonique, caractère sur lequel j'ai insisté en parlant des révolutions de l'Océan, et en vertu duquel l'apparition de chaque série de créatures a dû être précédée et préparée par celle d'une série d'ordre inférieur, c'est-à-dire plus simple; — si tant est que la simplicité d'organisation constitue réellement une infériorité. Les couches superposées des roches et des terrains qui constituent l'écorce du globe sont les feuillets où la science a pu lire, ainsi que dans un livre ouvert, l'histoire des créations successives qui ont précédé celle dont l'homme a été le couronnement. C'est de-là que je vais extraire, pour les mettre sous les yeux du lecteur, les types les plus remarquables de l'antique faune océanienne.

1 Ammonite Rhotomagensis. 3 Ammonite giganteus.
2 Ammonite Gulielmi. 4 Ammonite vertebralis.

Les premiers animaux qui prirent naissance, après les infusoires et les zoophytes microscopiques, dans les eaux encore épaisses et tièdes des mers primitives, furent, dans la classe des zoophytes, des radiaires ou rayonnés de la famille des échinodermes : astéries et oursins, dont les organes plus nombreux présentent une disposition symétrique qu'on ne trouve pas dans les infusoires; encrinites ou lis de mer, pentacrinites et apiocrinites. « Ces beaux zoophytes, qui ressemblaient à des fleurs, dit M. Margollé, recouvraient le fond de la mer où ils étaient fixés, s'élevant,

Ammonite catena.

comme une forêt sous-marine, à une hauteur de plusieurs mètres. Les diverses parties solides de leur corps avaient déjà quelque analogie avec celles qui constituent le squelette des animaux supérieurs, et formaient ainsi, autour d'une tige ou colonne vertébrale, une charpente très-compliquée destinée à protéger les organes et à donner un point d'appui au système musculaire. Les osselets pétrifiés de cette famille remplissent de nombreuses couches calcaires, où se trouvent surtout des débris de pentacrinites et d'encrinites-lis. »

Viennent ensuite des bryozoaires, des molluscoïdes, puis des mollusques proprement dits, tous protégés par de fortes coquilles. Ceux-ci sont des branchiopodes, des ptéropodes, principalement des céphalopodes. Parmi eux il faut citer principalement les ammonites et les nautiles. Le

Ammonite serratus.

premier de ces deux genres est entièrement fossile. Il comprend les coquillages généralement connus sous les noms de cornes d'Ammon, à cause de leur ressemblance grossière avec les cornes d'un bélier. Leur forme est en effet celle d'une spirale enroulée sur elle-même et comprimée sur les côtés. Leur cavité est partagée en une multitude de compartiments, par des cloisons qui semblent avoir eu pour objet d'augmenter leur résistance à l'énorme pression de l'eau, en même temps que les cellules, en se remplissant d'air, permettaient à l'animal de remonter et de flotter à la surface. Cette disposition se retrouve également dans les nautiles, ce qui fait supposer que les animaux qui habitaient ces sortes de navires submersibles à volonté devaient avoir avec ces derniers la plus grande analogie.

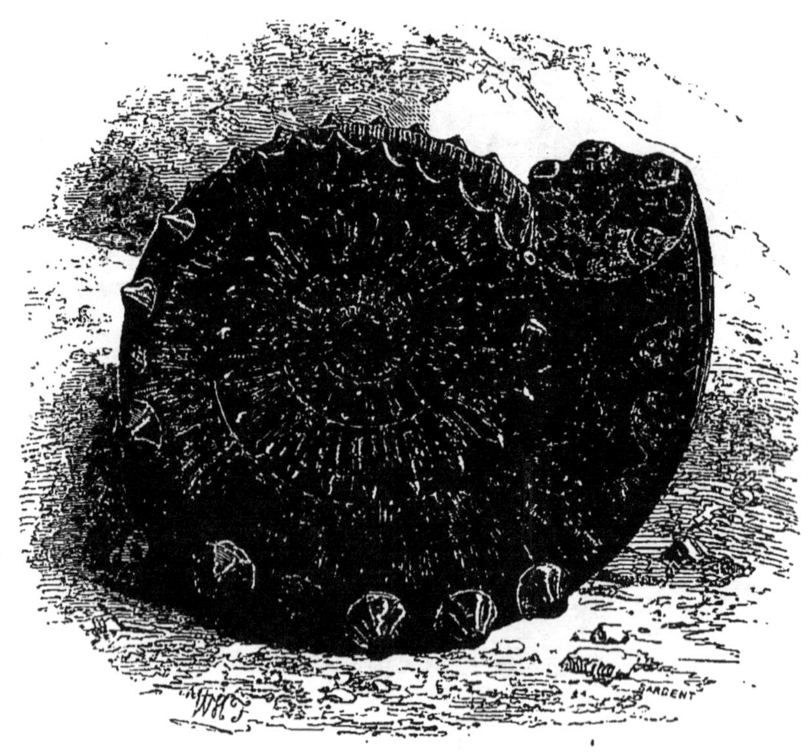

Ammonite armatus.

Les ammonites se trouvent presque partout dans les terrains oolithiques et crétacés; elles abondent surtout dans les premiers, depuis le lias jusqu'aux couches les plus superficielles. On en connaît un assez grand nombre d'espèces, dont plusieurs sont de grandes dimensions et atteignent un diamètre de 34 à 36 centimètres.

Quant aux nautiles, tant fossiles que contemporains, il ne faut pas les confondre avec les *argonautes*, dont il existe encore trois espèces voisines sans doute, mais distinctes du genre nautile, et dont nous parlerons au chapitre suivant.

1 Nautilus giganteus
2 Nautilus undulatus. 3 Nautilus regalis.

A des époques moins anciennes apparaissent successivement bien d'autres espèces de mollusques testacés, dont les coquilles se voient dans le grand dépôt conchylien de la période triasique, et dans les calcaires plus compactes de la période jurassique. Ici des gryphées, des avicules, et une huître énorme, la *lima gigantea*, sont associées à quelques espèces d'ammonites différentes de celles des époques antérieures.

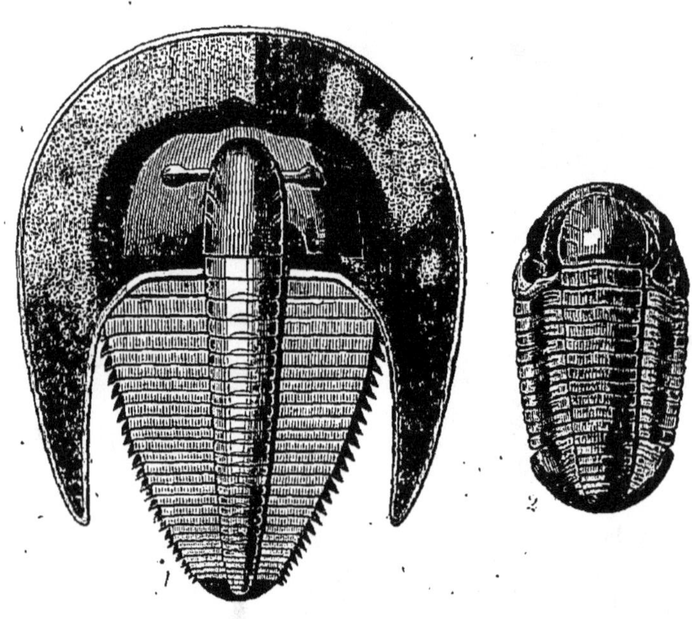

1 Trilobite (Harpides). 2 Trilobite (Calyménides).

Le plus ancien des crustacés est le robuste trilobite, contemporain des mollusques branchiopodes et ptéropodes du terrain silurien. Les trilobites, dont les débris ont été regardés longtemps comme devant se rapporter à des coquilles à trois lobes (d'où leur nom), étaient répandus jadis dans les contrées les plus éloignées, car on en a découvert des restes dans les diverses parties de l'Europe, dans le sud de l'Afrique et dans les deux Amériques. On en connaît aujourd'hui plus de deux cents espèces. C'étaient des animaux trapus, à grosse tête ovale en forme de bouclier, sans antennes; leur thorax, composé d'un nombre variable d'anneaux, était divisé en trois régions par deux sillons longitudinaux; leur abdomen n'était pas bien distinct du thorax. On n'a vu sur leur dépouille aucune trace de pattes; mais plusieurs d'entre eux avaient la faculté de se replier en boule, comme font nos cloportes. Ils possédaient en outre un appareil visuel très-développé, qui nous apprend, comme le remarque M. E. Margollé, que les mers

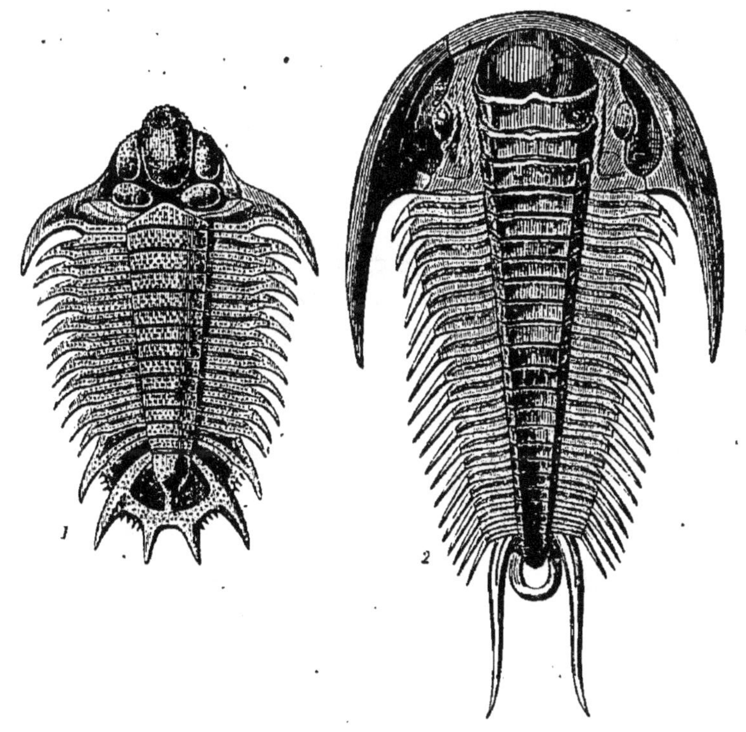

1 Trilobite (Lichasides). 2 Trilobite (Paradoxides).

au sein desquelles ils vivaient avaient acquis assez de limpidité et de transparemce pour donner accès, jusqu'à une assez grande profondeur, aux rayons du soleil.

Les poissons commencent à se montrer à partir de l'étage silurien supérieur. Les premiers en date sont le *pteraspis* et le *pterichthys*, dont les dures nageoires semblent à la fois destinées à la défense et à la locomotion ; le *cephalaspis* de Lyell, et les acanthodes aux nageoires presque microscopiques et aux dents inégales. A ces premiers représentants de la classe des poissons ont succédé une multitude d'espèces. M. Agassiz n'en compte pas moins de vingt-cinq mille, toutes disparues. Ces espèces, en

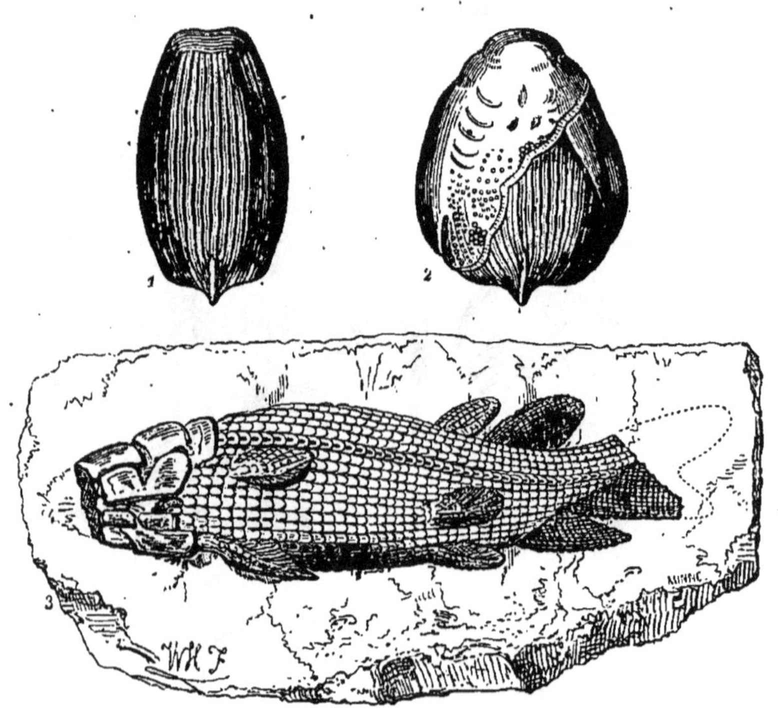

1 Pteraspis truncatus. 2 Pteraspis Banksii.
3 Ganoïde poisson.

général, diffèrent peu, quant aux caractères essentiels, des poissons d'aujourd'hui. On en cite une, cependant, celle des ganoïdiens, — propre à l'époque représentée dans la série géologique par le terrain penéen ou permien, — qui avait encore, comme les crustacés, le corps enfermé dans une carapace, ou couvert d'une cuirasse d'écailles osseuses propres à garantir l'animal contre les chocs des débris entraînés par les mouvements tumultueux de la mer. Mais on sait que certains poissons contemporains, les requins, sont aussi revêtus d'une épaisse et dure cuirasse qui ne craint d'autres armes que celles de l'homme.

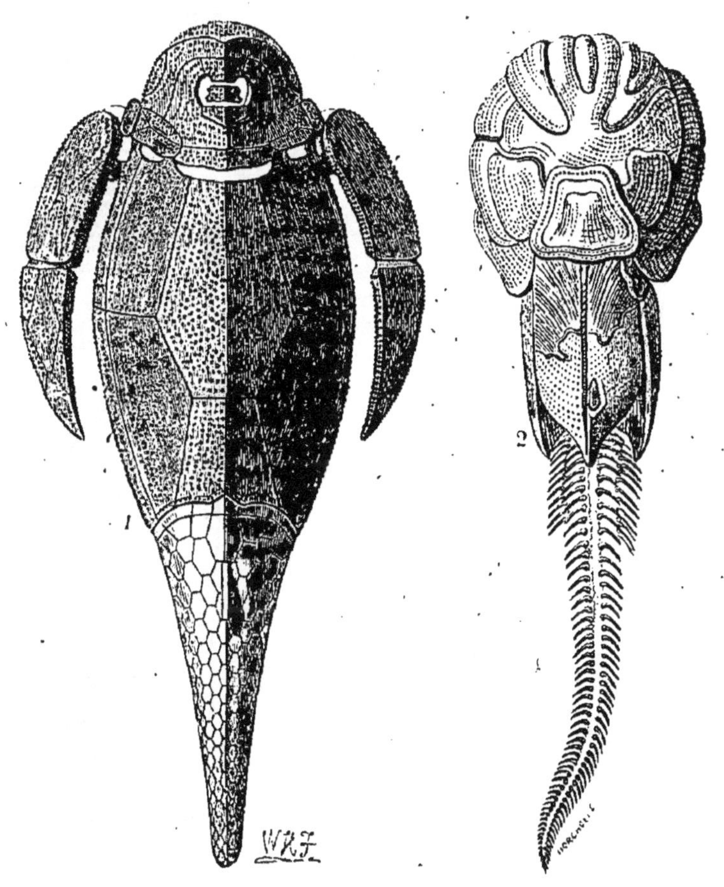

1 Pterichthys Millerii. 2 Coccosteus decipiens.

Jusqu'à présent donc on n'observe, entre les habitants primitifs de l'Océan et ceux qui y vivent depuis la création de l'homme, que des différences secondaires. La famille même des squales est représentée dans le terrain houillier par des individus dont les dents formidables et la puissante ossature rappellent nos plus grands reptiles. Leurs dents paraissent plutôt destinées à broyer des coquillages ou des crustacés qu'à couper une proie charnue, qui vraisemblablement n'existait pas encore.

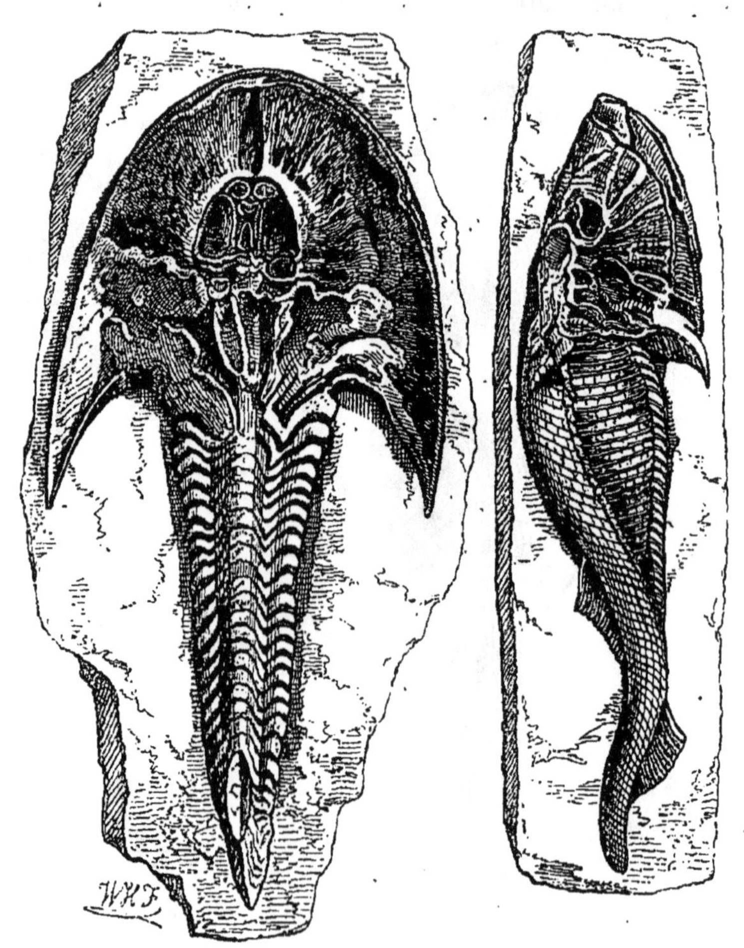

Cephalaspis Lyellii.

On trouve aussi dans le lias des ossements d'un requin, l'hybodus, que M. Agassiz a reconnu à ses dents acérées et à ses fortes épines osseuses.

Mais nous voici arrivés à un groupe d'animaux dont on chercherait vainement les analogues dans l'époque actuelle.

Les premiers sauriens (du grec σαῦρος, lézard) avaient fait leur apparition dans le terrain houillier en même temps que les crustacés suceurs ou xiphosures, et les grands scorpions qui commencent à cette époque la classe des insectes. Dans la période du calcaire conchylien, les sauriens acquièrent des dimensions gigantesques. On voit

Diplacanthus striatus.

apparaître alors le *palæosaurus*, le *thecodontosaurus* et plusieurs espèces de *nothosaurus*. Enfin c'est dans ce lias qu'on trouve les ossements de ces êtres étranges, moitié poissons, moitié crocodiles, dont la présence dénote la fin du règne exclusif de Neptune, et dont les dimensions colossales montrent quelle était alors la puissance de développement du règne animal. Les plus extraordinaires de ces monstres amphibies qui infestaient les mers et les côtes sont sans contredit l'*ichthyosaurus* et le *plesiosaurus*. Georges Cuvier, guidé par ces lois admirables de corrélation des organes dont la découverte est la gloire de l'anatomie comparée, a donné une description complète de ces êtres bizarres, « ceux de tous les animaux fossiles qui

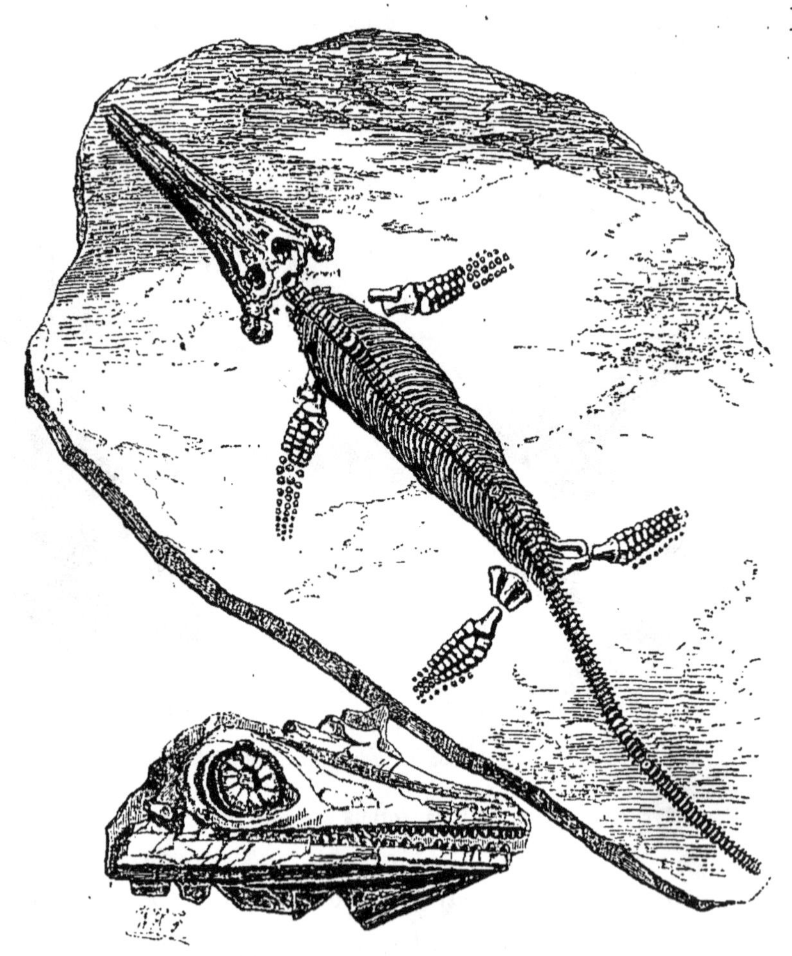

Ichthyosaurus chiroligostinus.

ressemblent le moins à ce que l'on connaît, et qui sont le plus faits pour surprendre le naturaliste par des combinaisons de structure qui, sans aucun doute, paraîtraient incroyables à quiconque ne serait pas à portée de les observer lui-même.

« Dans le premier genre, continue Cuvier, un museau de dauphin, des dents de crocodile, une tête et un sternum de lézard, des pattes de cétacé, mais au nombre de quatre; enfin des vertèbres de poisson.

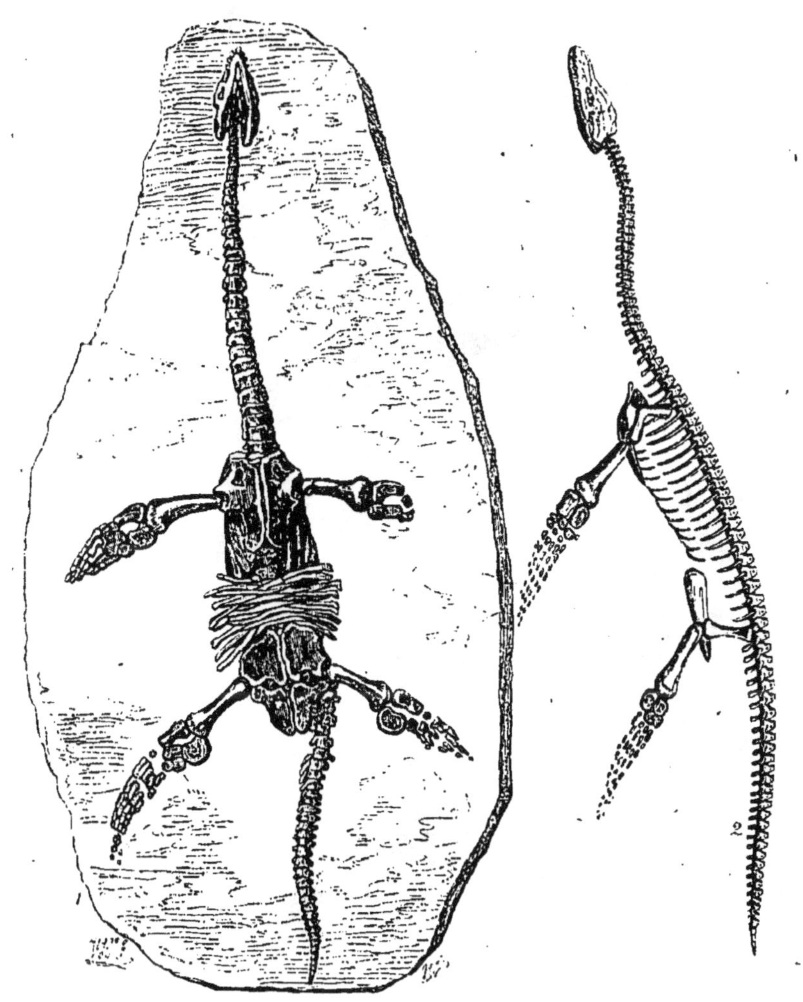

1 Plesiosaurus dolichodeirus. 2 Squelette du plésiosaure.

« Dans le second, avec ces mêmes pattes de cétacé, une tête de lézard et un long cou semblable au corps d'un serpent : voilà ce que le plesiosaurus et l'ichthyosaurus sont venus nous offrir, après avoir été ensevelis pendant tant de milliers d'années sous d'énormes amas de pierres et de marbres : car c'est aux anciennes couches secondaires qu'ils appartiennent. On n'en trouve que dans ces bancs de pierre marneuse ou de marbre grisâtre remplis de pyrites et d'ammonites, ou dans les oölithes, tous terrains du même ordre que notre chaîne du Jura. C'est en Angleterre surtout que leurs débris paraissent abondants; aussi est-ce au

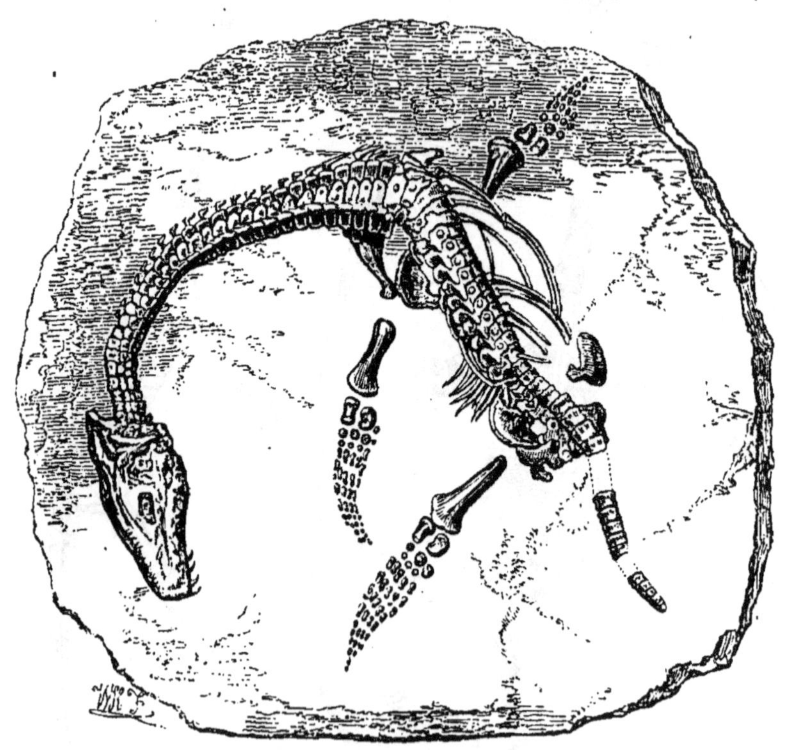

Plesiosaurus macrocephalus.

zèle des naturalistes anglais que la connaissance en est due. Ils n'ont rien épargné pour en recueillir beaucoup de débris, et pour en reconstituer l'ensemble autant que l'état de ces débris le permet. »

Le célèbre paléontologiste anglais R. Owen a réuni dans une famille, celle des *énaliosauriens*[1], les nombreux

[1] Du grec ἐν, dans, ἅλος, mer, et σαῦρος, lézard : lézards vivant dans la mer.

représentants des genres *ichthyosaurus*, *plesiosaurus* et *pliosaurus*. Le premier renfermait plusieurs espèces, dont quelques-unes de taille gigantesque. On a trouvé des restes fort bien conservés d'individus mesurant jusqu'à dix mètres, dont deux pour la tête seule. Chez les plesiosaurus, au contraire, la tête était petite; le cou n'avait pas moins de trente vertèbres; le corps et la queue étaient plus gros, et les nageoires plus allongées que dans le genre précédent. Les pliosaurus se rapprochent beaucoup des plesiosaurus; ils s'en distinguent toutefois par une tête plus forte et par un cou plus court. C'étaient des animaux de grande taille; leurs membres ressemblaient à ceux des plesiosaurus. On a découvert leurs ossements en Angleterre, dans l'argile de Kimmeridge et d'Oxford.

On suppose que ces monstrueux amphibies remplissaient à l'époque jurassique la fonction actuellement dévolue aux cétacés : celle d'arrêter dans l'Océan l'excessive multiplication des mollusques et des poissons. Les ichthyosaurus étaient particulièrement doués pour cette œuvre de destruction. Leurs yeux étaient d'une grosseur extraordinaire; leur puissance de vision leur permettait à la fois de découvrir leur proie aux plus grandes distances, et de la poursuivre pendant la nuit ou dans les obscures profondeurs de la mer. On a vu des crânes d'ichthyosaurus dont les cavités orbitaires avaient un diamètre de 35 à 36 centimètres. Dans la plus grande espèce, les mâchoires, armées de dents aiguës, ont une ouverture de près de deux mètres. La voracité de ces animaux les exposait assez fréquemment à perdre leurs dents; mais ces dents, comme celles des crocodiles, ne tardaient pas à être remplacées. Leur appareil digestif était proportionné à la dimension de leur gueule.

L'estomac occupait la plus grande partie du corps, et pouvait recevoir les proies que l'ichthyosaurus engloutissait la plupart du temps sans les mâcher. En outre, la structure particulière de ses organes respiratoires permettait à l'animal d'y emmagasiner une grande quantité d'air et de rester très-longtemps sous l'eau. Ses pieds palmés, semblables aux vigoureuses nageoires de la baleine, faisaient de lui un excellent nageur; mais il est probable que, jeté à la côte, il pouvait à peine ramper sur le sable ou sur les rochers. La voracité des ichthyosaurus ne respectait pas même leur propre espèce : on a reconnu des os de jeunes individus parmi les débris de toute espèce d'animaux, à demi digérés, qui se trouvent à l'intérieur du squelette des grands adultes.

Quant au plesiosaurus, les petites dimensions de sa tête et son col mince et allongé supposent chez lui des appétits analogues à ceux de nos grands serpents. Il est, du reste, comme l'ichthyosaurus, remarquable par le volume relativement énorme de ses yeux. Les proportions de leur tronc et de leur queue étaient à peu près celles des quadrupèdes ordinaires; mais par la structure de leurs côtes, ils rappellent les caméléons. « Il est probable, dit M. E. Margollé, que cet étrange animal, qui ne pouvait, à cause de la longueur de son cou, se mouvoir rapidement à travers les flots, nageait à leur surface ou se tenait près du rivage dans des eaux peu profondes où, caché au milieu des algues, il pouvait à la fois guetter sa proie et se soustraire à la vue des ichthyosaures, ses plus redoutables ennemis. »

Auprès de la famille des énaliosauriens se placent celles des mosasauriens et des dinosauriens. La première emprunte son nom à la Meuse (*Mosa*), parce que les restes des animaux qu'elle comprend ont été découverts sur les bords de cette rivière, dans la craie de Maëstricht. On n'en connaît qu'un seul genre et quelques groupes, dont l'histoire est incomplète.

« Les fameuses carrières de tuffau de la montagne de

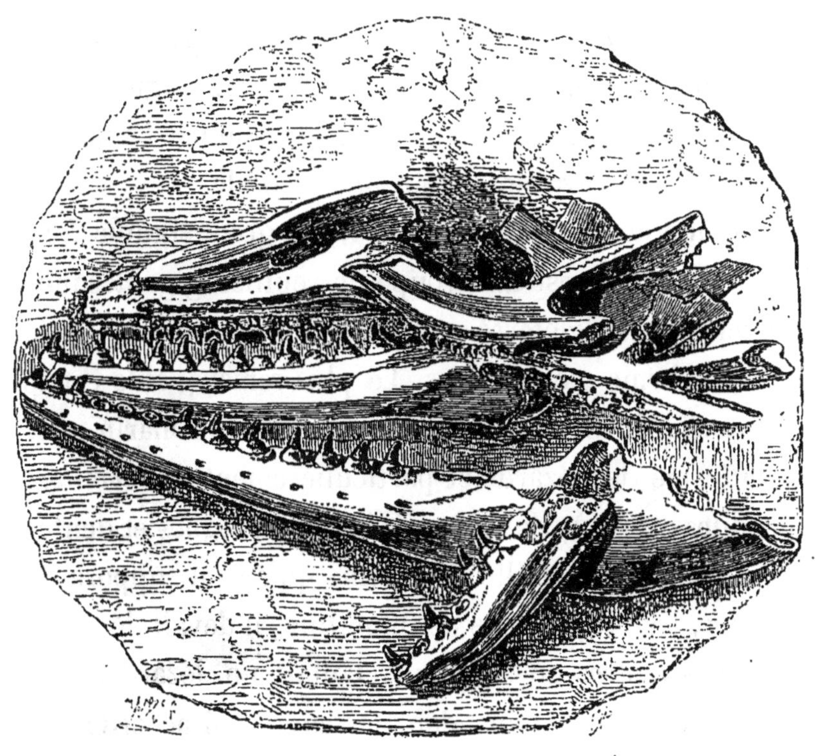

Mosasaurus (tête).

Saint-Pierre, près de Maëstricht, dit Cuvier, ont donné, à côté de très-grandes tortues de mer et d'une infinité de coquilles et de zoophytes marins, un genre de lézards non moins gigantesques que le *megalosaurus* (dont nous allons parler ci-après), et qui est devenu célèbre par les recherches de Camper et par les figures que Faujas a données de ses os, dans son histoire de cette montagne.

« Il était long de vingt-cinq pieds et plus; ses grandes

mâchoires étaient armées de dents très-fortes, coniques, un peu arquées et relevées d'une arête, et il portait aussi quelques-unes de ces dents dans le palais. On comptait plus de cent trente vertèbres dans son épine, convexes en avant, concaves en arrière. Sa queue était haute et plate, et formait une large rame verticale. M. Conybeare a proposé de l'appeler *mosasaurus.* » Ce nom a été adopté par les naturalistes préférablement à celui beaucoup trop vague d'*animal de Maëstricht*, donné à cet animal fossile par Faujas de Saint-Fond, qui l'avait pris pour un crocodile.

La famille des dinosauriens (δεινός, en grec, signifie formidable, énorme) est un groupe de reptiles gigantesques découverts en Angleterre par Buckland et Mantell. Cette famille renferme trois genres. Le plus remarquable est le mégalosaure de Buckland, sorte de crocodile marin qui, avec la forme des lézards et particulièrement des *monitors* (crocodiles du Nil), dont il avait les dents aiguës et dentelées, atteignait une taille si énorme qu'en lui supposant, dit Cuvier, les proportions des monitors, il devait dépasser vingt-trois mètres de longueur. C'était un lézard grand comme une baleine. Cependant Owen ne lui accorde que dix mètres. A la même famille appartient l'*iguanodon*, découvert par Mantell. Mais la forme des dents de cet animal, dont la taille devait être d'environ neuf mètres, indique qu'il se nourrissait de végétaux. M. Owen pense qu'il était plus élevé sur ses jambes qu'aucun reptile connu.

Mais voici sans contredit le plus bizarre de tous ces anciens habitants de l'Océan. C'est un animal qui tenait à la fois du reptile, de la chauve-souris et de l'oiseau. On l'a nommé *ptérodactyle*, parce que le cinquième doigt de ses membres antérieurs s'allongeait prodigieusement en une tige formée de quatre phalanges, et destinée évidemment à soutenir une membrane formant une aile aussi puissante que celle des grandes roussettes. Le museau s'allongeait aussi en une sorte de bec armé de dents semblables à celles des reptiles. « Il est probable, dit Buckland, que les ptérodactyles possédaient la facilité de nager, comme la

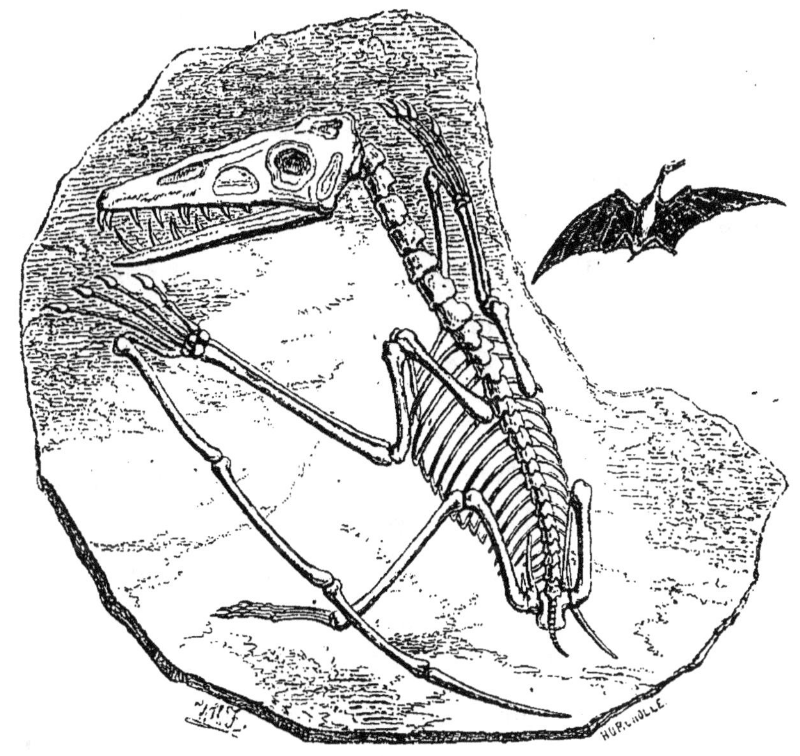

Pterodactylus crassirostris.

chauve-souris vampire, et que les plus grandes espèces se nourrissaient de poissons sur lesquels ils se précipitaient à la manière des oiseaux de mer. Leur tête était très-forte et très-développée; leurs yeux énormes ont porté Cuvier à conclure que c'étaient des animaux nocturnes. Les membres antérieurs, convertis en ailes, portaient des doigts allongés, armés de griffes. Le volume et la forme des pieds prouvent que ces animaux pouvaient se tenir debout avec fermeté, les ailes pliées, et possédaient ainsi une progression analogue à celle des oiseaux; comme eux aussi ils ont pu se percher sur les arbres en même temps qu'ils avaient la faculté de grimper le long des rochers et des falaises, en s'aidant des pieds et des mains, comme le font aujourd'hui les chauves-souris et les lézards. »

« Ce qui frappe surtout dans ce singulier animal, dit M. le docteur Hœfer, c'est l'assemblage bizarre d'ailes vigoureuses attachées au corps d'un reptile; l'imagination des poëtes en a seule fait jusqu'ici de semblables. De là la description de ces dragons que la Fable nous représente comme ayant, à l'origine des choses, disputé la possession de la terre à l'espèce humaine, et dont la destruction était un des attributs des héros fabuleux, des dieux et des demi-dieux.

« Aujourd'hui un seul reptile est pourvu d'ailes; c'est le lézard-dragon de Java; mais ces dragons modernes, de très-petite taille, ne sauraient être comparés au ptérodactyle de l'ancien monde : leurs ailes, trop faibles pour frapper l'air et les faire voler à la manière des oiseaux, ne servent qu'à les soutenir comme un parachute lorsqu'ils sautent de branche en branche. »

Il ne faudrait pas croire, du reste, que les ptérodactyles approchassent des dimensions colossales des autres reptiles marins qui viennent d'être décrits. C'étaient, au contraire, des animaux de petite taille; leur envergure, dans les plus grandes espèces, ne dépassait pas 35 centimètres. D'après M. le docteur Chenu, le ptérodactyle à long bec (*pterodactylus longirostris* d'Owen) présentait les dimensions suivantes : longueur de la tête, 104 millimètres; longueur du cou, 80 millimètres; longueur du tronc, 58 millimètres; longueur de la queue, 18 millimètres : ce qui donne une longueur totale d'environ 26 centimètres.

A mesure que l'ère des révolutions géologiques approche de son terme, que les continents se forment et se dessinent, que les mers se circonscrivent dans leurs bassins définitifs, que la température générale du globe s'abaisse et que les climats se distribuent suivant des lois plus constantes, la faune terrestre et la faune marine s'enrichissent d'espèces nouvelles, de plus en plus semblables à celles que nous connaissons, et qui remplacent peu à peu celles des âges primitifs, victimes, soit des bouleversements et des cataclysmes dont nous avons indiqué la succession dans l'histoire de l'Océan, soit même de leur propre voracité. C'est ainsi que les reptiles monstrueux qui longtemps avaient infesté les mers et leurs rivages, ne retrouvant plus de nourriture suffisante, ont dû s'anéantir en dévorant, comme les ichthyosaures, des individus de leur propre espèce, et faire place à des générations d'animaux supérieurs, tels que les mammifères marins : lamantins, baleines et dauphins. Ceux-ci font leur apparition dans la période dite éocène, et continuent de se développer dans les périodes suivantes : miocène et pliocène. Cette dernière a précédé immédiatement l'époque quaternaire, qui touche à l'âge actuel.

Les cétacés fossiles sont encore assez mal connus. On sait cependant que les baleines des anciennes mers différaient sensiblement des espèces contemporaines. Leur forme était plus élancée, et la structure de leurs mâchoires, ainsi que la forme et la puissance de leurs dents, prouvent qu'elles ne se contentaient pas, pour leur nourriture, de petits animaux, mais qu'elles dévoraient aussi de plus grosses proies, et qu'elles participèrent à leur tour au rôle destructeur que leurs prédécesseurs, les énaliosauriens, avaient rempli avec une si effrayante activité. Leurs ossements sont associés, dans les couches supérieures des terrains tertiaires, à ceux de diverses espèces de dauphins et de narvals, et même à quelques débris plus rares de lamantins et de phoques.

Ces animaux mammifères marquent le terme le plus élevé de la création océanienne, qui s'est arrêtée là, après avoir suivi à travers les âges et les révolutions du globe sa marche progressive, son système de compensations constantes, de transformation et de renouvellement des êtres, et fait passer la vie animale par une étonnante série de formes et d'organismes ayant tous leur raison d'être à un moment donné, et disparaissant après avoir accompli la tâche qui leur était assignée. La création terrestre avait traversé parallèlement des phases semblables. Là aussi se retrouve la série progressive qui débute par des êtres élémentaires, pour s'élever graduellement à des êtres supérieurs chez lesquels les admirables fonctions de la vie vont toujours se perfectionnant, se régularisant, et, faut-il le dire? — se simplifiant en raison même de la complication des organes; — chez lesquels aussi, à cette perfection croissante du mécanisme physiologique, correspondent la beauté des formes et des couleurs, le développement des sens et des instincts, — jusqu'à ce que l'homme, chef-d'œuvre de la création, vienne régner sur l'empire si longuement préparé pour le recevoir. Mais l'étude de ce vaste sujet ne saurait entrer dans le plan de cet ouvrage, où il ne nous est possible, hélas! de contempler qu'une faible partie des merveilles du monde marin.

CHAPITRE V

LES ANIMAUX-PLANTES

« Sous une surface moins variée que celle des continents, dit Humboldt, la mer contient dans son sein une exubérance de vie dont aucune autre région du globe ne pourrait donner l'idée. Charles Darwin remarque avec raison, dans son intéressant Journal de voyage, que nos forêts terrestres n'abritent pas, à beaucoup près, autant d'animaux que celles de l'Océan. Car la mer a aussi ses forêts : ce sont les longues herbes marines qui croissent sur les bas fonds, ou les bancs flottants de fucus que les courants et les vagues ont détachés, et dont les rameanx déliés sont soulevés jusqu'à la surface par leurs cellules gonflées d'air. » Ce sont plus encore ces lithophytes, ces madrépores arborescents qui embrassent, en largeur et en hauteur, d'immenses étendues, et dont les envahissements deviendraient redoutables, n'était l'extrême lenteur avec laquelle les polypes accomplissent leur œuvre indestructible. Nous avons déjà jeté un coup d'œil sur ces forêts, ainsi que sur les riches jardins où l'Océan étale tous les brillants trésors de sa flore vivante. Arrêtons-nous encore à considérer en particulier quelques-unes de ces plantes animées qui ont causé longtemps tant de perplexités et d'embarras aux classificateurs : perplexités bien légitimes, et qui n'ont cessé qu'en changeant d'objet, puisque aujourd'hui, on se le rappelle, les naturalistes, ayant une fois reconnu des animaux dans tous ces êtres indécis qu'ils avaient d'abord pris pour des plantes, en sont venus à se demander si les autres êtres réputés plantes ne sont pas aussi des animaux, ou du moins des polypiers; en d'autres termes, à douter si le règne végétal n'est pas une fiction!

Les ÉPONGES sont peut-être, de tous les zoophytes, ceux dont la place dans la série des êtres a été la plus difficile à déterminer. Les anciens auteurs ne doutaient point que ce fussent des animaux, et ils leur accordaient même un rang plus élevé que ne le comporte leur organisation. C'est ainsi que Pline et Dioscoride crurent distinguer des éponges mâles et des éponges femelles, et affirmèrent qu'elles étaient douées de mouvements volontaires, qu'elles s'attachaient aux rochers par une force qui leur était propre, et qu'elles se dérobaient sous la main lorsqu'on voulait les saisir.

Dans les temps modernes, au contraire, et jusqu'en notre siècle, on n'a plus considéré les éponges que comme des végétaux. Linné lui-même avait adopté cette opinion, qu'on trouve explicitement énoncée dans les premières éditions de son *Systema naturæ*. Mais on est revenu en dernier lieu à l'opinion des anciens, modifiée toutefois en ce sens qu'on leur refuse le sexe et la locomotion, sauf en leur plus bas âge; qu'on leur reconnaît au plus, à l'état adulte, une sensibilité et une contractilité très-bornées, et qu'en les admettant dans le règne animal, on ne leur y assigne, comme par grâce, que la dernière place. Leur mode de reproduction est, à ce qu'on croit, ovipare. A certaines époques de l'année, suivant les observations de M. Grant, de petits corps sphéroïdaux se développent à l'intérieur des éponges, tombent dans les lacunes dont elles sont percées et sont expulsés avec l'eau qui les traverse. Ces corpuscules, germes reproducteurs des éponges, sont alors munis de cils, de filaments à l'aide desquels ils se meuvent dans l'eau

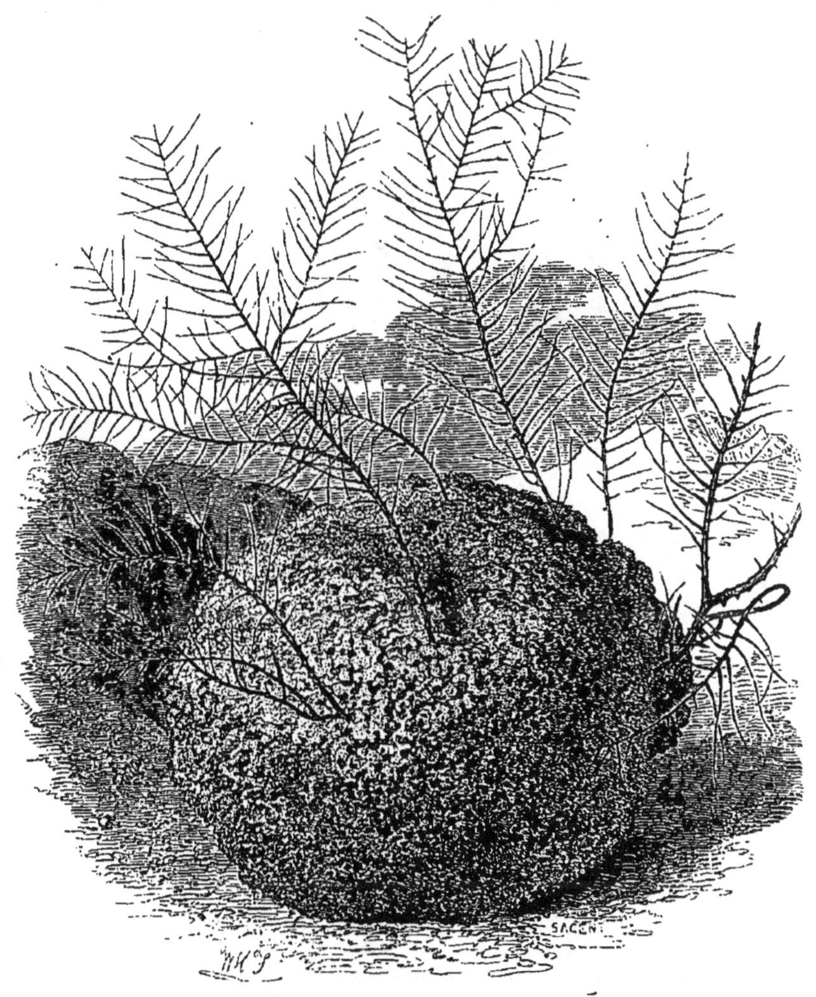

Éponge (Spongia Cyma).

avec assez de rapidité, et vont se fixer sur un corps quelconque d'où ils ne bougent plus. D'ordinaire ils choisissent de préférence les rochers, les pierres calcaires, et s'y creusent même une espèce de loge qui d'abord leur sert d'abri, puis leur assure, lorsqu'ils grandissent, une attache plus solide.

Ce qui a valu surtout aux éponges leur brevet d'animalité, c'est leur composition chimique, où l'azote, élément caractéristique des matières animales, entre pour une forte part. Brûlez un morceau d'éponge, vous sentirez une

Iphitica panicea.

odeur analogue à celle de la corne ou de la laine brûlée. Leur substance est donc une sorte de chair disposée en fibres très-ténues, plus ou moins élastiques, enchevêtrées de manière à former un tissu mou, traversé par une multitude de canaux de diamètre variable, qui vont se ramifiant, et soutenu par des aiguilles et des filaments en partie calcaires et siliceux, en partie cornés, qui sont comme les os et les cartilages du zoophyte. L'éponge est imprégnée, à l'état vivant, d'une matière gélatineuse et gluante. On en extrait même une matière grasse particulière; elle donne à l'analyse du carbone, de l'hydrogène, de l'azote, de l'iode, du soufre, du phosphore, plus des quantités notables de phosphate, de carbonate et de sulfate de chaux, du sel marin, de la silice, de la magnésie, de l'alumine et du sulfate de fer. On trouve les éponges sous toutes les latitudes, tantôt à des profondeurs considérables, tantôt plus ou moins près de la surface, ou même sur des rochers qui sont alternativement couverts et abandonnés par les flots. Elles affectent, selon les espèces, des formes très-variables, comme celles de tubes, de vases, de globes, d'arbustes, d'éventails, etc., et ces formes sont le plus souvent très-irrégulières. Leur couleur est un blanc jaunâtre ou un brun roux, qui n'a rien d'agréable à l'œil.

La nutrition et la respiration sont pour les éponges une seule et même fonction, qu'elles accomplissent en absorbant l'eau aérée. Leur accroissement se fait par l'augmentation du parenchyme glutineux dans lequel sont déposés les éléments de leur charpente osseuse. Les parties non absorbées sont entraînées hors des *oscules* ou canaux par le mouvement des eaux. Si les naturalistes ont pu savoir comment les éponges se reproduisent, se nourrissent, respirent et grandissent, ils ne nous ont point appris comment elles meurent. Probablement par ossification ou pétrification, par l'invasion des éléments minéraux dans le tissu spongiaire, et par sa substitution finale à l'intégralité de ce tissu. C'est du moins ce qu'il est permis d'induire de l'existence d'éponges siliceuses et calcaires qu'on a prises pour des espèces distinctes de l'éponge cornée, dont elles ne seraient que les cadavres. Autrement, je demande aux naturalistes de nous dire à quel genre de mort la nature condamne les éponges : car elles doivent mourir de façon ou d'autre, sans quoi il faudrait encore une fois les expulser du règne animal où elles ne sont entrées qu'à si grand'peine.

En s'élevant d'un degré sur l'échelle zoologique, on rencontre le groupe curieux des anthozoaires, parmi lesquels nous avons signalé déjà quelques-unes de ces fleurs vivantes qui, bien mieux que les algues et les varechs, créent au sein de l'Océan des jardins et des forêts. On divise ces polypes marins, suivant leur organisation et leurs mœurs, en trois ordres, dont le plus intéressant est sans contredit celui des ZOANTHAIRES. Ces animaux ont ordinairement la forme d'un cylindre ou d'un cône tronqué, fixé inférieurement, mais dont la partie supérieure reste libre, et présente à son sommet une bouche entourée d'un grand nombre de tentacules effilés simulant les pétales d'une fleur. Leur cavité abdominale est garnie d'une multitude de lamelles entre lesquelles sont placés les organes reproducteurs.

L'ordre des zoanthaires comprend deux grandes familles : celle des zoanthaires charnus et celle des zoanthaires pierreux ou madréporiques. Les premiers sont tantôt isolés, tantôt réunis en agrégations plus ou moins nombreuses; mais leurs segments conservent toujours de la mollesse et n'offrent partout qu'une consistance charnue. Telles sont ces *actinies*, plus vulgairement connues sous le nom d'*orties* ou d'*anémones de mer*, dont il a été plusieurs fois parlé précédemment, et dont on a réuni plusieurs spécimens dans les aquaria de Londres et de Paris. On peut considérer leur corps comme une sorte de sac adhérent par une de ses extrémités au lit de la mer, et pourvu à l'autre extrémité d'une ouverture qui sert à la fois à l'introduction des aliments et à l'expulsion des excréments. Cette ouverture est entourée de plusieurs rangées de tentacules teints des couleurs les plus vives, et à l'aide desquels l'animal saisit et maintient sa proie jusqu'à ce qu'il l'ait dévorée. Car ces animaux-fleurs sont carnassiers, et pour les conserver en vie et en santé dans l'aquarium, on leur fournit de temps à autre des morceaux de viande, de poisson, ou des vers, qu'ils saisissent avec avidité. Peu d'heures après qu'ils ont mangé, ils grossissent presque à vue d'œil et manifestent une vitalité qui prouve que la nourriture, selon l'expression populaire, leur profite à souhait. Leur entretien en captivité exige du reste des précautions assez minutieuses. Ainsi, pour suppléer à l'absence des courants et de l'agitation naturelle des eaux qui apportent incessamment aux actinies leur nourriture, et éviter d'autre part l'inconvénient qu'il y aurait à laisser séjourner dans les bassins des matières animales qui ne tarderaient pas à se décomposer, on est obligé de présenter à chaque individu, au moyen d'une longue pince, le repas qui lui est destiné. Il faut ensuite, toujours pour prévenir l'infection de l'eau, enlever les excréments chaque fois qu'ils sont rejetés.

Parmi les actinies, les unes restent constamment enfouies dans le sable et dans les galets, d'où elles ne laissent saillir que leurs tentacules; d'autres, au contraire, semblent vouloir se rapprocher autant que possible de la surface, et élisent domicile sur les rochers qui sont presque à fleur d'eau. Bien que ces animaux restent le plus souvent fixés à l'endroit où ils se sont une fois attachés, ils peuvent cependant se déplacer et choisir au besoin un autre séjour qui leur convienne mieux. Ce fait a été plusieurs fois observé dans les aquaria : on a vu des anémones passer d'une pierre à une autre, grimper même le long des parois du bassin, venir quelquefois émerger à la surface et demeurer là quelque temps exposées à l'air, pour redescendre ensuite vers le fond. On connaît plusieurs belles espèces

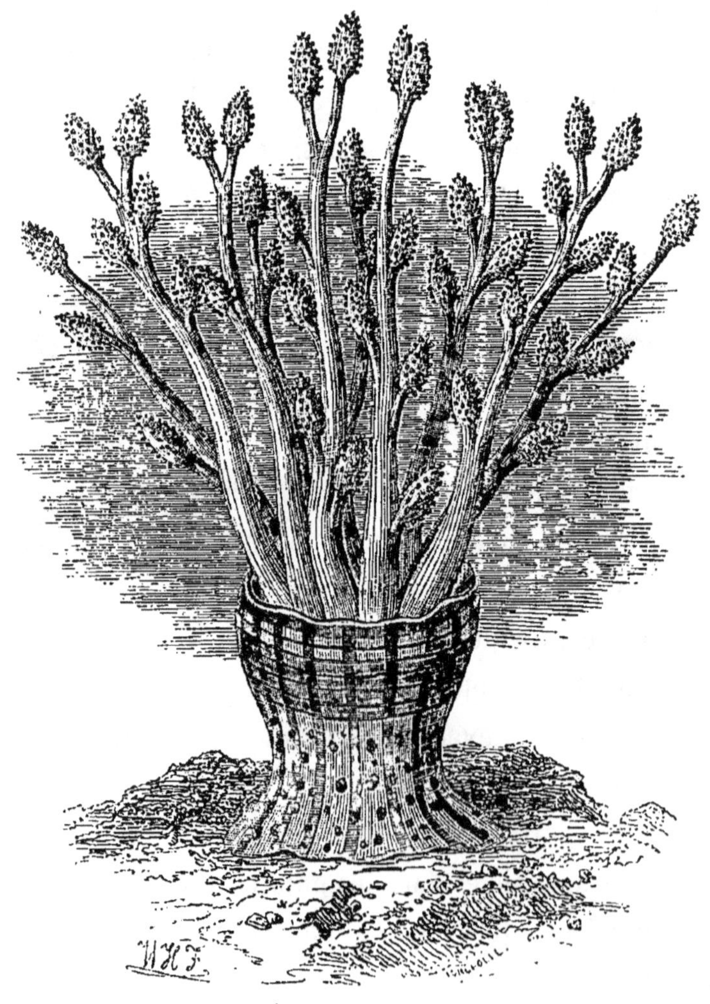

Actinie arborescente.

d'anémones de mer. Je citerai : l'*actinie arborescente,* dont les tentacules longs, flexibles et ramifiés vers l'extrémité, imitent les branches d'un arbre; — l'*actinie capricorne,* large de huit à neuf centimètres, à tentacules gros, courts, arrondis, à demi transparents, et qui offrent en général des couleurs vives, le cramoisi, par exemple; — l'*actinie blanche* ou *plumeuse*, le plus souvent blanche, mais quel-

Actinie plumeuse de Sainte-Hélène.

quefois jaune ou orangée, dont la bouche est entourée de lobes munis de nombreux tentacules; — l'*actinie pourpre*, petite et dont le nom indique la nuance éclatante; — l'*actinie rousse*, aux tentacules très-nombreux, fins et déliés, et dont la couleur, malgré son nom cette fois, varie à l'infini et peut offrir toutes les nuances du bleu, du rose, du jaune et du violet; — l'*actinie alcyonoïde*, au corps cylindrique, dont les tentacules ressemblent à ceux de l'actinie arborescente, bien qu'ils soient plus courts et plus étalés; — l'*œillet de mer*, dont le corps est lisse et les tentacules rouge foncé ; — enfin l'*actinie coriace*, vulgairement appelée *cul de mulet*, qu'on mange à Rochefort et aux environs, et dont la chair est, au goût de certaines personnes, délicate et savoureuse.

Les zoanthaires pierreux, ou madrépores, ont la propriété de sécréter en grande abondance du carbonate de

Actinie alcyonoïde.

chaux qui, déposé dans la peau et dans les plis intérieurs du corps, donne naissance à un polypier pierreux dont la forme extérieure est habituellement cylindrique, et dont l'intérieur est composé de lamelles verticales. Les madrépores, ainsi que les zoanthaires, sont tantôt isolés, tantôt agrégés. C'est dans ce dernier cas, qui est notamment celui des caryophyllies (voy. page 180), qu'ils produisent ces arborescences entrelacées dont la multiplication et le développement ont joué un si grand rôle dans la formation des îles et des récifs de certaines mers.

Au groupe alcyonien qui, comme les précédents, fait partie de l'ordre des zoanthaires, appartient le genre corail, si connu pour la belle substance rouge qu'il fournit à la bijouterie, et sur la nature de laquelle les naturalistes anciens étaient en grand désaccord : les uns le regardaient comme un minéral, les autres comme un végétal, et pas un ne soupçonnait son origine réelle. Théophraste comparait le corail à l'hématite. Dioscoride le représentait comme un arbrisseau marin qui, tiré de l'eau, se durcissait au contact de l'air. Cette opinion fut généralement admise durant tout le moyen âge et jusqu'au commencement du XVIIIe siècle; et Marsigli vint en 1706 lui donner une sorte de confirmation, en décrivant ce qu'il prenait pour les fleurs du prétendu végétal, et qui n'était autre chose que les animaux du polypier. Enfin cependant, grâce aux travaux de Peyssonnel (1750) et à ceux de M. Milne-Edwards, on est maintenant assuré que le corail est en réalité le résultat de l'endurcissement intérieur d'un polypier voisin des alcyons, des gorgones, des antipathes et des isis. Ce qu'on prenait autrefois pour l'écorce en est la partie la plus récente, et par conséquent la moins consistante. C'est dans les nombreux enfoncements dont cette enveloppe est criblée, que se logent les animaux dont le corail est à la fois le produit et le support. Ces animaux, analogues par leur aspect aux actinies, ressemblent assez à des fleurs pour qu'on ait pu s'y tromper. Ils sont blanchâtres et munis de huit tentacules à bords frangés. « La substance tubuleuse qui réunit les animaux entre eux, dit le docteur Chenu, est remplie de sortes de petites aiguilles crétacées, et comme sillonnée par une grande quantité de canaux qui communiquent avec les diverses cavités digestives; du carbonate de chaux, mélangé à une matière colorante sanguine et secrété en abondance par l'animal, unit entre elles les di-

Coraux.

verses masses de polypes et produit une tige dont la grosseur s'accroît par l'addition de nouvelles couches, et dont l'allongement se fait par suite du développement de nouveaux animaux à l'extrémité de l'agrégation. » L'ensemble présente l'aspect d'un arbrisseau rameux très-enchevêtré, sans feuilles ni menues branches. Le diamètre du tronc ne dépasse pas vingt à vingt-cinq millimètres. La substance calcaire du polypier est déposée par couches concentriques. Elle est d'un grain très-fin, d'une grande dureté, facile à travailler et à polir. La couche extérieure, — ce qu'on nomme encore communément l'*écorce,* — est grisâtre et parsemée de tubercules dont le sommet est percé d'une ouverture divisée en huit compartiments, pour donner issue aux huit tentacules du polype. La couleur intérieure du corail est ordinairement un beau rouge vif; mais on en trouve aussi d'une teinte plus pâle, quelquefois même rose ou blanchâtre. On donne aux coraux, selon leur nuance, les dénominations d'*écume de sang, fleur de sang, premier, second, troisième sang.* Le corail adhère au rocher par un épatement de sa base. La profondeur à laquelle on le trouve varie dans de certaines limites. Il est quelquefois presque à fleur d'eau; mais le plus souvent il faut l'aller chercher à 200 ou 250 mètres. On ne l'a rencontré jusqu'à présent que dans la Méditerranée, près de Marseille, sur les côtes de la Corse, de la Sardaigne, de la Sicile et des îles Baléares, et surtout dans les parages de Tunis et de la Calle en Algérie. Ce dernier point est depuis longtemps celui qui fournit la plus grande partie du corail répandu dans le commerce.

La nature marine semble se complaire à donner aux animaux inférieurs des formes imitant celles des végétaux terrestres. Les zoanthaires semblent encore dépassés sous ce rapport par un groupe nombreux, dont les naturalistes, après l'avoir joint tour à tour à la classe des mollusques, à celle des crustacés et à celle des annélides, ont fini par faire une classe isolée qui participe à la fois des caractères propres aux trois précédentes. Ce groupe est celui des *cirrhipèdes* ou *cirrhopodes;* êtres bizarres, d'organisation beaucoup plus complexe que les zoanthaires, mais comme eux fixés, dans l'âge adulte, à un corps submergé, immobile ou flottant, par une véritable tige plus ou moins longue, flexible, rétractile, au sommet de laquelle s'étalent, comme une fleur ou comme un fruit, le corps et les organes de l'animal. Ainsi que tous les autres animaux condamnés à l'immobilité, les cirrhipèdes jouissent au début de la vie d'une liberté éphémère. La nature leur laisse le temps de se chercher un domicile; mais ce domicile une fois choisi, bon ou mauvais, elle ne leur permet plus d'en bouger.

Les cirrhipèdes, en se fixant, changent complétement de forme. Ils s'enveloppent dans un vêtement appelé *manteau*, recouvert lui-même de valves analogues à celles des mollusques testacés, mais toujours au nombre de plus de deux, et suivant tous les mouvements du manteau qu'elles protégent et qu'elles cachent au besoin. Le manteau présente des traces évidentes de divisions circulaires ou d'anneaux. L'animal n'a point d'yeux. Sa bouche est un composé formidable de mâchoires latérales et de mandibules ressemblant à celles des plus féroces crustacés. Son abdomen est muni d'une double rangée de pieds-tentacules nommés *cirrhes,* et composés d'une multitude de petites articulations ciliées. Ces cirrhes sont au nombre de douze paires. L'animal les fait constamment sortir et rentrer par l'orifice de sa gaîne. Il possède en outre des branchies (appareil respiratoire), un appareil circulatoire avec un cœur ou quelque chose d'analogue, un système nerveux et des organes digestifs. On divise les cirrhipèdes en deux familles :

celle des *anatifes* ou cirrhipèdes *pédiculés*, et celle des *balanes* ou cirrhipèdes *sessiles*.

La première comprend cinq genres. Le genre *anatife* proprement dit se reconnaît à sa coquille composée de cinq valves rapprochées en forme de cône aplati ou de tulipe, réunies par une membrane et supportées par un long pédicule creux et contractile. C'est par la base de ce pédicule que l'anatife adhère aux rochers, à la quille des navires, aux morceaux de bois flottants, etc. L'espèce la plus ré-

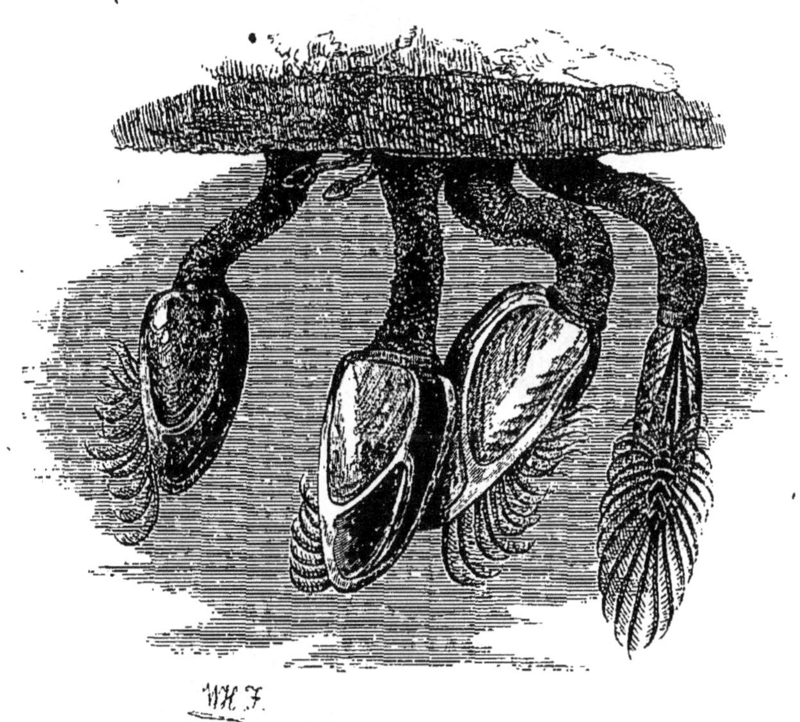

Anatifa lævis (Anatife lisse).

pandue dans nos mers est l'*anatife lisse*. Ce nom d'anatife (du latin *anas*, canard) rappelle un préjugé encore très-répandu dans les contrées maritimes du nord de l'Europe, et d'après lequel ces cirrhipèdes auraient la faculté miraculeuse d'engendrer des bernaches, des macreuses, et d'autres volatiles palmipèdes du même genre. Quelle est l'origine de cette fable absurde? Peut-être la grossière ressemblance de forme qu'on trouve entre la coquille de l'anatife et un oiseau.

A la famille des anatifes appartiennent aussi : l'*otion* de

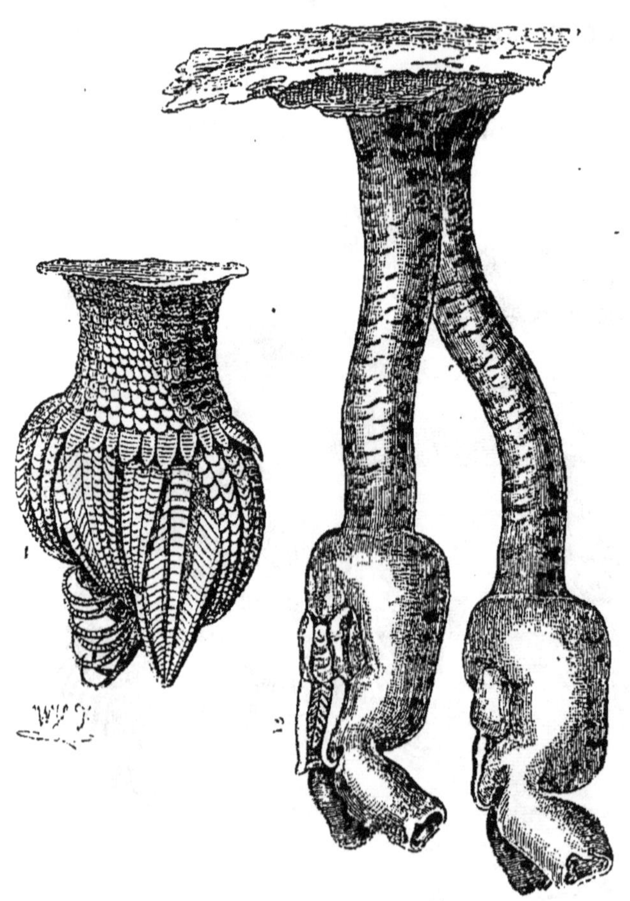

1 Pouce-pied imbriqué. 2 Otion de Cuvier.

Cuvier, dont le pédoncule est très-allongé, le test rudimentaire, et le corps enveloppé d'une tunique ornée de flammes de diverses couleurs; et le *pouce-pied* (pollicipes), dont le pédoncule court, large et écailleux, porte des pièces nombreuses, larges à la base, aiguës à l'extrémité.

Ce pédoncule, ces pièces charnues et les cils qui en occupent le centre, offrent une frappante ressemblance avec les organes essentiels d'une fleur.

Dans la famille des balanes (de *balanus*, gland), le genre-type est celui des balanes proprement dits. Ces animaux

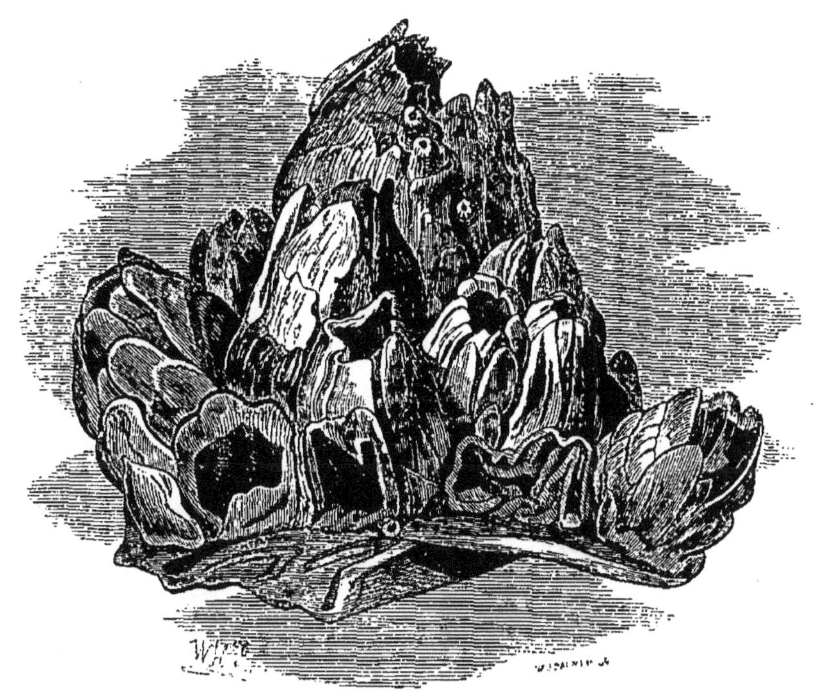

Balanus balanoïdes.

sont contenus en entier dans une espèce de coquille courte, conique, composée de plusieurs pièces articulées, et sessile, c'est-à-dire fixée directement et sans tige sur son support. Leur ressemblance éloignée avec le fruit du chêne leur a valu le nom de *glands de mer*. Leur fécondité est prodigieuse. Ils tapissent quelquefois les flancs des navires en si grand nombre, qu'ils en ralentissent la marche. Ils agitent leurs cirrhes dans l'eau avec une grande vitesse. A l'aide des plus longs ils déterminent un petit tourbillon où s'engagent les animalcules dont ils font leur proie, et qu'ils saisissent et retiennent avec les cirrhes les plus courts. Mais au moindre danger ils deviennent immobiles, et s'enferment dans leur manteau et dans leurs valves. Les balanes sont répandus dans toutes les mers, et l'on rencontre les mêmes espèces dans des parages très-éloignés et des climats très-différents; de sorte qu'il est fort difficile de dire de quelle région ils sont indigènes. Leur chair, quoique peu succulente, sert à la nourriture des habitants de certaines côtes. Les balanes d'Égypte étaient fort estimés des anciens Grecs, et l'on dit que les Chinois mangent le *balane tulipe,* au sel et au vinaigre, comme un mets très-délicat.

CHAPITRE VI

ÉPAVES VIVANTES

Lorsqu'on se promène sur la plage après le reflux de la mer, on rencontre fréquemment sous ses pas des objets singuliers, ressemblant à de petites masses d'une substance molle et diaphane d'apparence nacrée ou opaline, quelquefois incolore, plus souvent teinte de nuances irisées, de bleu, de rose, de violet, de lilas. En les examinant de près, on reconnaît qu'elles sont composées d'un disque plus ou moins bombé en forme d'ombrelle ou de cloche, et de divers appendices qui tantôt bordent comme une frange délicate le limbe du disque, tantôt partent du centre de sa concavité. En mer, on voit à chaque instant des êtres semblables flotter, disons mieux, nager autour du navire, soit isolément, soit en troupes nombreuses. Leurs jolies nuances brillent alors d'un vif éclat, qui la nuit devient phospho-

Pélagie noctiluque.

rescent. M. Michelet proteste avec raison contre le nom terrible de *méduses* qu'on a donné à ces animaux faibles, gracieux et inoffensifs. Ce nom vient sans doute de l'espèce de chevelure qui les enveloppe, et qu'on aura comparée à celle de la redoutable gorgone : je ne sais trop pourquoi, car les filets déliés qui constituent les organes respiratoires et manducatoires des méduses ne ressemblent guère à des serpents.

Cyanée aux beaux cheveux.

La taille des méduses varie depuis deux millimètres jusqu'à trente-cinq centimètres. Leur corps est presque entièrement formé d'une substance gélatineuse demi-transparente, traversée en tous sens par des fibres et des vaisseaux. Ces fibres leur servent à imprimer à leur ombrelle des contractions péristaltiques qui leur permettent de se mouvoir, quoique lentement, au sein des eaux, et même de résister jusqu'à un certain point aux vagues et aux courants. Cependant, lorsque le vent souffle avec force dans la direction des côtes, elles sont jetées sur le rivage où, mises à sec, elles périssent presque aussitôt. Rien donc de plus faible, de plus désarmé que ces pauvres créatures; aussi servent-elles par milliers de pâture aux animaux forts et voraces qui peuplent l'Océan. Leur unique moyen de

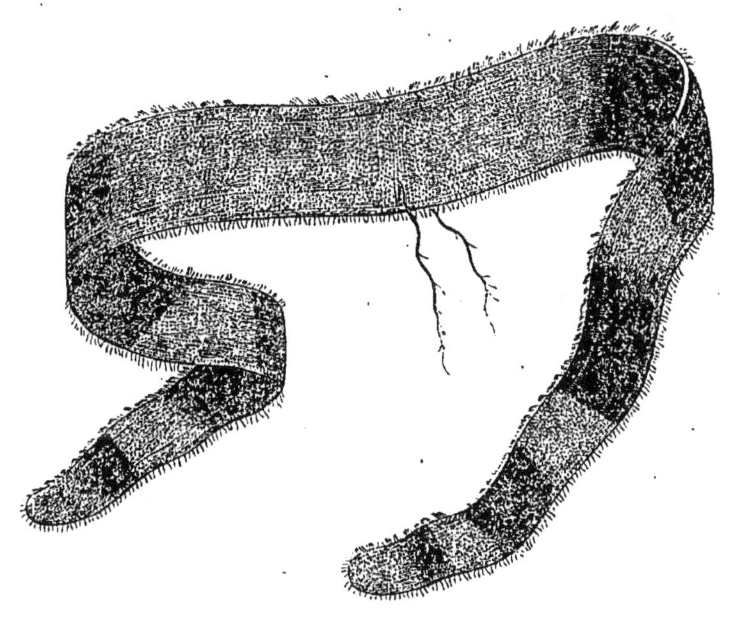

Ceinture de Vénus.

défense est une liqueur âcre qu'elles sécrètent par les temps chauds, et qui produit à la peau, lorsqu'on les touche, une sensation de brûlure analogue à celle que causent les orties. C'est pourquoi les Grecs les avaient appelés *acalèphes* (ἀκαλήφη, ortie).

Une espèce de rayonnés, voisine des méduses, échappe au danger par sa légèreté même, par sa transparence et par son extrême mobilité. On l'a nommée *ceste* ou *ceinture de Vénus,* parce qu'elle ressemble à un grand ruban long de près de deux mètres, large de cinq à six centimètres et garni à ses coins de folets ou cils vibratiles. Le corps de ce rayonné est pourtant très-petit, et ce long ruban n'est qu'un double appendice qui le prolonge à droite et à gauche et flotte dans les eaux avec des plis gracieux. La ceinture de Vénus est d'une consistance encore plus molle et, pour ainsi dire, plus fluide que les méduses. Tirée de l'élément dont elle semble une demi-condensation, elle fond, meurt, disparaît. Vivante dans la mer, elle s'aperçoit à peine, tant elle a peu de corps; ce n'est qu'un léger nuage ondoyant et azuré.

Bien différents d'aspect sont ces autres rayonnés si connus, qu'on voit aussi en grande quantité sur les plages et aux creux des rochers : les *échinodermes,* plus vivaces, plus robustes que les méduses, mieux défendus par leur peau épaisse et rugueuse. Ceux-ci ne nagent point ou nagent mal : ils rampent sur le sable ou s'attachent aux pierres avec les nombreux tentacules qui passent au travers des trous dont leur peau est criblée. Ces tentacules sont de petits tubes terminés au dehors par un disque faisant l'office de ventouse. La partie qui reste à l'intérieur est vésiculaire, et sécrète un liquide qui, à la volonté de l'animal, afflue dans le tube extérieur, le distend, ou bien rentre dans le réservoir, et alors le tentacule s'affaisse. C'est en allongeant et en raccourcissant ainsi leurs centaines de petits pieds et en les fixant par les ventouses qui les terminent, que ces rayonnés marchent et se maintiennent au fond. Ils possèdent d'ailleurs un appareil circulatoire distinct de l'appareil digestif, un système nerveux et une charpente osseuse. Ce sont en somme les plus parfaits, les mieux organisés des zoophytes. Leurs formes ne sont pas gracieuses, mais elles sont régulières et symétriques; leurs couleurs sont ternes, mais c'est là pour eux un bienfait qui, joint à la dureté de leur enveloppe, hérissée en outre, chez plusieurs, d'épines acérées (d'où leur nom générique, dérivé de ἐχῖνος, hérisson, et δέρμα, peau), les préserve de bien des dangers.

Le mieux armé contre ses ennemis est l'*oursin*, justement appelé aussi *hérisson de mer*, *châtaigne de mer*. Il vit solitaire et à peu près sédentaire, caché dans le sable, ou parmi les algues, ou cramponné à quelque roc. Quelques auteurs prétendent même qu'à l'aide de ses piquants il se creuse lui-même un trou dans le roc. M. Michelet n'hésite pas à l'affirmer, et donne à l'oursin le nom de *piqueur de pierres*. Le fait est qu'on trouve souvent ces animaux logés dans des cavités si régulières et si bien proportionnées à leur taille, qu'on peut croire qu'ils les ont sinon creusées entièrement, au moins agrandies et arrondies. Cela n'a rien d'improbable lorsque la pierre est de nature molle et argileuse; mais souvent on voit des oursins logés dans du granit, et l'on a peine à comprendre comment l'animal a pu entamer une matière aussi dure.

Le corps de l'oursin n'est qu'une boule plus ou moins aplatie ou allongée, revêtu d'une cuirasse solide, calcaire, composée d'une multitude de pièces mobiles symétriquement disposées sur vingt rangs, et dont chacune porte un dard, une épine roide, cassante. Cette cuirasse est en outre percée de petits trous aussi nombreux que ses piquants, et par lesquels passent les pieds ou tentacules. Une échancrure plus grande découvre la bouche, inerme chez quelques espèces, qui sont les espèces carnassières, mais munie, chez les oursins proprement dits, de cinq dents

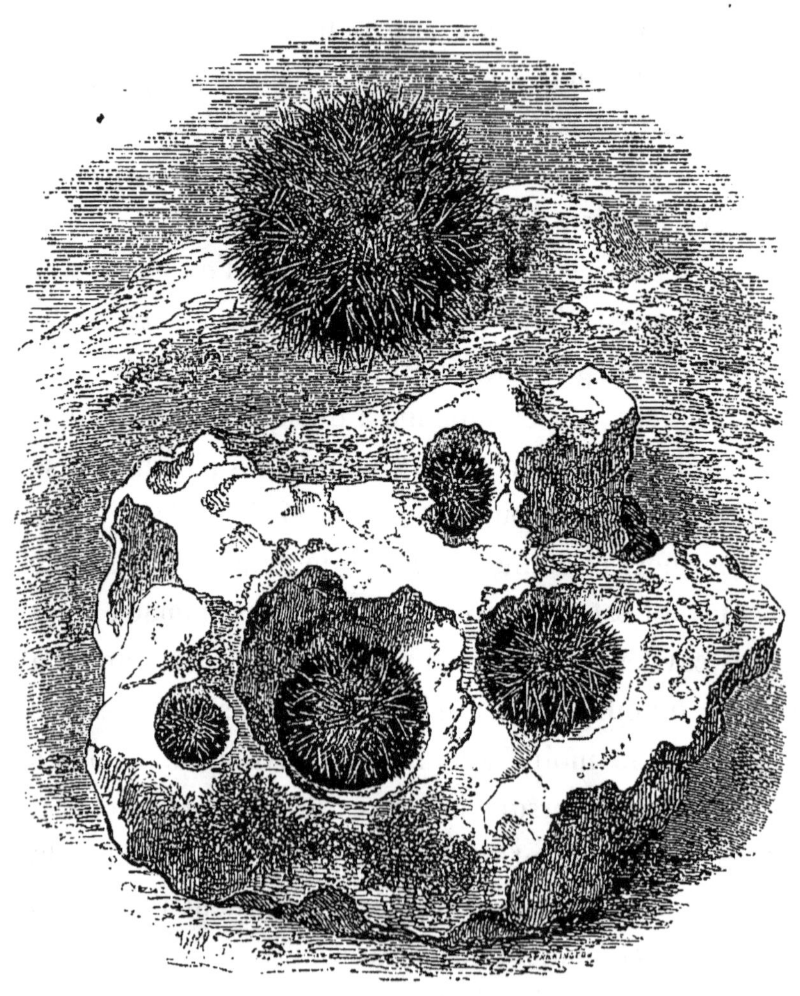

Oursins.
1 Echinus Delalandi. 2 Echinus perforans.

qui leur servent à broyer les fucus dont ils font leur nourriture. Les oursins sont ovipares, et c'est l'ovaire très-volumineux des femelles qu'on mange dans les espèces comestibles, particulièrement dans l'*echinus esculentus* de

Linné, lequel entre pour une part notable dans la nourriture des pauvres gens sur les bords de la Méditerranée.

L'importance alimentaire des oursins est cependant beaucoup moindre que celle d'un autre genre d'échinodermes : les *holothuries*, que leur forme allongée a fait nommer communément *concombres de mer*. Ces animaux ont le corps à peu près cylindrique, quelquefois vermiforme, généralement coriace, pourvu de suçoirs tentaculaires nombreux, très-extensibles, complétement rétractiles. À chaque extrémité se trouve un orifice. La bouche occupe l'extrémité antérieure; elle est entourée de tentacules branchus très-compliqués, que l'animal peut rentrer totalement, et qui sont portés sur un cercle de pièces osseuses. L'appareil circulatoire des holothuries est très-compliqué, leur tube digestif fort long; leurs organes sécréteurs sont nombreux, et leurs muscles puissants. Quand elles sont inquiétées, il leur arrive souvent de se contracter avec tant de violence qu'elles déchirent et vomissent leurs intestins. Il y a des holothuries dans toutes les mers, et notre littoral en possède quelques espèces qui vivent sur les rochers près de la côte. Quelques-unes atteignent 33 centimètres de longueur. L'holoturie *ananas* ou *tubuleuse* est une des plus grandes; elle loge et nourrit le singulier poisson parasite qu'on a nommé *Fierasfer Fontanesii*. C'est la substance coriace de ces rayonnés qui, dans certains pays, sert d'aliment. Les pauvres habitants des côtes de Naples en font, selon Delle Chiaje, une assez grande consommation, et les peuples de l'Asie recherchent avec passion une espèce d'holothurie à laquelle ils attribuent des vertus particulières.

« Célèbre depuis longtemps sous le nom de *trépang*,

que lui ont donné les Malais, dit Lesson, cette holothurie est l'objet d'un immense commerce de toutes les îles indiennes de la Malaisie avec la Chine, le Camboge et la Cochinchine. Des milliers de jonques malaises sont armées

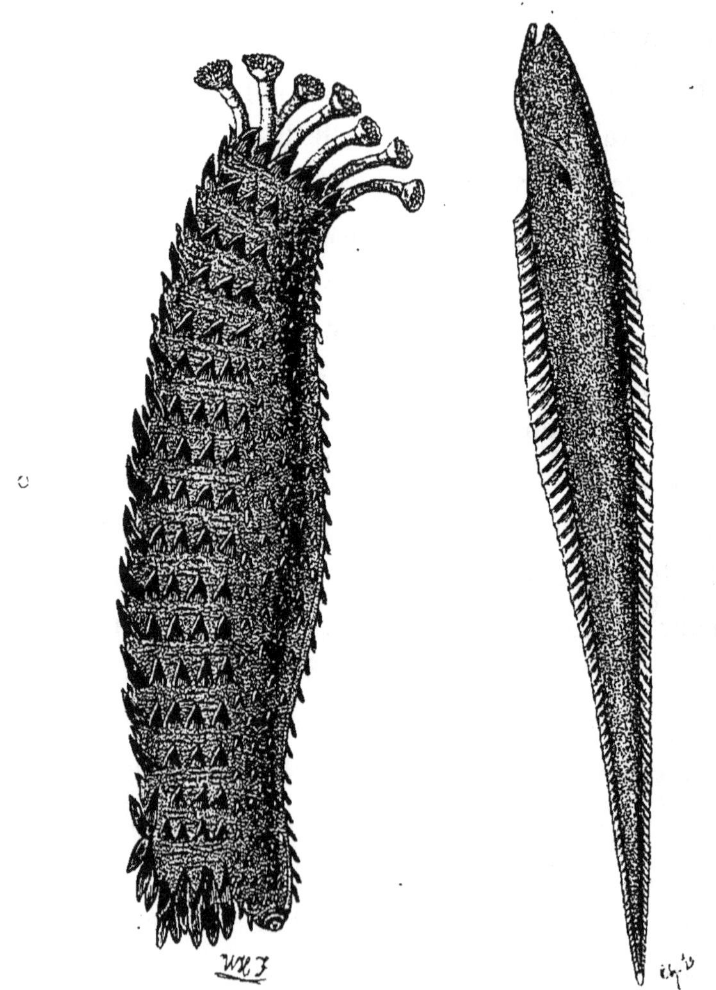

Holothurie ananas et son poisson parasite.

chaque année pour la pêche de ce zoophyte, et des navires anglais et américains se livrent eux-mêmes à la vente de cette denrée... Les trépangs ou les *suala* des habitants de Sumatra se vendent quarante-cinq dollars le *picul,* et forment une des branches les plus considérables du commerce de cabotage entre Bornéo, Sumatra, les Moluques, les terres Papoues de la Malaisie et la Chine. » — « Du reste, ajoute le docteur Chenu, cette substance, au dire des voyageurs, n'a aucun goût spécial, à moins que ce goût ne soit masqué par l'énorme dose d'épices ou d'aromates dont est surchargée la cuisine des peuples malais. La pêche des holothuries exige beaucoup de patience et de dextérité. Les Malais, penchés sur le devant de leur embarcation, ont dans leurs mains plusieurs longs bambous disposés pour s'adapter les uns à la suite des autres, et dont le dernier est garni d'un crochet acéré. A l'époque favorable, c'est-à-dire pendant les temps de calme, les yeux de ces pêcheurs exercés percent la profondeur des eaux, et aperçoivent avec facilité, jusqu'à une distance qui souvent, assure-t-on, n'est pas de moins de trente-cinq mètres, l'holothurie accrochée aux coraux ou aux rochers. Alors le harpon, descendant doucement, va frapper sa victime, et rarement le Malais manque son coup. Quelquefois les trépangs se retirent loin des côtes, ou bien la rareté des calmes rend la pêche très-peu productive; aussi croit-on que les Malais se rendaient, pour pêcher ces animaux, jusque sur les côtes de la Nouvelle-Hollande, et cela longtemps avant que les Européens eussent abordé ces rivages [1]. »

On ne peut quitter la classe des échinodermes sans dire quelques mots des *astéries* ou *étoiles de mer*. L'espèce commune de nos côtes, l'*asterus rubens*, a bien la forme qu'on donne conventionnellement aux étoiles célestes dans les dessins héraldiques et sur les enseignes. Les *rayons*, qu'on

[1] *Encyclopédie d'histoire naturelle.*

prend vulgairement à tort pour des pattes, et qui font bel et bien partie du corps de ces animaux, sont en général au nombre de cinq, réunis très-symétriquement autour d'un disque central. Dans quelques espèces, les rayons sont beaucoup plus multipliés, et leur nombre

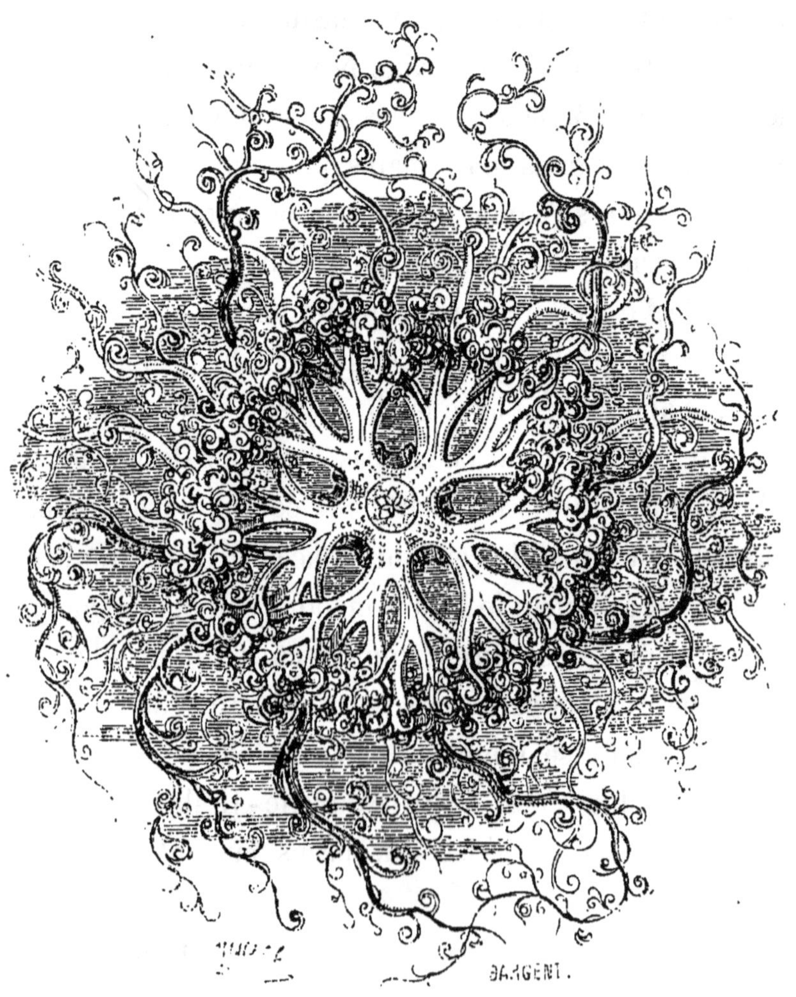

Astrophyton verrucosum.

peut aller jusqu'à trente et au-dessus. Ils deviennent alors plus déliés, plus allongés et plus flexibles, et donnent à l'animal l'aspect d'une racine chevelue. On en peut juger par l'*astrophyton verrucosum*, que représente la figure.

Leur diamètre est variable; l'astérie commune atteint de 15 à 20 centimètres. La partie supérieure de son corps est couverte d'une peau dure, épaisse, rugueuse et de couleur rougeâtre. La partie inférieure est blanchâtre, et l'on y voit s'agiter comme des vermisseaux, lorsque

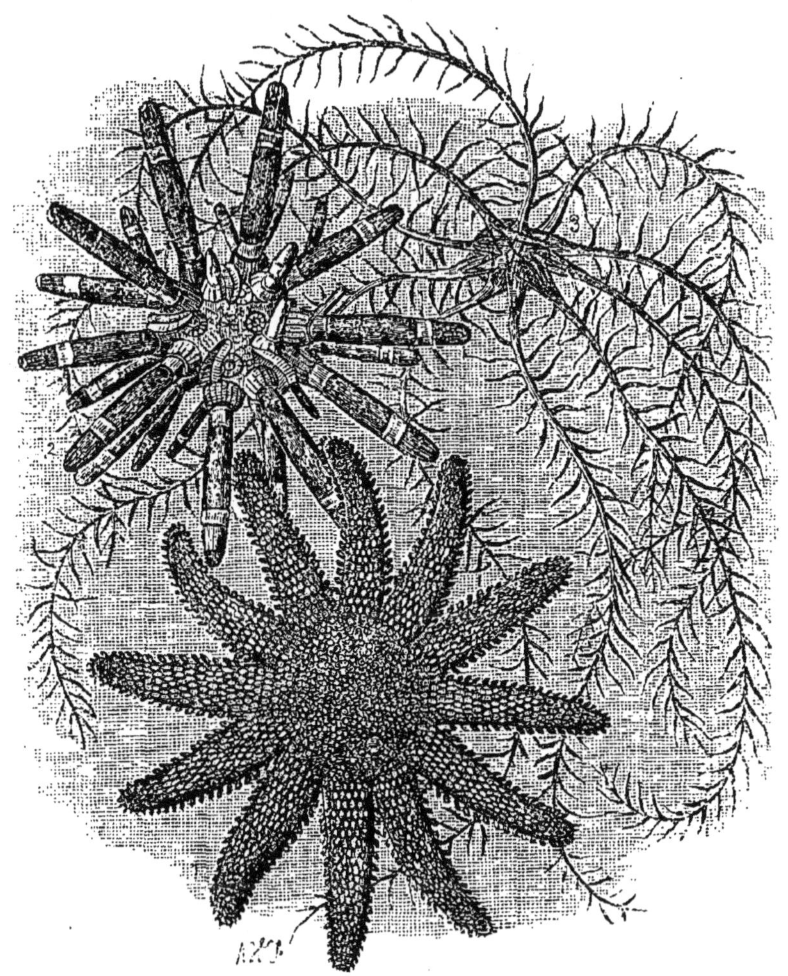

1 Asterias paposa.
2 Cidarites imperialis. 3 Comatula Mediterranea.

l'animal est vivant, ses innombrables tentacules. Au centre se trouve la bouche. Ehrenberg n'est pas éloigné de leur accorder un organe de la vision.

« Les étoiles de mer, souvent petites et plus rarement de taille moyenne, sont toutes, comme l'indique leur nom, habitantes des eaux marines, et on les trouve à diverses profondeurs ; mais beaucoup d'entre elles sont littorales, et le reflux les laisse souvent à sec sur la plage. On en connaît un grand nombre d'espèces répandues dans toutes les mers, et plus généralement dans celles des pays chauds. Les astéries proprement dites, parvenues à l'âge adulte, se meuvent avec assez de rapidité, soit en nageant, soit en rampant. Ces rayonnés se nourrissent de substances animales mortes ou vivantes ; il en est de très-voraces : leur proie a été parfois retrouvée tout entière dans leur estomac. Souvent elles mangent des mollusques. Au printemps et au commencement de l'été, leurs ovaires se gonflent considérablement ; elles jettent leur frai dans des lieux convenables, et surtout sur les plages sablonneuses exposées aux rayons solaires ; c'est ce frai qui, dit-on, rend les moules dangereuses à manger à une certaine époque de l'année. Sur les rivages où elles sont très-abondantes, on les ramasse pour fumer la terre : c'est le seul avantage que l'homme ait su en tirer [1]. »

Le trait le plus remarquable de l'organisation des astéries, c'est leur puissance de reproduction. Un, deux, trois de leurs rayons peuvent être abattus sans compromettre non-seulement leur existence, mais l'intégrité de leur individu. Pourvu qu'il leur en reste un seul avec le disque central, ces pertes ne tardent pas à être réparées. Il paraît même que la chute et le renouvellement des rayons se font, dans certains cas, spontanément. Cette faculté merveilleuse

[1] *Encyclopédie d'histoire naturelle.*

semblerait indiquer, chez les astéries, une vitalité très-intense. Il est pourtant une cause de mort à laquelle elles ne résistent guère que quelques heures : c'est l'exil de la mer. Laissées par le flot sur le rivage, elles ne peuvent vivre. En captivité même, dans les aquaria, elles languissent et meurent, soit faute de proies, soit parce qu'il leur faut le mouvement des flots incessamment renouvelés.

CHAPITRE VII

LES CRUSTACÉS

Pour restreindre l'infinie multiplication des êtres inférieurs et pour nettoyer ses rivages des épaves d'animaux morts ou moribonds qu'y laissent les marées, l'Océan a des êtres hideux de laideur et de voracité, mais forts, invulnérables, admirablement organisés, armés en vue de leur tâche fatale, la guerre et la destruction. Ces animaux, ce sont les crustacés : — ne pourrait-on pas dire les cuirassés? — les homards, les langoustes et surtout ces affreuses araignées de la mer, à la démarche oblique, aux pattes crochues, démesurément longues dans quelques espèces, aux tenailles énormes, d'une force extraordinaire, au corps trapu couvert d'une carapace dure, épaisse, savamment composée de pièces qui ne présentent entre elles aucune prise, et pourtant laissent aux mouvements toute liberté. On a reconnu la légion infernale des crabes, des monstres à dix pieds (*décapodes*). « Si l'on visite d'abord notre riche collection des armures du moyen âge, dit M. Michelet, et qu'après avoir contemplé ces pesantes masses de fer dont s'affublaient nos chevaliers on aille immédiatement au musée d'histoire naturelle voir les armures des crustacés, on a pitié des arts de l'homme. Les premières sont un carnaval de déguisements ridicules, encombrants et assommants, bons pour étouffer les guerriers et les rendre inoffensifs. Les autres, surtout celles des terribles décapodes, sont tellement effrayantes que, si elles étaient grossies seulement à la taille de l'homme, personne n'en soutiendrait la vue; les plus braves en seraient troublés, magnétisés de terreur.

« Ils sont là tous en arrêt, dans leurs allures de combat, sous ce redoutable arsenal offensif et défensif qu'ils portaient si légèrement : fortes pinces, lances acérées, mandibules à trancher le fer, cuirasses hérissées de dards qui n'ont qu'à vous embrasser pour vous poignarder mille fois. On rend grâce à la nature qui les fit de cette grosseur. Car qui aurait pu les combattre? Nulle arme à feu n'y eût mordu. L'éléphant se fût caché; le tigre eût monté aux arbres; la peau du rhinocéros ne l'eût pas mis en sûreté.

« ..... Il semble que la nature favorise spécialement des serviteurs si utiles. Contre son infini fécond, elle a dans les crustacés un infini d'absorption. Ils sont partout, sur toutes les plages, aussi diversifiés que la mer. Ses vautours, goëlands, mouettes, partagent avec les crustacés la fonction essentielle d'agents de la salubrité. Qu'un gros animal échoue : à l'instant l'oiseau dessus, le crustacé dessous et dedans, travaillent à le faire disparaître.

« Le crabe minime et sauteur, qu'on prendrait pour un insecte (le talitre), occupe les plages sablonneuses, habite dessous. Qu'un naufrage jette en quantité les méduses ou autres corps, vous voyez le sable onduler, se mouvoir, puis se couvrir des nuées de ces croque-morts danseurs qui, fourmillants, sautillants, approprient gaiement la plage, s'efforçant de balayer tout entre deux marées.

« Grands, robustes, pleins de ruse, les crabes ou cancres sont un peuple de combat. Ils ont si bien l'instinct de la guerre, qu'ils savent employer jusqu'au bruit pour effrayer leurs ennemis. En attitude menaçante, ils vont au combat les tenailles hautes et faisant claquer leurs pinces. Avec cela, circonspection devant une force supérieure. Au moment de la basse mer, du haut d'un roc, je les voyais. Mais quoique je fusse bien haut, dès qu'ils se sentaient regardés, l'assemblée battait en retraite; les guerriers courant de travers, comme ils font, en un moment rentraient chacun sous sa guérite. Ce ne sont pas des Achille, mais plutôt des Annibal. Dès qu'ils se sentent forts, ils attaquent. Ils mangent les vivants et les morts. L'homme blessé a tout à craindre. On conte qu'en une île déserte ils mangèrent plusieurs des marins de Drake, assaillis, accablés de leurs grouillantes légions. »

En songeant à la puissance presque invincible que donnent aux crustacés leur armure, leur vigueur musculaire, leur férocité, leur nombre, on se demande comment ces écumeurs n'ont pas encore dépeuplé les rivages, où ils ne rencontrent guère que des victimes et point d'ennemis capables de lutter contre eux à armes égales. Car, redoutables pour tout ce peuple de mollusques et de zoophytes, qu'ont-ils à craindre, hormis dans quelques contrées, certains mammifères amphibies ou habitants des côtes, lesquels encore pour la plupart ne les attaquent qu'au pis aller, cherchent de préférence des proies plus faciles à dévorer, et les aident dans leur œuvre d'extermination plutôt qu'ils ne les combattent? Les grands poissons, les cétacés aux dents d'acier qui broieraient aisément leur armure et sur lesquels leurs pinces n'auraient point de prise, habitent la haute mer. Les mollusques carnassiers aux longs bras criblés de ventouses, au bec dur et crochu, n'osent les attaquer. Leur tyrannie semble donc au premier abord absolue, et sans contre-poids; et l'on est tenté de croire qu'ici la grande loi d'équilibre et de compensation subit, au profit de ces brigands invulnérables, une injuste exception. Il n'en est rien pourtant.

Outre que l'homme fait presque partout aux plus forts d'entre eux, — à ceux dont la chair est la plus ferme et la plus savoureuse, — une guerre où leurs pinces, leurs lances, leurs scies et leurs cuirasses épineuses ne leur servent de rien, les crustacés traversent à certaines époques des crises fatales qui offrent aux opprimés une vengeance facile, et les livrent sans défense aux chocs du dehors et aux coups de leurs ennemis. Ces époques sont celles de la mue. Il leur faut bon gré mal gré, à grand'peine, au prix d'efforts douloureux et quelquefois mortels, quitter leur armure, mettre à nu leur chair vive à peine couverte d'une mince et molle pellicule, et s'enterrer piteusement sous le sable, en attendant que la sécrétion calcaire se soit reformée et solidifiée de nouveau.

A eux alors de fuir, de trembler. C'est l'heure des représailles; leur cachette n'est rien moins qu'introuvable, et une fois découvert le brigand désarmé est perdu sans ressource. Des milliers périssent ainsi dévorés par d'autres animaux ou broyés entre les galets, écrasés, déchirés aux angles des rocs par le mouvement des vagues. La mue est plus ou moins fréquente selon l'espèce, selon la rapidité de l'accroissement et selon l'âge. Elle n'a lieu qu'une fois l'an chez les décapodes; mais en revanche elle est beaucoup plus lente que dans les espèces inférieures, dont l'accroissement est rapide et la vie courte, et qui en deux ou trois jours réparent la perte de leur cuirasse.

Il existe des crustacés incomplets, auxquels la nature n'a accordé que la moitié de l'armure défensive de leurs congénères; mais elle les a doués en échange d'un instinct qui les fait suppléer aisément à cette apparente disgrâce. Ces crustacés, dont le thorax, les serres et les grands pieds sont seuls revêtus d'un test calcaire, et dont l'abdomen en forme de sac n'est couvert que d'une membrane molle et ridée, ce sont les *pagures*. Ils habitent les côtes de tous les continents et d'un grand nombre d'îles, et partout ils sont un objet de curiosité et d'amusement. Les espèces propres aux côtes de l'Europe, et en particulier de la France, sont désignées vulgairement sous les noms de *cénobite*, de *soldat* et de *bernard l'ermite*, assez bien justifiés par leurs mœurs singulières et par l'artifice qu'emploient ces animaux pour se donner mieux que la cuirasse qui leur manque : une maison, une forteresse portative, où ils logent et abritent la partie vulnérable de leur corps, et qui laisse à leurs mouvements toute liberté soit pour la chasse, soit pour la locomotion. Le premier soin du petit bernard l'ermite en venant au monde, est de se mettre en quête d'une coquille univalve à sa taille et à sa convenance. Dès qu'il l'a trouvée, il s'y installe après en avoir préalablement dévoré le propriétaire légitime, si propriétaire il y a. Lorsqu'au bout d'un certain temps, ayant grossi, il se sent à l'étroit dans ce premier logement, il le quitte et s'en procure un autre plus spacieux, où il demeure jusqu'à ce qu'un nouveau déménagement soit devenu nécessaire. Rien de plus

Bernard l'ermite et son parasite.

bizarre que l'aspect de cet animal mixte, mi-partie écrevisse et coquillage, qui se traîne sur ses grandes pattes en chancelant sous le poids de sa maison. Rien de plus amusant que d'assister à son déménagement et aux essais réitérés qu'il est souvent obligé de faire, avant de rencontrer une coquille où il ne se trouve ni gêné ni trop au large. Le bernard l'ermite (*pagurus bernhardus*) ne le cède point aux crustacés complets sous le rapport de la voracité. Il se

Homard américain.

nourrit de petits animaux, principalement de mollusques, et même de bêtes de sa famille plus faibles que lui, et saisit sa proie avec beaucoup d'adresse.

On a remarqué plusieurs fois l'association du bernard

l'ermite avec une espèce d'actinie, la *sagartie parasite*, qui se fixe de préférence sur les coquillages qu'il habite. Cette association, à vrai dire, n'est pas toujours du goût du pagure. On le voit souvent faire des efforts pour s'y sous-

Pseudocarcinus géant.

traire, chercher des coquillages sur lesquels il n'y ait pas de sagartie; et c'est seulement lorsqu'il a reconnu l'impossibilité d'éviter cette compagnie incommode, qu'il finit par s'y résigner, et qu'il consent à promener sur son dos le paresseux zoophyte.

Les crustacés ont tous un aspect désagréable et qui, comme le dit avec raison M. Michelet, serait très-effrayant même pour l'homme, s'ils avaient la taille que le Créateur a donnée à un assez grand nombre d'animaux marins. Heureusement ils sont petits, relativement à nous, et, loin d'avoir à nous plaindre d'eux, nous les trouvons double-

Parthénope épineuse.

ment utiles : d'abord par les fonctions de nettoyeurs qu'ils remplissent avec tant d'activité sur nos plages; ensuite par la saveur délicate de leur chair ferme et blanche.

Les plus grands et les plus terribles sont des homards et des crabes. Le homard américain, avec ses pinces énormes, plus ou moins inégales, est long d'environ 50 centimètres. Le *pseudocarcinus géant* n'est pas moins bien armé; son diamètre en largeur n'est pas moindre de 40 centimètres, et ses formes trapues accusent une vigueur peu commune. Mais son aspect n'est pas aussi effrayant que celui de la *parthénope épineuse*. Ce crabe est assez commun sur les côtes de la Réunion, de Maurice et de Madagascar. Tout son corps, ses pattes, et ses longues pinces sont hérissés de véritables épines dures, longues, acérées, ramifiées, menaçantes. Le dessin que nous en donnons ici est la copie réduite de celui qui accompagne la monogra-

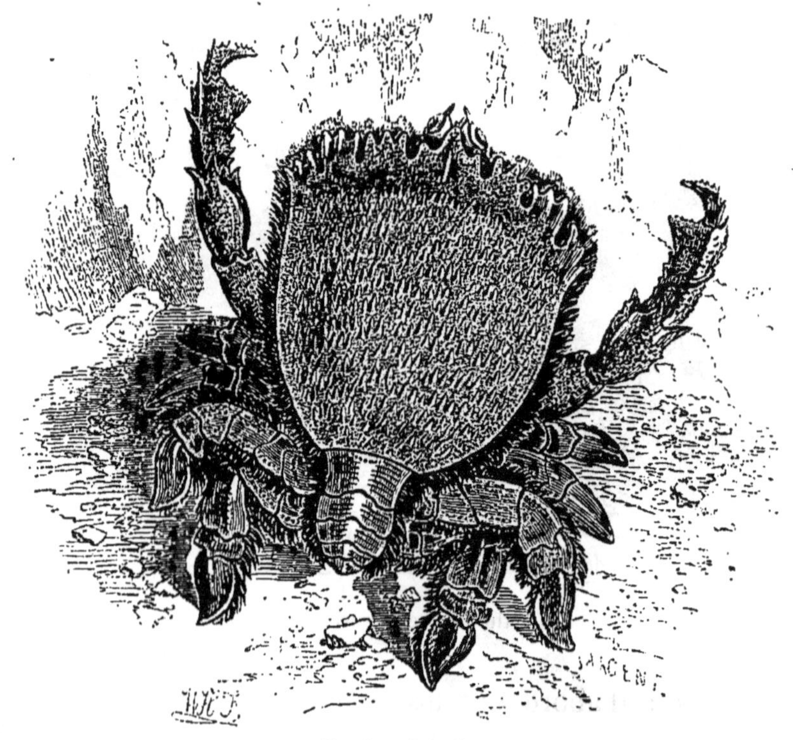

Ranine dentée.

phie des crustacés de la Réunion, par M. Alphonse Milne-Edwards[1].

La plus petite espèce comestible, la crevette, peut passer pour assez bien douée sous le rapport physique. Elle est

[1] *Notes sur l'île de la Réunion*, par L. Maillard.

svelte, agile; ses palpes et ses antennes effilées, la crête recourbée, acérée et dentelée qui surmonte sa tête entre deux petits yeux noirs comme des points de jais, tout cela forme un ensemble qui devient presque joli, lorsque la cuisson a donné à la crevette cette couleur rose qui la rend si appétissante pour les gourmets. Mais, pour cette unique exception, combien, dans la laideur générale

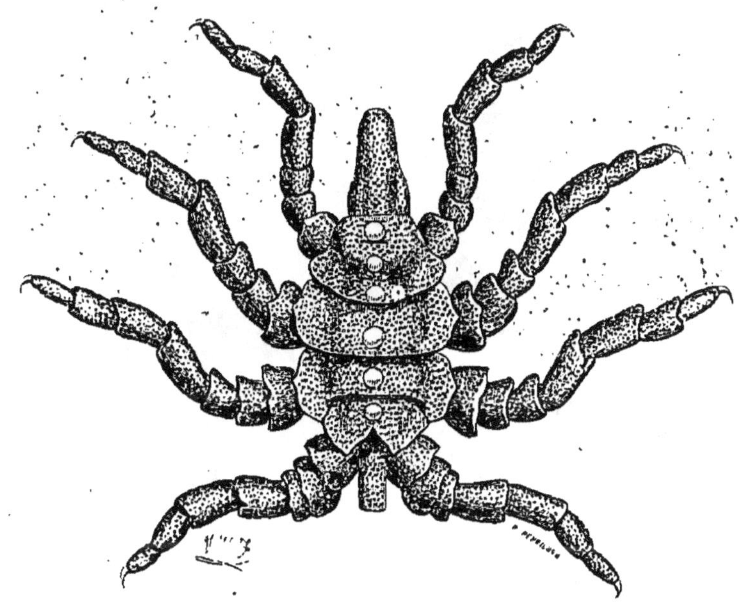

Pychnogonon littoral.

de l'embranchement, de types où la difformité atteint le dernier degré de l'horrible! On peut les voir aux galeries du Muséum de Paris, et dans les ouvrages d'histoire naturelle illustrés. Le groupe entier des décapodes *brachyures* (à courte queue) n'est composé que de monstres. Ils sont encore dépassés en laideur par les *anomoures* (à queue difforme, irrégulière). Je ne cite, parmi ces derniers, que la *ranine dentée*, animal nageur, aux pattes courtes, au corps ramassé et tronqué, aux pinces rocailleuses. Imaginez les plus détestables parasites de l'homme et des animaux terrestres, grossis quelques centaines de fois au microscope, et vous aurez une idée de la plupart des *isopodes nageurs*. La classe des crustacés renferme, du reste, toute une sous-classe de parasites hideux. Voyez, par exemple, le *pychnogonon littoral :* une sorte d'araignée qu'on dirait formée de huit pattes torses, velues et crochues, et d'un

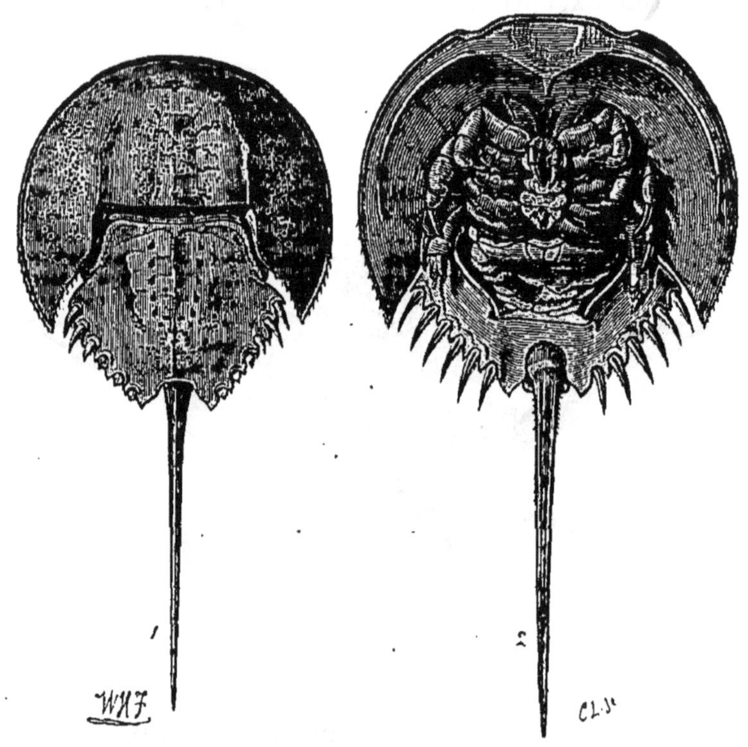

1 Limule des Moluques. 2 Limule longue-épine.

énorme suçoir. Ces parasites vivent sur et dans les poissons, qu'ils rongent et sucent avec l'avidité et la ténacité qui sont le propre de tous les êtres parasites.

Bref, de tous les crustacés, les moins affreux sont peut-être ceux qu'on prendrait le moins pour des animaux. Tel est le *crabe des Moluques*, *limule dentée* ou *limule polyphème,* type du groupe des *xiphosures* (*queues-glaives*), dont le corps est enfermé tout entier dans un double bouclier, large et arrondi en avant, aminci et hérissé en arrière, laissant à peine passer de petites pattes, et terminé par un long dard droit et aigu. Les limules sont de grande taille; elles atteignent souvent une longueur de 65 centimètres. Ce sont des animaux très-lents, qui ne viennent guère à terre que le soir. Ils marchent avec peine, toujours en ligne droite, et sans qu'on devine d'abord par quel moyen, car on n'aperçoit point leurs pattes. Les femelles sont plus grosses que les mâles, et quelquefois les portent sur leur dos. Dans les pays qu'habitent ces étranges bêtes, on les considère comme très-malfaisantes et comme pouvant blesser dangereusement avec leur dard aigu et souvent barbelé. Les sauvages prennent, dit-on, ce dard pour en armer leurs flèches, et mangent la chair de l'animal.

CHAPITRE VIII

LES MOLLUSQUES A COQUILLES

Il est une matière répandue dans la nature avec une abondance prodigieuse : c'est celle qui résulte de la combinaison de l'acide carbonique avec la chaux, et que, d'après les règles de la nomenclature chimique, on désigne sous le nom de *carbonate de chaux*. Cette substance occupe dans le règne minéral une place immense, et, sous les diverses formes qu'elle revêt, constitue pour l'homme une de ces richesses qu'il apprécie d'autant moins qu'elles lui sont plus indispensables et qu'elles lui ont été plus libéralement prodiguées. Le carbonate de chaux, c'est la marne, c'est la craie, c'est la pierre de taille, c'est aussi l'albâtre et le marbre. Dans le règne animal, la même substance absorbée, élaborée et sécrétée par ces milliards de milliards d'ouvriers visibles ou invisibles dont nous avons parlé précédemment, devient pour eux aussi, — comme pour nous, — la matière dont ils bâtissent et façonnent leur abri, leur demeure. Le carbonate de chaux, c'est la carapace de ces innombrables foraminifères qui ont servi à bâtir des villes capitales; c'est le polypier du zoophyte, c'est l'armure du crustacé, c'est enfin la maison du mollusque; ce sont ces beaux coquillages de toutes dimensions, aux formes si variées, aux couleurs si vives, aux reflets si chatoyants, que nous admirons et aimons à bon droit comme des chefs-d'œuvre de l'inimitable artiste; c'est la nacre, c'est la perle même, chantée par les poëtes et mise au rang des plus précieux joyaux.

Les mollusques sont tout l'opposé des crustacés, c'est-à-dire des êtres essentiellement vulnérables, sans consistance, mous, — leur nom l'indique. Ils ont des muscles, sans doute, quelques-uns même les ont assez robustes; mais ce qui fait la force effective des muscles, c'est le point d'appui et d'attache, c'est la charpente osseuse, — intérieure chez les mammifères, les oiseaux, les reptiles, les poissons, — extérieure chez les crustacés, car l'armure de ceux-ci n'est autre chose qu'un squelette. Donc les mollusques, animaux d'ailleurs assez parfaits, munis d'organes complexes, manqueraient de tous les moyens indispensables au jeu de leurs organes, et seraient en même temps livrés sans aucune défense aux embûches de leurs ennemis, si la Nature ne leur eût donné cette faculté merveilleuse de se faire une enveloppe solide, qui leur tient lieu de squelette, puisque leurs muscles s'y attachent, et dans laquelle ils peuvent se retirer, s'enfermer ainsi qu'en une forteresse. Un très-petit nombre seulement s'en passent, y suppléent, soit par une sorte de coquille intérieure, soit par le développement et la vigueur exceptionnels de leurs appareils de locomotion, d'attaque et de défense. La presque totalité ne vivent que dans leurs coquilles, et périssent dès qu'on les en arrache. Toutefois ils ne naissent point avec cette enveloppe; mais ils ne sont pas plutôt sortis de l'œuf que la sécrétion calcaire commence à se produire, et, en quelques instants, prend assez de consistance pour protéger le jeune animal.

L'histoire naturelle des mollusques est donc inséparable de celle de leurs coquillages; aussi l'a-t-on longtemps appelée *conchyliologie*, et cette dénomination n'a été abandonnée que parce que, dans les rigoureux procédés de la science, une seule exception suffit, — contrairement au dicton vulgaire, — pour infirmer la règle. C'est pourquoi la *conchyliologie* est remplacée aujourd'hui par la *malacologie* (de μάλακος, *animal mou, mollusque*, et λόγος, *discours, traité*). Il nous est impossible, on le comprend, de nous engager bien avant dans cette étude, qui est à elle seule une vaste science, et nous devons nous borner à quelques aperçus rapides. Aussi bien, ce que les mollusques offrent, sans contredit, de plus intéressant à qui ne prétend point s'armer du microscope et du scalpel pour examiner à fond l'anatomie et les fonctions de leurs organes, ce sont précisément leurs demeures; ce sont ces charmants ouvrages dont les teintes riches et variées, les formes élégantes et gracieuses contrastent si singulièrement avec l'aspect peu agréable, il faut bien l'avouer, des êtres qui les produisent.

1 Tridacne gigantesque. 2 Tridacne des Porites.

Or de quelle valeur serait une description nécessairement aride, incomplète et inexacte, là où suffisent au plus le crayon et le pinceau les plus exercés? — Pour apprécier de tels objets d'art, il faut les voir, les considérer avec attention dans leurs infinis détails, dont pas un n'est à négliger. C'est là un travail, un plaisir que je recommande à mes lecteurs, et auquel tous, heureusement, pourront se livrer sans difficulté, soit en se promenant au bord de la mer, soit plutôt en visitant les musées publics ou les collections particulières.

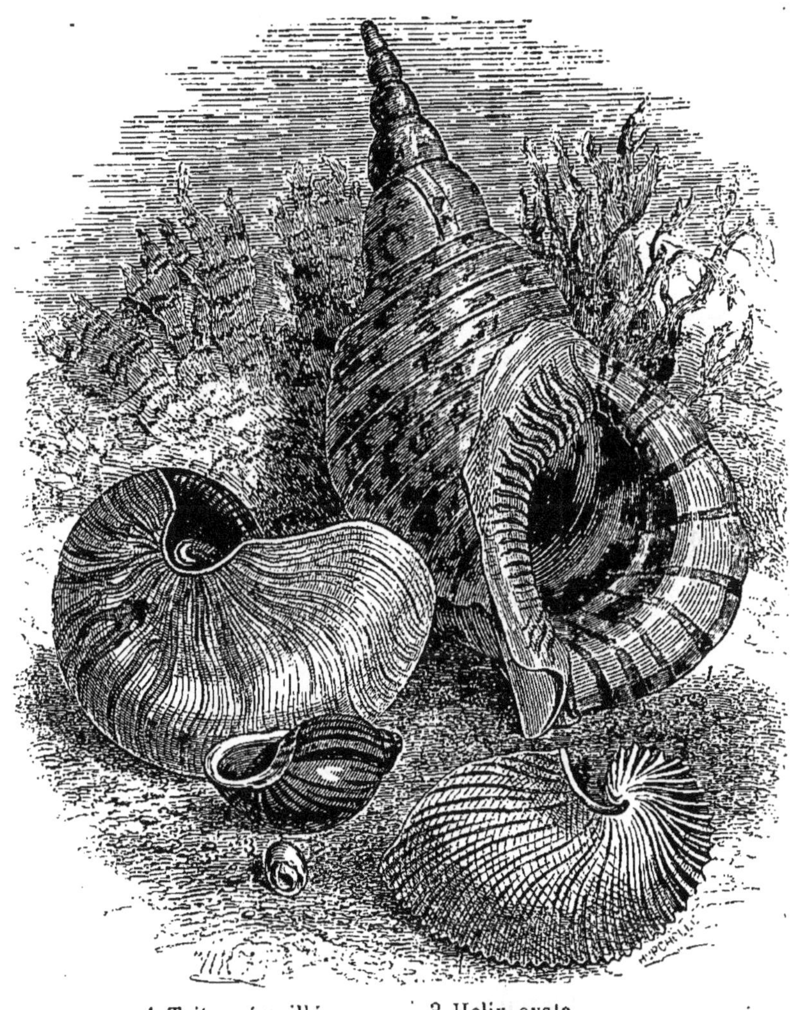

1 Triton émaillé. 3 Helix ovata.
2 Nautile flambé. 4 Argonaute papyracé.

Car la richesse de nos mers n'est point comparable à celle des mers tropicales. C'est de là seulement que viennent les gigantesques *tridacnes* (les bénitiers de nos églises);

dont le diamètre dépasse souvent un mètre et dont les Polynésiens font des pioches et d'autres outils; les *strombes* et les grands *tritons,* dont on peut se servir comme de trompes en soufflant dans le bout brisé de la spire; les *porcelaines,* dont on fait des tabatières; les *nautiles,* qu'on taille et qu'on monte en beaux vases opalins; les *burgaux,*

Ostrea hyotis et Spondylus.

les *halyotides* (*ostrea hyotis*), qui fournissent la nacre; l'*aronde* ou avicule perlière, ou *pintadine mère perle*, dont les valves larges et épaisses, presque entièrement formées de la plus belle nacre (*nacre franche*), renferment en outre les perles fines, ces précieuses concrétions calcaires dont nous parlions au commencement de ce chapitre; enfin d'autres coquillages de toutes formes et de toutes grandeurs, dont la seule énumération occuperait plusieurs pages : les grands *casques* grisâtres et raboteux à l'extérieur, mais tapissés à l'intérieur d'un émail du blanc rosé le plus tendre, les *volutes*, les *olives*, les *rochers*, les *cônes*, les *turbonilles*, les *scalaires précieuses* et ces innombrables

Madrépore aux longues alvéoles attaché sur une Pintadine mère perle.

petits bijoux marins, d'un travail si fin qu'aucun lapidaire ne saurait l'imiter, et que l'œil n'en saisit qu'avec peine toutes les perfections.

Les coquillages peuvent se diviser en trois grandes

classes : les *univalves*, les *bivalves* et les *multivalves*. Les premiers sont d'une seule pièce, qui affecte presque toujours une forme de spirale plus ou moins modifiée. Les plus remarquables par leur beauté appartiennent presque

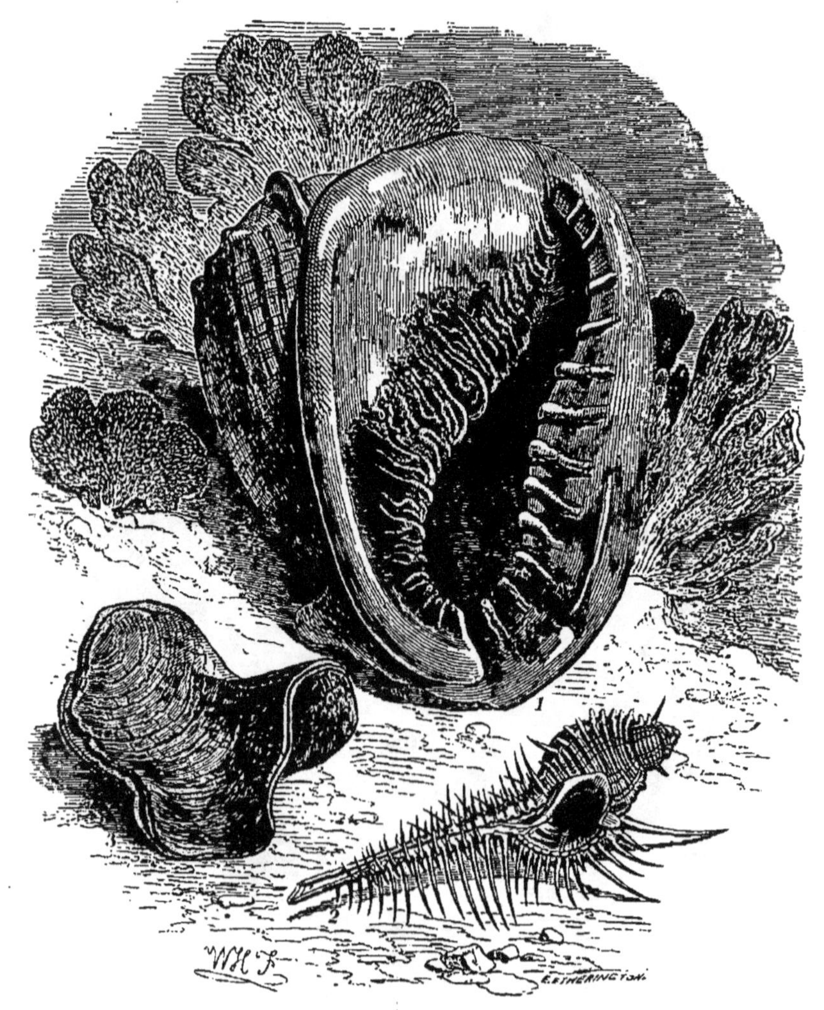

1 Casque de Madagascar. 2 Rocher fine épine.
3 Placune selle.

tous à cette classe. Il faut en excepter cependant les tridacnes ou bénitiers, qui sont bivalves, c'est-à-dire formés de deux moitiés symétriques s'appliquant exactement l'une sur l'autre. L'aronde perlière, l'*éthérie*, et la plupart des coquillages comestibles, tels que l'huître commune, le *peigne* (vulgairement appelé *coquille de Saint-Jacques*), l'*hippope* (pied de cheval), la moule, etc., sont également bivalves.

1 Voluta diadema. 2 Trochus niloticus.
3 Pholas dactylus.

L'organe qui sécrète la matière calcaire dont se forme la coquille simple, double ou multiple, est appelé *manteau*, parce que l'animal peut y cacher, en les rétractant, la plupart de ses autres organes. Tous les mollusques ont un manteau; mais il en est, comme la *seiche*, chez lesquels ce manteau ne sécrète qu'une sorte de coquille interne, et d'autres, le *poulpe*, par exemple, chez lesquels il est tout à fait inactif. Chez tous les mollusques à coquilles, le bord du manteau reste toujours libre et mobile. Certains mol-

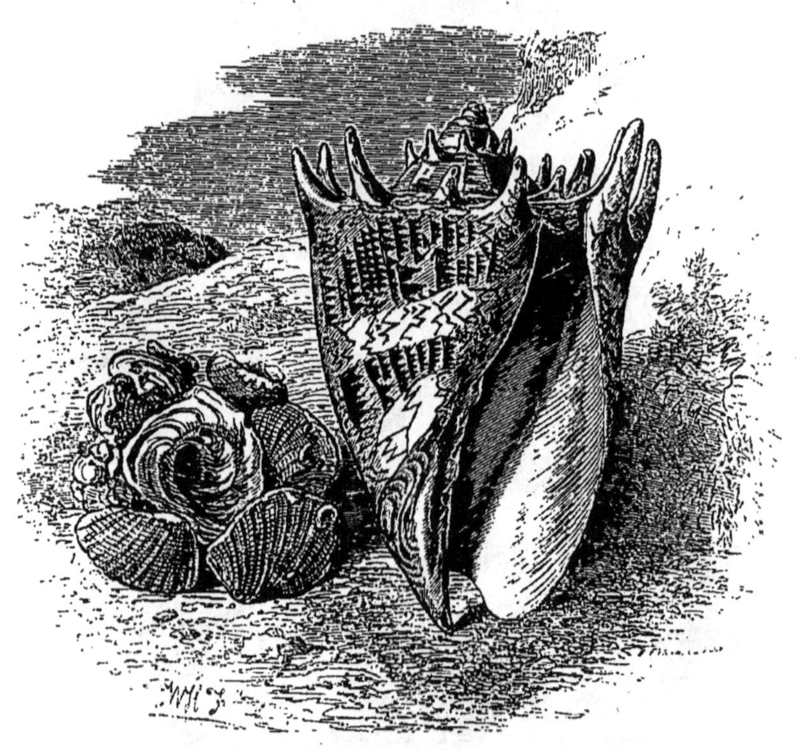

1 Trochus agglutinans. 2 Voluta imperialis.

lusques univalves, tels que les gastéropodes, ferment l'ouverture de leur demeure avec une sorte de couvercle corné, calcaire et poreux, qu'on nomme *opercule*. L'opercule est sécrété par l'extrémité dorsale du *pied*, organe important qui sert de soutien à l'animal, et qui n'est autre chose qu'un prolongement charnu du manteau. Le manteau des acéphales bivalves produit encore des filaments cornés qu'on désigne sous le nom de *byssus*, et qui servent à fixer le coquillage aux rochers ou aux autres corps marins. Le byssus de certains mollusques lamellibranches consiste en filaments plus ou moins longs; mais celui du *jambonneau* ou *pinne-marine* est surtout remarquable par son abondance,

1 Éthérie de Caillaud. 2 Voluta Junonia. 3 Murex brandaris.

par sa finesse, par son brillant et son moelleux, qui le font ressembler tout à fait à de la soie. Aristote avait reconnu dans ce byssus une fibre textile, et désignait le *jambonneau* sous le nom de *coquille porte-soie*. En Sicile, où ce mollusque est très-abondant, on récolte son byssus, on le peigne, on le file, et on le livre au commerce où il est connu sous le nom d'*ablaque*. On fabrique avec l'ablaque divers ouvrages tricotés : bourses, gants, mitaines, etc., et même une étoffe

1 Hippopus maculatus. 2 Pinna nobilis.
3 Fusus longissimus.

très-belle, très-moelleuse, et qui n'a d'autre défaut que sa rareté et son prix élevé. Les deux moitiés des coquilles bivalves sont réunies par un ligament élastique formant charnière, et qui tend sans cesse à les ouvrir; mais l'animal est pourvu d'autre part de deux muscles puissants, à l'aide desquels il tient sa maison close en rapprochant les coquilles. Les mollusques univalves ont des muscles plus nombreux, qui leur servent principalement à sortir de leur demeure et à y rentrer suivant le besoin.

Parlerai-je des *mœurs* des mollusques? Qui ne sait que ces animaux sont devenus dans le langage populaire l'emblème de l'inertie, de la stupidité, d'une existence sédentaire et monotone? Presque tous les bivalves demeurent toute leur vie attachés par leur byssus à une même place, et leurs mouvements consistent seulement à ouvrir leurs coquilles pour donner accès aux aliments que les flots leur apportent. Cependant certains peignes ont la faculté de se déplacer à plusieurs reprises, par une sorte de battement de leurs valves. Parmi les univalves, les uns rampent lentement sur le sol, comme nos colimaçons; d'autres peuvent nager avec assez de rapidité, s'élever du fond à la surface ou redescendre, à l'aide des bras ou pattes dont ils sont pourvus, et du *tube locomoteur*, qui refoule l'eau absorbée par les autres ouvertures de leur corps. C'est le cas des *céphalopodes* : poulpe, seiche, calmar, argonaute.

Les appétits et le mode d'alimentation des mollusques varient selon la disposition particulière de la bouche dans les diverses espèces. Certains céphalés (mollusques à tête) possèdent une sorte de trompe qui leur permet de saisir de petits animaux ou des plantes, qu'ils dévorent; d'autres, bien plus redoutables, ont de longs bras armés de ventouses et font une guerre meurtrière à des animaux assez gros. « Parmi les acéphales (mollusques sans tête) il n'en est plus de même, surtout pour ceux qui par leur adhérence à divers corps ne peuvent aller au-devant de leur nourriture, et n'en trouvent les éléments tout préparés que dans l'eau qu'ils aspirent et dans les molécules animales ou végétales que cette eau tient en suspension. Ces aliments, bien pauvres en apparence, se composent néanmoins de parties qui, après avoir parcouru tout le tube intestinal et fourni à l'absorption tout ce que l'animal peut s'assimiler, sont rejetées au dehors. Un grand nombre de mollusques ne se nourrissent que de végétaux et d'animaux morts; presque tous avalent de la terre, des grains de sable, de petites pierres, etc. Ces animaux peuvent en général supporter un long jeûne sans mourir pour cela : c'est ainsi que les colimaçons, après avoir beaucoup mangé pendant tout l'été, ferment leur coquille au moyen d'une exsudation particulière, et vivent dans un repos complet pendant tout l'hiver [1]. »

Ce qui chez les animaux supérieurs excite plus que toute autre chose la curiosité, — l'instinct, l'intelligence, — se réduit chez les mollusques aux actes les plus élémentaires d'une existence presque végétative, et l'on doit reléguer au rang des romans scientifiques tous les récits relatifs à l'instinct navigateur des nautiles et des argonautes, et aux ruses de guerre des seiches, des poulpes et de leurs congénères. L'histoire de ces animaux, qui ont été le sujet de tant de fables, mérite toutefois que nous nous y arrêtions quelques instants.

Ils appartiennent tous, disons-le d'abord, à la première classe des mollusques : celle des *céphalopodes*. Ils ont une tête et des bras : cause réelle d'une incontestable supériorité. Les uns ont une coquille externe, les autres une co-

[1] Chenu. *Encyclopédie d'histoire naturelle.*

quille interne; les autres n'en ont point du tout. Ils sont bons nageurs, marcheurs médiocres, mais enfin ils marchent : autre supériorité.

Les céphalopodes à coquille sont l'*ammonite*, le *nautile* et l'*argonaute*. Ces deux derniers sont souvent confondus par les auteurs, qui attribuent volontiers au premier les caractères propres seulement au second. C'est de ce dernier que nous nous occupons spécialement.

Son corps est ovoïde, entièrement contenu dans sa coquille, mais sans adhérence musculaire. Autour de sa tête, munie d'un *tube locomoteur*, s'étalent huit longs bras flexibles, garnis sur leur face interne de ventouses pédiculées. Deux de ces bras se terminent en une sorte de palme ou de raquette membraneuse. La coquille mince, *papyracée*, fragile et transparente, a la forme d'un petit navire élégant et léger, et semble faite pour voguer à la surface des eaux, les bras palmés du mollusque tenant lieu de voiles et les autres faisant l'office d'avirons. Aussi, pendant des siècles, n'a-t-on point douté que ce mollusque ne fût essentiellement navigateur. De là le nom de *nautile* que lui donnaient les anciens, et celui non moins significatif d'argonaute, que lui ont imposé les naturalistes modernes.

« Le *nautile*, dit Pline, est une des merveilles de la nature. On le voit s'élever du fond de la mer en maintenant sa coquille dans une situation telle, que la carène soit toujours en dessous et l'ouverture en dessus. Dès qu'il atteint la surface de l'eau, sa barque est bientôt mise à flot, parce qu'il est pourvu d'organes au moyen desquels il fait sortir l'eau dont elle était remplie, ce qui la rend assez légère pour que les bords s'élèvent au-dessus de l'eau. Alors le mollusque fait sortir de sa coquille deux bras nerveux qu'il élève comme des mâts. Chacun de ces bras est muni d'une membrane très-fine et d'un appareil pour l'étendre : ce sont les voiles. Mais si le vent n'est pas favorable, il faut des rames : le nautile en dispose sur les deux côtés de sa barque : ce sont d'autres membres plus souples, allongés, capables de se mouvoir dans tous les sens, et dont l'extrémité est constamment plongée dans l'eau. Ainsi la navigation peut commencer, et le conducteur de l'esquif va déployer son habileté; si quelque péril le menace, il replie sur-le-champ tous ses agrès et disparaît sous les flots. »

Malheureusement des observations récentes et positives ont démontré que l'argonaute nage comme les autres céphalopodes, en refoulant l'eau à l'aide de son tube locomoteur. « L'argonaute n'est plus, dit Alcide d'Orbigny, cet élégant nautonnier des anciens, enseignant aux hommes à fendre l'onde au moyen d'une voile et de rames, ce joli vaisseau portant en lui-même tous les attributs de la navigation, aidant le marin dans sa course aventureuse et lui présageant une heureuse traversée. Ce n'est plus cet habile physicien qui, bien avant Montgolfier, avait découvert les ballons; car lorsque, placé au fond des eaux, il retournait sa coquille pour y faire le vide et se rendre plus léger, il suivait les règles indiquées pour faire élever les aérostats dans l'air. Ce n'est plus cet être doué de sens si parfaits. Il faut renoncer aussi à cette jolie fiction d'Oppien, qui nous représente les argonautes entraînés par la joie la plus vive à la vue des vaisseaux qui sillonnent les mers, les suivant à l'envi, sautant et se jouant à la proue de ces chars maritimes. » C'est à M. Rang qu'on doit les études les plus attentives et les plus concluantes sur les habitudes réelles des argonautes. Ce naturaliste les a observés avec soin, soit dans la mer, soit dans des bassins assez vastes et assez profonds pour qu'ils y pussent agir comme en pleine liberté. Or il n'a rien vu dans leurs manœuvres qui justifiât les assertions des anciens; il leur a

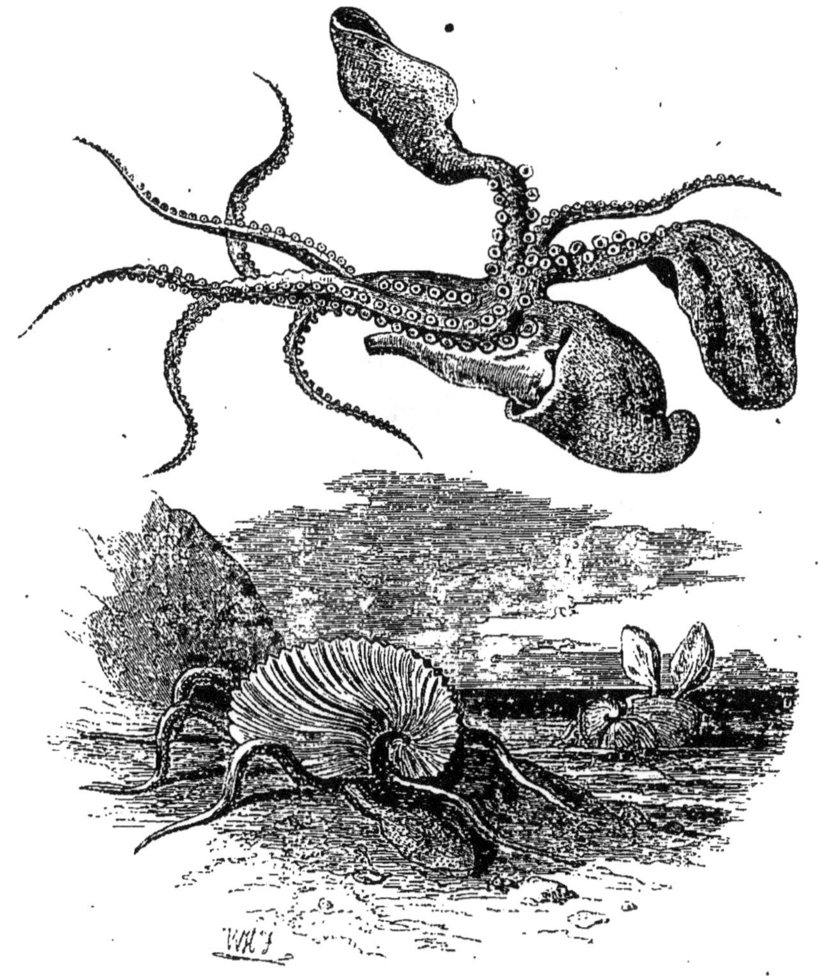

Argonaute dans ses trois positions.

reconnu, au contraire, toutes les allures des autres céphalopodes. Les bras palmés, qu'on avait pris pour les voiles de l'argonaute ne lui servent qu'à envelopper, retenir et protéger sa trop fragile coquille. Tantôt il rampe au fond sur ses autres bras, tantôt il nage entre deux eaux avec une assez grande rapidité. Il est bien vrai qu'il peut s'élever à la surface de la mer; mais c'est par des moyens semblables à ceux qu'emploient les seiches et les poulpes. Lorsqu'il est inquiété, il peut se cacher entièrement dans sa coquille, qui, perdant l'équilibre, se renverse sur le dos et coule au fond de l'eau.

J'ai dit plus haut que l'argonaute n'était point attaché intérieurement à sa coquille comme le sont les mollusques bivalves. Aussi quelques naturalistes ont-ils douté si cette coquille était bien son œuvre et sa propriété légitime, ou s'il ne s'y prélassait pas en usurpateur, comme fait le pagure dans celles dont il s'empare. Cette question, après de longs débats, a été résolue à la pleine justification de l'argonaute. La cause de ce mollusque intéressant a été gagnée par Alcide d'Orbigny, qui a développé dans son plaidoyer trente-deux arguments victorieux. Le plus concluant repose sur ce fait, que l'argonaute a la faculté de réparer les avaries faites à sa coquille; d'où il résulte logiquement qu'il peut aussi la produire tout entière.

CHAPITRE IX

SEICHES ET POULPES — LE KRAKEN

Les argonautes sont les derniers des mollusques auxquels la nature ait donné une coquille; encore cette coquille est-elle si mince qu'elle les protége à peine. C'est, si l'on peut ainsi dire, une armure de luxe, déjà inutile à des animaux qui possèdent d'ailleurs, dans leurs bras hérissés de suçoirs, des armes capables de les faire respecter et craindre. En même temps, ces mêmes bras constituent, avec le tube particulier dont j'ai parlé plusieurs fois, des organes locomoteurs qui donnent à l'argonaute la faculté d'éviter le danger par la fuite : faculté refusée aux autres mollusques testacés. Sur l'échelon immédiatement supérieur de la série zoologique, nous trouvons des mollusques tout à fait nus, mais en revanche mieux armés encore, plus grands et plus robustes que les argonautes et les nautiles. Ce sont les seiches, les calmars et les poulpes. Ces animaux ont, comme l'argonaute, une tête distincte du corps, entourée de bras très-longs et rétractiles, et quelquefois de véritables nageoires, munie d'un tube locomoteur, et ayant, au centre du disque formé par les attaches des bras, une bouche armée d'un bec corné très-dur, semblable à celui des perroquets. Leur corps a la forme d'un sac enveloppé par le manteau. Celui de la seiche renferme une sorte de coquille ou plutôt un os ovale, aplati, bombé sur les deux faces, blanc, dur et corné dans les couches externes, tendre et friable dans les couches intérieures. C'est l'*os de seiche*, bien connu dans le commerce. Il est essentiellement formé de phosphate et de carbonate de chaux. On trouve ces os en abondance sur les bords de la mer, où les flots viennent les déposer. On les employait autrefois en médecine; aujourd'hui les orfévres s'en servent pour polir les métaux et pour faire des moules; mais on les recherche surtout pour les placer dans la cage des petits oiseaux. Ceux-ci y usent leur bec, qui sans cela acquerrait une longueur incommode, et ils y puisent, en le rongeant peu à peu, les éléments calcaires de leurs os, de leurs plumes et de la coquille de leurs œufs.

Les animaux dont nous parlons sont pourvus d'une sorte de poche située profondément dans l'abdomen, adhérente au foie et contenant une matière noire fluide, qu'ils lancent au dehors lorsqu'ils se voient menacés par quelque ennemi. Cette liqueur trouble l'eau et forme un nuage, au

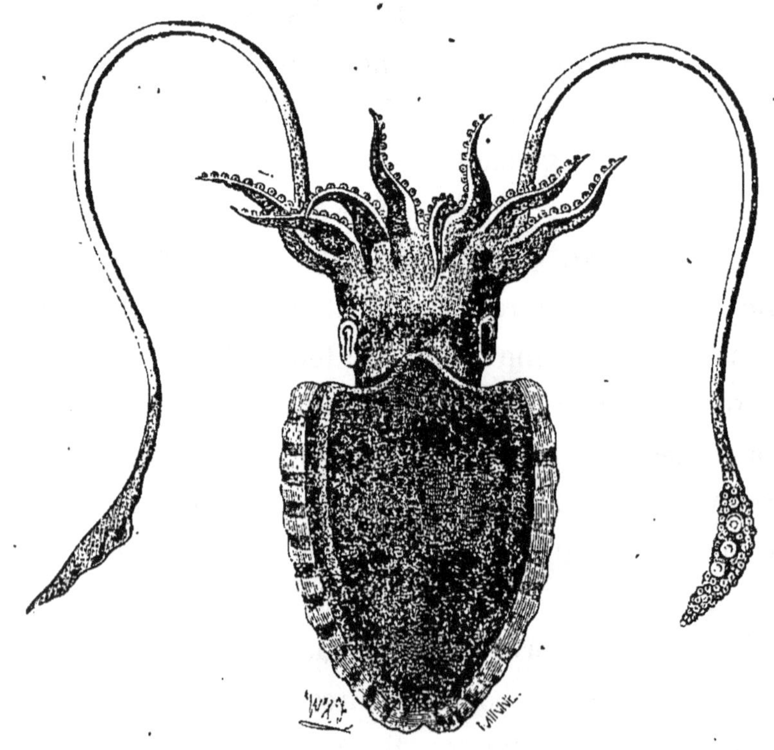

Seiche commune.

milieu duquel le céphalopode se cache comme faisaient les dieux d'Homère pour échapper aux coups des guerriers. Chez la seiche et chez le calmar, la poche à encre est plus volumineuse que chez les poulpes. On recueille cette encre, que les peintres emploient sous le nom de *sépia*. Quelques auteurs, le docteur Chenu entre autres, ont commis une erreur en disant que l'encre de Chine se prépare aussi avec la sépia. Cette encre n'est autre chose que du noir de fumée extrêmement fin, agglutiné avec de la gomme et parfumé avec du musc. On a découvert à l'état fossile des réservoirs d'encre de calmar, assez bien conservée pour qu'on ait pu s'en servir comme de sépia fraîchement extraite. Ce fait n'a, du reste, rien de surprenant, la sépia étant presque en totalité formée de carbone, corps simple éminemment inaltérable.

Les seiches sont des animaux côtiers, plutôt que pélagiques. Toutefois elles ne restent pas habituellement toute l'année sur les côtes qu'elles habitent; il paraît que les froids dans les régions tempérées, ou tout autre motif dans les pays chauds, les font s'absenter momentanément et ne se montrer de nouveau qu'au printemps. Peut-être est-ce le besoin de la ponte qui les arrache des profondeurs de la mer pour les pousser vers le littoral. Sur nos côtes, il n'y a pas de seiches en hiver; tandis que dès les premiers jours du printemps, on les voit en troupes composées exclusivement d'individus adultes, et dès ce moment elles commencent à pondre. On trouve des seiches dans presque toutes les mers, mais surtout dans celles des contrées chaudes. Ces mollusques se tiennent d'ordinaire près du fond. Ils nagent en arrière avec vitesse en refoulant l'eau par leur tube locomoteur, et se servent de leurs nageoires et de leurs bras quand ils veulent s'approcher d'une proie pour la saisir; mais alors ils nagent très-lentement. Une fois hors de l'eau, ils ne peuvent se mouvoir et meurent promptement.

Le *calmar,* genre très-voisin de la seiche, emprunte son nom au mot latin *calamarium* (en vieux français *calamar*), par lequel on désignait autrefois les écritoires renfermant

« tout ce qu'il faut pour écrire, » et que portaient toujours avec eux les clercs et les tabellions. C'est le même animal que nos pêcheurs appellent *encornet*. Sa forme est plus allongée que celle de la seiche. Son os est aussi très-allongé, mince, corné, transparent comme du verre, et assez semblable à une plume à écrire qu'on aurait ébarbée sur une partie de sa longueur. L'organisation intérieure

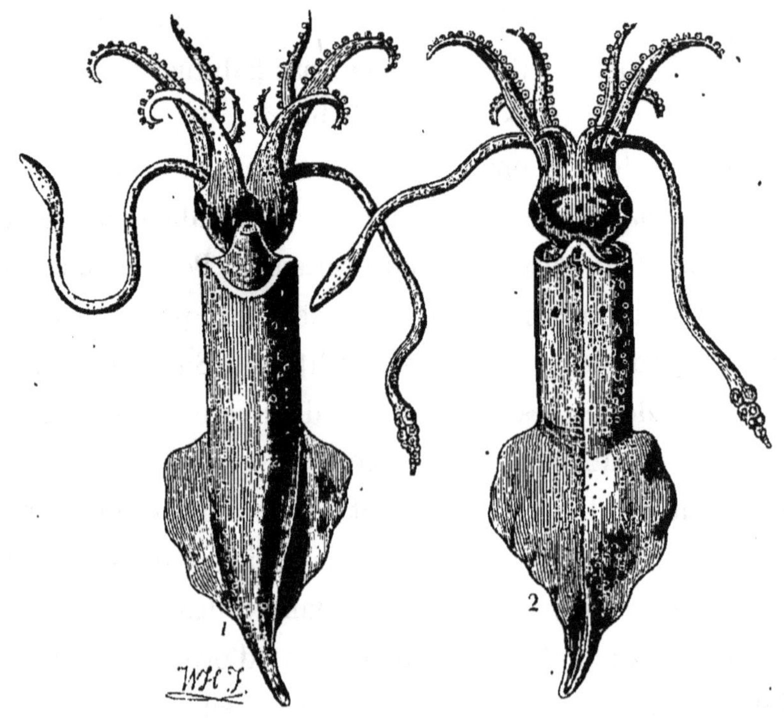

Calmar subulé.
1 Vu en dessous. 2 Vu en dessus.

des calmars diffère d'ailleurs fort peu de celle des seiches, et leurs mœurs sont les mêmes, à peu de chose près. Ce sont des animaux très-sociables, et vivant en troupes nombreuses. Ils sont côtiers, nocturnes, voyageurs. Tous les ans ils suivent une direction déterminée dans leurs migrations des régions tempérées vers les contrées chaudes, de même que font certains poissons, principalement les harengs et les sardines. Ils ne séjournent guère près des rivages que pendant le temps de la ponte, et disparaissent ensuite. Leur nourriture consiste surtout en poissons et en mollusques. Ils ont pour ennemi, outre l'homme qui ne dédaigne pas leur chair pour son propre usage et s'en sert aussi comme d'appât pour la pêche, les cétacés et les gros poissons, qui en font un grand carnage.

Les *poulpes* sont sans contredit le genre le plus intéressant de la tribu des céphalopodes sans coquille. Ces animaux ont servi, comme l'argonaute papyracé, de sujet à des fables très-accréditées parmi les gens de mer; mais la fiction a pris ici un tout autre caractère : elle est effrayante et sinistre. Nous verrons tout à l'heure ce qu'il faut penser de ces légendes. Commençons par décrire en quelques mots l'animal tel que le connaissent tous les naturalistes.

La conformation et l'organisation des poulpes ne diffèrent pas essentiellement de celles des autres céphalopodes, sauf en ce qu'ils n'ont point d'osselet interne. Leur corps mou, ovoïde, est en partie contenu dans un manteau en forme de sac, d'où sort la tête, proportionnellement très-grosse et terminée par une couronne de huit bras très-longs. Au milieu et au fond de cette couronne s'ouvre la bouche, ou plutôt le bec dur et robuste avec lequel le poulpe peut broyer de petits crustacés et des coquillages. A côté et en arrière des bras sont placés les yeux qui sont saillants, assez petits, et dont la conformation rappelle ceux des poissons. Les bras remplissent à la fois l'office d'organes locomoteurs pour la natation et la reptation, et d'organes de préhension pour saisir et enlacer les proies volumineuses. Leur face interne est armée d'une double rangée de ventouses sessiles et sans griffes. Ces ventouses ne sont pas, comme on le croit communément, des suçoirs destinés à pomper le sang des animaux que le poulpe attaque : ils

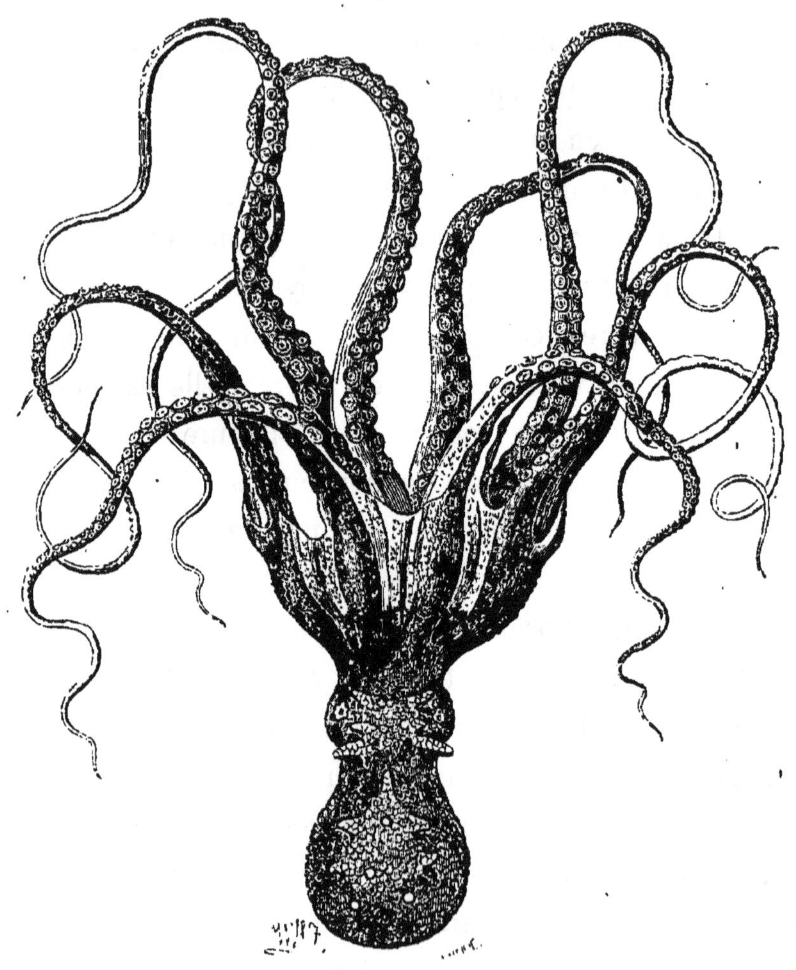

Poulpe commun.

ne servent qu'à faire adhérer fortement les bras à la proie et à l'empêcher de se soustraire à leurs étreintes.

Les poulpes sont ou sociables et voyageurs, ou solitaires et sédentaires. Ce dernier cas paraît être le plus ordinaire. Ils vivent alors retranchés dans les anfractuosités des rochers, ou dans des trous qui leur servent de repaire. Car ils sont essentiellement carnassiers et féroces, faisant la guerre à des poissons et à d'autres animaux d'assez grande taille, tuant même autour d'eux sans besoin immédiat, et comme par un instinct inné de destruction. Leur audace va-t-elle réellement, comme on l'a prétendu, jusqu'à attaquer l'homme? Cela est au moins douteux, et il ne semble pas, en tout cas, qu'ils puissent être pour lui des ennemis bien redoutables, si ce n'est en paralysant, par l'enlacement de leurs bras, les mouvements des nageurs qui, la frayeur aidant, sont alors exposés à se noyer. Mais le poulpe, — je parle des espèces communes, — ne dépasse guère en longueur 70 ou 80 centimètres, dont les bras forment la plus grande partie, le corps même de l'animal n'ayant que de 12 à 16 centimètres.

On a parlé souvent de poulpes gigantesques vivant soit dans les mers des pôles, soit dans celles des tropiques : monstres féroces et redoutables, assez grands et assez forts pour étouffer et dévorer des cétacés, à plus forte raison pour faire périr les malheureux matelots tombés à la mer, ou les imprudents qui se hasardent à nager dans leurs eaux. Rien n'est moins vraisemblable que l'existence de pareils animaux.

« On doit ranger parmi les récits fabuleux, dit le docteur Chenu, ce qui a été dit par Aristote, Pline, Élien, Aldovrande, et répété récemment encore par des voyageurs sérieux et par des naturalistes tels que Denys de Montfort, par exemple, relativement à des poulpes gigantesques, capables d'enlacer des vaisseaux et de saisir avec leurs bras, non-seulement des hommes, mais encore des cétacés de grande taille. On a parlé d'un poulpe dont les bras avaient dix mètres de long, et étaient si gros qu'à peine un homme aurait pu les embrasser; on a cité d'autres animaux du même genre, qui auraient des bras longs de vingt-cinq à trente-cinq mètres; enfin le célèbre *Kraken*, sur lequel on a brodé tant de romans, aurait sa partie supérieure d'une circonférence d'au moins une demi-lieue, et pourrait faire chavirer les plus grands navires, si l'on ne parvenait à couper les bras qui enlacent les mâts, etc. Ce qui semble vrai, c'est qu'il existe dans l'océan Pacifique une espèce qui a près de deux mètres de développement. M. Rang assure aussi qu'il a rencontré au milieu de l'Océan un poulpe ayant les bras courts et le corps de la grosseur d'un tonneau [1]. »

D'autres assertions souvent reproduites tendraient à établir que les mers tropicales nourrissent dans leurs profondeurs des animaux appartenant, soit à la classe des mollusques, soit à celle des rayonnés, et dont les dimensions dépasseraient de beaucoup celles des espèces qui nous sont connues. Ainsi les nègres qui font la pêche des perles dans la baie de Panama ont à redouter, dit-on, outre les requins très-communs dans ces parages, des espèces d'étoiles de mer d'une taille énorme, qui se cramponnent à leur corps et leur sucent le sang. Mais il ne faut point perdre de vue qu'on n'a jamais pu se procurer que des renseignements extrêmement vagues sur le compte de ces bêtes mystérieuses; que, selon toute probabilité, l'imagination, la peur, le mensonge ont la plus large part dans les récits dont elles sont l'objet, et que, si ce n'est pas là une raison de déclarer ces récits absolument faux, c'en est une au moins de les considérer comme très-exagérés.

[1] *Encyclopédie d'histoire naturelle.*

Cependant un des naturalistes les plus éminents de notre époque, M. Ehrenberg, n'a pas craint de se faire, devant l'Académie des sciences de Berlin, l'avocat d'une thèse abandonnée par presque tous ses confrères aux romanciers et aux conteurs de merveilleux. Le mémoire, très-intéressant d'ailleurs, de M. Ehrenberg, est relatif aux sondages faits sur les côtes du Groënland par le navire anglais le *Bull-Dog*, et se trouve dans le Bulletin du mois de novembre 1861 de la docte compagnie. On y lit ce qui suit :

« Le docteur Wallish, naturaliste de l'expédition, croit que les étoiles de mer (*ophicoma*), retirées vivantes de la ligne de sonde, habitent les profondeurs, et il convient d'attendre les motifs qu'il donnera à l'appui de son opinion. Elle concorderait d'une manière frappante avec les vieilles légendes qui parlent de monstres marins vivant au fond de la mer, et enveloppant de leurs bras tout ce qui les approche. Ce que dit Pline d'énormes polypes de trente pieds de long et pesant sept cents livres, a été considéré comme une exagération. Mais d'après une communication faite récemment à la Société des naturalistes de Berlin par le professeur Steenstropp, on aurait pêché dans le Sund, en 1549, un grand animal entièrement inconnu. Il a été décrit et représenté par Rondelet, Belon, Gesner, qui lui donnent le nom de *moine de mer* (*piscis monachus*). En 1853, un semblable animal, pesant cent kilogrammes, fut pris près du Jutland, et reconnu comme une seiche gigantesque. Steenstropp le range, avec une seiche d'une autre espèce prise dans l'Atlantique en 1858, dans un genre particulier, sous les noms d'*architeuthus monachus* et *architeuthus dux*. Ce dernier pourrait être aussi appelé le *tueur de baleines*, car on l'a pris pendant qu'il luttait avec un de ces cétacés. Quelques parties du corps de ces polypes géants sont conservés au Musée de Copenhague.

« On ne peut donc mettre en doute que les profondeurs de la mer, où croissent des végétaux longs de huit cents pieds, comme le fucus gigantesque de Forster, sont aussi peuplées par de monstrueux animaux, dont l'organisme est adapté à ces régions inconnues, d'où ils ne sortent que rarement. Leurs apparitions très-réelles ont formé le fond des traditions mystérieuses que, depuis deux mille ans, se transmettent les marins, et qui ont donné naissance aux fantastiques créations du kraken et du serpent de mer.

« De même que les masses de petites méduses gélatineuses qui flottent à la surface servent de nourriture aux énormes baleines, il y a aussi, au fond des mers, une abondante proie pour ces animaux prodigieux. »

Il y aurait plus d'une objection à faire aux vues de M. Ehrenberg. On ne peut se défendre de quelque étonnement en voyant un esprit aussi sérieux prêter avec tant d'empressement l'appui de son autorité à des assertions qui n'ont rien, en définitive, de bien positif. Il est permis de se montrer plus réservé que lui en ce qui concerne la réalité de cet « animal inconnu » pêché dans le Sund il y a trois cents ans. Quant aux deux autres, à savoir l'animal du poids de cent kilogrammes et le *tueur de baleines*, dont la découverte et la capture auraient eu lieu en 1853 et 1858, on se demande comment il se fait que le Musée de Copenhague ne possède que *quelques parties* de leurs corps, et l'on serait bien aise de savoir au moins quelles sont ces parties. En un mot, l'illustre naturaliste semble obéir ici plutôt à un élan de son imagination qu'à la froide raison que le savant doit toujours prendre pour guide, et qui lui eût sans doute, avec un peu de réflexion, fait découvrir le véritable motif pour lequel, en dépit des témoignages invoqués jusqu'ici, l'existence de ces poulpes géants est, *a priori*, inadmissible. Ce motif est tout philosophique, et je suis étonné qu'aucun des naturalistes qui se sont mis en peine de réfuter les fables dont il s'agit ne s'en soit encore avisé.

Le voici :

Il n'y a rien, je l'ai dit déjà, de capricieux dans la création; la nature est soumise à des lois constantes; et croire que tous les animaux peuvent indifféremment s'y présenter avec des dimensions quelconques est une erreur qu'on ne peut excuser que chez les personnes complétement étrangères à la philosophie naturelle. Il existe, de toute évidence, entre le degré de développement des différents animaux et leur organisation physiologique, une corrélation nécessaire, en vertu de laquelle il est aussi impossible de croire rationnellement à l'existence d'un rotifère de trois mètres de haut qu'à celle d'un éléphant microscopique, à une araignée grosse comme un cheval qu'à un rhinocéros gros comme une mouche. Et c'est en vertu de la même loi qu'il ne peut y avoir de poulpe ou de seiche de la taille d'une baleine. En effet, le poulpe et la seiche sont des mollusques, et leur organisation est radicalement incompatible avec une taille aussi énorme, qui ne peut appartenir qu'à des animaux vertébrés pourvus : — en premier lieu, d'un squelette, d'une charpente osseuse puissante, capable de contenir leurs organes, de servir d'attache et de point d'appui à leurs muscles; — en second lieu, d'un système cérébro-nerveux, d'un système respiratoire et circulatoire et d'un appareil digestif, propres à faire mouvoir leurs corps, à y accomplir incessamment le grand travail de nutrition, de réparation et de renouvellement, qui constitue la vie des animaux supérieurs. Un mollusque capable de lutter avec un cétacé, *a fortiori* d'enlacer et de faire sombrer un vaisseau; un mollusque même de la taille de celui que M. Rang croit avoir aperçu, est donc, non dans le sens figuré, mais dans la rigoureuse acception du mot, un *monstre*, c'est-à-dire un être impossible, extranaturel tout comme la chimère, l'hydre de Lerne, le minotaure et les autres animaux composites inventés par la mythologie..

Après avoir réduit à sa juste valeur, au point de vue scientifique, la fiction du poulpe géant, hâtons-nous de reconnaître que cette fiction, en tant que sujet de contes fantastiques, ne manque ni de grandeur ni de poésie. Elle est certainement d'origine danoise ou norwégienne, comme le dénote la consonnance toute septentrionale du nom sous lequel le monstre est désigné : le *kraken*. Le kraken est, selon la légende, une bête immonde et gigantesque, au corps informe, aux bras aussi longs que les plus longs serpents, armés d'innombrables suçoirs. Il ne se contente pas de faire la guerre aux autres habitants des mers : il est encore avide de la chair et du sang de l'homme. C'est surtout la nuit, au milieu des tempêtes, qu'il monte du fond de l'abîme pour attaquer les malheureux navigateurs aux prises avec la tourmente. Il enveloppe alors dans les replis de ses bras les agrès et la mâture, et s'efforce d'entraîner sous les flots le bâtiment et ceux qui le montent. Le seul moyen de salut est de couper à coups de hache ses immenses tentacules; encore n'est-il pas bien certain qu'ils ne renaissent pas aussitôt, comme les têtes de l'hydre. On comprend aisément la terreur que devait inspirer autrefois à des esprits ignorants et enclins aux croyances surnaturelles, le récit des effrayants exploits d'un tel ennemi.

CHAPITRE X

LE SERPENT DE MER

Puisque nous parlons des habitants fantastiques de l'Océan, nous ne pouvons moins faire que de consacrer un chapitre au plus célèbre d'entre eux, au fameux *serpent de mer*, qui est au moins cousin germain du kraken, et le plus ordinairement confondu avec ce dernier dans les traditions maritimes du Nord. Feu Lecouturier en a donné, dans le *Musée des sciences*[1], une excellente monographie à laquelle j'emprunte la plus grande partie des faits qui suivent.

L'histoire fabuleuse du grand serpent de mer remonte, comme celle des polypes ou poulpes géants, à une assez haute antiquité. Pline et Valère Maxime parlent tous deux d'un serpent amphibie qui naît sur le rivage, et ne se rend à l'eau que lorsqu'il a acquis en grandissant des dimensions qui rendraient ses mouvements impossibles, ou tout au moins très-difficiles, autre part que dans l'Océan.

[1] Deuxième année (tome II) 1857-58.

Un auteur français, Belleforest, dans sa *Cosmographie*, a commenté le passage de Pline relatif au serpent marin, et n'a pas craint de donner sur ce reptile des détails très-circonstanciés. C'était, selon lui, un animal gigantesque, doué d'une agilité extrême. Il se jetait sur les barques et sur les petits navires, les renversait et les mettait en pièces en les fouettant avec sa queue, et engloutissait ensuite un à un tous les nautonniers. Belleforest ajoute, avec une parfaite naïveté, que si le navire était trop grand pour que le monstre pût le briser, il le jetait ou plutôt le poussait à la côte, quelle que fût la direction du vent; là il attendait patiemment que les hommes de l'équipage, pressés par les privations ou par l'espoir de s'échapper, s'aventurassent sur le pont ou essayassent de gagner la terre. C'est alors qu'il les saisissait et les croquait à belles dents; car ce serpent, — toujours d'après Belleforest, — avait des dents. Il avait aussi *une tête de chien-loup*, avec des oreilles rejetées en arrière. Ajoutez à cela un corps « tout couvert d'écailles jaunissantes » et une « croupe se recourbant en replis tortueux », et vous aurez le portrait ressemblant du monstre: — le même probablement que suscita Neptune pour dévorer le fils de Thésée.

Dans le nord de l'Europe, la croyance à des êtres marins de forme étrange et de taille prodigieuse, est très-répandue et fortement enracinée dans l'esprit des masses. Quant à s'enquérir des dimensions exactes et de l'espèce de ces animaux, il va sans dire que les pêcheurs et les marins s'en gardent bien; car dès qu'ils croient en apercevoir un, ils n'ont rien de plus pressé que de fuir à force de voiles ou de rames. De là la confusion qu'ils font entre le kraken proprement dit, ou poulpe géant, et le grand serpent de mer, en les désignant tous deux sous le nom de kraken, et en leur attribuant libéralement les caractères et les formes les plus bizarres et les plus incompatibles.

« La Norwége, dit Lecouturier, a une foi inébranlable dans l'existence du grand serpent de mer, et elle lui donne les mers du Nord pour demeure. Pontoppidan, évêque de Berghen, dit qu'on y croit si fortement à la réalité de ce reptile monstrueux, que toutes les fois que, dans le manoir de Nordland, il s'avisait d'en parler dubitativement, il faisait sourire comme s'il eût douté de l'existence de l'anguille ou de tout autre poisson vulgaire. Le nom de ce serpent marin dans ces régions est le *kraken;* on le désigne encore sous le nom de *soe-trolden* (fléau de la mer).

« Les pêcheurs norwégiens, raconte Pontoppidan, af-
« firment tous sans la moindre contradiction, dans leurs
« récits, que lorsqu'ils poussent au large à plusieurs milles,
« particulièrement pendant les jours les plus chauds de
« l'année, la mer semble tout à coup diminuer sous leurs
« barques ; et s'ils jettent la sonde, au lieu de trouver
« quatre-vingts ou cent brasses de profondeur, il arrive
« souvent qu'ils en trouvent à peine trente. C'est un ser-
« pent de mer qui s'interpose entre les bas-fonds et l'onde
« supérieure. Accoutumés à ce phénomène, les pêcheurs
« disposent leurs filets, certains que là abonde le poisson,
« surtout la morue et la lingue, et ils les retirent richement
« chargés. Mais si la profondeur de l'eau va toujours di-
« minuant, et si ce bas-fond accidentel et mobile remonte,
« les pêcheurs n'ont pas de temps à perdre : c'est le ser-
« pent qui se réveille, qui se meut, qui vient respirer l'air
« et étendre ses larges plis au soleil. Les pêcheurs font
« alors force de rames, et quand, à une distance raison-

« nable, ils peuvent enfin se reposer avec sécurité, ils « voient en effet le monstre qui couvre un espace d'un « mille et demi de la partie supérieure de son dos. Les « poissons surpris par son ascension sautillent un mo- « ment dans les creux humides formés par les protu- « bérances de son enveloppe extérieure; puis de cette « masse flottante sortent des espèces de pointes ou de « cornes luisantes qui se déploient et se dressent *semblables* « *à des mâts armés de leurs vergues.* Ce sont les bras du « kraken. Voilà donc le kraken qui reparaît, le serpent « qui se transforme en poulpe : il a des bras, et quels « bras! Telle est leur vigueur, que s'ils saisissaient les « cordages d'un vaisseau de ligne, ils le feraient infailli- « blement sombrer. Après être resté quelque temps sur « les flots, le monstre redescend avec la même lenteur, « et le danger n'est guère moindre pour le navire qui se- « rait à sa portée, car, en s'affaissant, il déplace un tel « volume d'eau, qu'il occasionne des tourbillons et des « courants aussi terribles que ceux de la fameuse rivière « Male (le Maëlstrom). »

« Telle est en Norwége, continue Lecouturier, la croyance populaire à propos du serpent de mer. Les anciens écrivains scandinaves, de leur côté, lui attribuent six cents pieds de longueur, avec une tête qui ressemble beaucoup à celle du cheval, des yeux noirs et une espèce de crinière blanche. Suivant eux, on ne le rencontre que dans l'Océan, où il se dresse tout à coup comme un mât de vaisseau de ligne, et pousse des sifflements qui effraient comme le bruit d'une tempête. Les poëtes norwégiens comparent la marche du serpent de mer au vol d'une flèche rapide. Lorsque les pêcheurs l'aperçoivent, ils rament dans la direction du

Le Kraken.

soleil, le monstre ne pouvant les voir lorsque sa tête est tournée vers cet astre. On dit qu'il se jette quelquefois en cercle autour d'une barque, et que l'équipage se trouve ainsi enveloppé de tous côtés. »

On lit dans la relation du second voyage de Paul Egède au Groënland, qu'au mois de juillet un animal dressa sa tête au-dessus des flots jusqu'à moitié environ de la hauteur du grand mât. Cette tête se terminait en un long museau pointu, et, — ce qui n'avait été dit jusque-là d'aucun serpent de mer, — elle rejetait l'eau par un seul évent placé à son sommet. Le monstre avait, en guise de nageoires, d'immenses oreilles comparables à celles d'un éléphant, et qu'il agitait comme des ailes pour maintenir hors de l'eau la partie supérieure de son corps. Il plongea au bout de quelque temps en se rejetant en arrière, et en faisant une sorte de culbute, qui montra successivement toutes les autres parties de son corps couvert de larges écailles.

Dans ce serpent de mer d'une nouvelle espèce, avec son évent et ses ailes-nageoires, on croit reconnaître un autre animal fantastique, la *grande baleine blanche* des côtes du Groënland, chassée pendant deux siècles par les baleiniers écossais, qui l'appelaient *Maby Dick,* et la regardaient comme l'épouvantail des mers arctiques. Elle apparaît encore de temps en temps, au dire de ces marins; mais elle est si vieille, si vieille, que son corps est tout couvert de végétation, d'algues et de mousses marines, au milieu desquelles vivent attachés, comme sur un rocher, des multitudes de coquillages et de polypes.

Les traditions du Nord parlent encore d'un monstre marin qui vint un jour s'échouer sur une plage des îles Orcades. On raconte qu'il avait quatre-vingts pieds de long et quatorze de circonférence, qu'il portait une crinière longue et hérissée, et que cette crinière, lumineuse dans l'obscurité, redevenait terne pendant le jour. Malgré ce qu'il y a de fantastique dans cette description, on ajoute que la véracité en est attestée par des procès-verbaux dressés en présence des autorités locales, et que même un naturaliste écossais, sir Edward Ham, proposa de classer ce monstre parmi les poissons de la famille des squales, sous le nom de *squalus maximus*.

Mais laissons là les fables, les légendes, les visions nocturnes et les récits apocryphes, et voyons ce que l'histoire contemporaine, les rapports des hommes réputés sérieux et les discussions des savants nous apprendront sur cet être problématique, dont l'existence a été tantôt traitée de mystification ridicule, tantôt affirmée comme un fait avéré, sans que, jusqu'à une époque très-rapprochée du moment actuel, il ait été possible de se prononcer avec certitude entre ces opinions contraires.

En Angleterre et aux États-Unis, la croyance au grand serpent de mer est très-populaire. La Société linnéenne de Boston a rédigé, il y a quelques années, un rapport authentique, constatant qu'à plusieurs reprises un animal prodigieux avait été vu dans la baie de Glocester; qu'il se montra une fois entre autres, en 1817, à trente milles environ de Boston, et put être examiné par quelques hommes compétents, prévenus de son retour. D'après le rapport dont nous parlons, le monstre offrait bien la forme et les contours d'un serpent. Son agilité était extrême. Lorsque le temps était calme et le soleil chaud, il se tenait à la surface, plongeant alternativement dans l'eau et dans l'air les différentes parties de son corps roulé en anneaux.

On conserve dans les archives de la ville de Plymouth un long procès-verbal des dépositions verbales faites par une multitude d'hommes de mer, qui tous constatent la présence dans l'Océan du mystérieux animal. Et, chose remarquable, toutes ces dépositions, sauf de légères différences de détail, s'accordent pleinement sur la conformation générale et les dimensions énormes du monstre.

Un pêcheur atteste avec serment avoir vu un étrange animal de la forme d'un serpent, d'une taille extraordinaire, de couleur brune, et qui tantôt restait tranquille à fleur d'eau, tantôt nageait avec une vitesse incroyable. Un autre témoin affirme avoir vu dans le même lieu une bête immense dont la tête, dit-il, ressemblait à celle d'un serpent à sonnettes. Un troisième a vu le monstre ouvrir sa gueule énorme, qu'il compare aussi à celle d'un serpent terrestre.

D'autres individus avancent des faits analogues, et les accompagnent de détails qui paraissent fort naturels. Ainsi un matelot raconte qu'il tira un coup de fusil au monstre, dans l'instant où celui-ci, assez rapproché de la barque, plongeait comme pour l'éviter; mais qu'à une faible distance de là on vit de nouveau sa tête sortir de l'eau; qu'au même instant on sentit le frôlement d'un corps raboteux contre la quille de l'embarcation, et que bientôt après on vit la queue du serpent qui battait la surface de la mer, d'où il fit jaillir l'eau jusque sur les marins.

L'*United Service Journal* insérait au mois d'août 1819 une lettre dans laquelle un témoin oculaire racontait une apparition de serpent de mer sur la plage de Nahant. « J'avais avec moi, dit ce témoin, une excellente lunette. En arrivant sur la plage, je trouvai beaucoup de gens assemblés, et bientôt après nous vîmes paraître, à quelque distance du rivage, un animal dont le corps formait une série de courbes noirâtres dont je pus compter jusqu'à treize. D'autres personnes comptèrent quinze de ces inflexions. Le monstre passa trois fois avec une vitesse modérée, traversant la baie dont l'eau écumait sous sa pression. Nous pûmes facilement estimer que sa longueur ne devait guère s'écarter de cinquante à soixante pieds... Ce que je puis affirmer, sans oser dire à quelle espèce appartient l'animal que je viens de voir, c'est que ce ne peut être ni une baleine, ni un cachalot, ni aucun fort souffleur, ou tout autre volumineux cétacé. Aucun de ces gigantesques animaux n'a le dos ondoyant comme celui-ci.... »

Peu de temps après, les autorités du comté d'Essex, État de Massachussets, recevaient le procès-verbal en bonne forme que voici :

« Je soussigné, Gresham Bennelt, contre-maître, déclare que le 6 juin, à sept heures du matin, naviguant à bord du sloop *la Concorde*, dans son passage de New-York à Salem, le bâtiment étant à environ quinze milles de Race-Point, en vue du cap Sainte-Anne, j'entendis le pilote pousser un cri et m'appeler, disant qu'il y avait près du navire quelque chose qui méritait d'être vu. Je fus immédiatement du côté qu'il m'indiquait, et je vis un serpent d'une grosseur énorme qui flottait sur l'eau. Sa tête était environ à sept pieds au-dessus de la surface de la mer; le temps était clair et la mer calme. La couleur de l'animal dans toutes ses parties visibles était noire, et la peau paraissait unie et sans écailles. Sa tête avait la longueur de celle d'un cheval; mais c'était parfaitement une tête de serpent, se terminant en haut par une surface aplatie. On ne distinguait pas ses yeux. Je le vis clairement pendant sept à huit minutes; il nageait dans la même direction que le sloop et allait presque aussi vite. Le dos était composé de bosses ou d'anneaux de la grosseur d'un gros baril, séparés par des interstices d'environ trois pieds. Ces anneaux paraissaient fixes, et ressemblaient à un chapelet de tonneaux liés ensemble; la queue était sous l'eau. La partie de l'animal que j'ai bien vue est d'environ cinquante pieds de longueur; le mouvement des anneaux paraissait ondulatoire... »

Depuis lors et jusqu'à une époque très-rapprochée du moment où nous sommes, il ne se passa pas une année sans que la présence du serpent de mer fût signalée sur quelque point de l'Océan. Mais le public ne tarda pas à se blaser sur ces histoires, et la grande majorité des gens éclairés ne vit dans leurs auteurs que des visionnaires ou des mystificateurs.

Cependant, en 1857, la question du serpent de mer fut de nouveau posée devant le monde savant par un marin anglais d'un mérite reconnu, le capitaine Harrington, commandant du navire *le Castillan*. Il s'ensuivit dans les sociétés et les journaux scientifiques, à Londres surtout, une polémique très-animée, mais d'un caractère nouveau, où chacun prit parti pour ou contre le serpent de mer; seulement les opposants, au lieu de nier purement et simplement son existence, soutinrent que ce qu'on avait pris pour un animal n'était autre chose que quelque énorme épave végétale. Mais n'anticipons point, et laissons parler les observateurs.

M. Harrington prétendait avoir vu, de ses yeux vu le serpent marin. Selon lui, la tête du monstre avait la forme d'un tonneau dont le plus grand diamètre serait de deux à trois pieds. Sur le sommet de cette tête se dressait une sorte de crête membraneuse et ridée. A plus de trente-cinq mètres autour de l'animal, la mer était trouble et décolo-

Serpent de mer légendaire.

rée, de sorte que la première impression du capitaine fut que son navire était envahi par ce qu'on appelle en terme de marine les *eaux brisées*, qu'on attribue à quelque phénomène volcanique sous-marin. Mais un examen plus attentif le convainquit qu'il avait devant les yeux un être vivant, d'une longueur extraordinaire, et qui paraissait se diriger lentement vers la terre. Le vaisseau marchait trop vite dans le moment pour qu'il fût possible de mesurer les dimensions de l'animal; mais d'après le calcul, tel qu'on put le faire, il paraissait avoir plus de deux cents pieds de long. « Je suis convaincu, ajoutait M. Harrington, que cet animal appartenait à l'espèce des serpents; il était de couleur sombre et couvert de taches blanches. »

Le récit, dans son ensemble, était clair et précis. Le capitaine écrivait hardiment à l'amirauté que, comme marin, il ne pouvait se tromper, et qu'il serait aussi capable de prendre une anguille pour une baleine, que des algues ou toute autre production marine pour un animal vivant. « S'il avait été éloigné, disait-il enfin, j'aurais cru me tromper; mais je l'ai vu passer à vingt mètres de mon navire. Vingt personnes l'ont vu aussi bien que moi et mes deux officiers, et je puis vous assurer que je l'ai vu aussi distinctement que je vois dans ce moment le bec de gaz à la lumière duquel je vous en écris la description. »

En présence d'affirmations aussi nettes, aussi catégoriques, les plus incrédules devaient hésiter; beaucoup s'avouèrent convaincus, et peu s'en fallait que la cause du serpent de mer ne fût gagnée, quand tout à coup un nouveau champion parut dans l'arène. C'était un autre marin, M. Frédéric Smith, qui se posait comme témoin oculaire de la *non-existence* du serpent!

M. F. Smith se trouvait, au mois de décembre 1848, à bord du navire *le Peking,* appartenant à son père, près de Moulmein, par un temps calme, lorsqu'il vit à une certaine distance « quelque chose d'extraordinaire qui se balançait sur les vagues, et qui paraissait être un animal d'une longueur démesurée. Avec nos longues-vues, ajoute-t-il, nous pouvions du *Peking* distinguer parfaitement une tête énorme et un cou d'une grosseur monstrueuse, recouvert d'une crinière qui paraissait et disparaissait tour à tour. Cette apparition fut également vue de tout l'équipage, et tout le monde s'accorda à dire que ce devait être le grand serpent. Je pris la résolution de faire avec ce monstre célèbre plus ample connaissance, et à l'instant même je fis mettre à la mer une embarcation avec un officier et quatre hommes à bord, munis de quelques armes et de quelques brasses de cordage. Je les guettai attentivement. Le monstre ne semblait point s'inquiéter de leur approche. Enfin ils arrivèrent tout près de la tête. Ils me parurent hésiter, puis je les vis s'occuper à dérouler la corde qu'ils avaient apportée pendant que le monstre continuait toujours à hocher la tête et à déployer sa longueur énorme. Tout à coup le canot fit le mouvement de se diriger vers le vaisseau, suivi par le monstre redoutable. En moins d'une demi-heure celui-ci fut hissé à bord. Le corps paraissait doué d'une certaine souplesse tant qu'il restait suspendu. Mais il était tellement couvert de parasites marins de toute espèce, que ce ne fut qu'au bout d'un certain temps que nous parvînmes à découvrir que cet animal effrayant n'était autre chose qu'une algue monstrueuse, ayant plus de cent pieds de long et quatre pieds de diamètre, et dont la racine figurait de loin la tête, tandis que le mouvement imprimé par les flots la faisait paraître vivante.

« En quelques jours cette algue curieuse, se desséchant, répandit à bord une odeur tellement infecte, que je fus obligé de la faire jeter à la mer. Aussitôt après mon arrivée à Londres, le *Dædalus* rapporta sa rencontre avec le

Algue monstre remorquée par le canot du *Peking*.

grand serpent à peu près dans les mêmes parages, et je ne pus douter que ce ne fussent des épaves de la même algue dont je viens de rapporter l'histoire. Toutefois cette illusion est tellement justifiée par l'apparence de l'objet, que, s'il m'eût été impossible dans ce moment d'envoyer l'embarcation comme je l'ai fait, je serais demeuré toute ma vie dans la conviction que j'avais vu le grand serpent de mer. »

Ce rapport n'a pas besoin de commentaires : il tranche définitivement la question, expliquant par le fait le plus naturel du monde les erreurs de tous ceux qui prétendaient avoir vu le serpent de mer, mais qui ne l'avaient jamais vu qu'à distance, et n'avaient pas osé, comme M. F. Smith, l'appréhender au corps. M. Smith rend parfaitement compte de l'illusion dont ses confrères ont été dupes, et que lui-même éprouva ainsi que tout son équipage. Il est certain que le séjour de l'Océan dispose singulièrement aux hallucinations. Je n'en veux pour preuve que ce fait si étonnant et si dramatique dont M. Julien a été témoin et acteur, et dont j'ai reproduit le récit au chapitre VII de la deuxième partie de ce livre. On comprend donc sans peine que, sous cette influence, les marins les plus sérieux et les plus éclairés aient été trompés, effrayés même par l'apparition de tronçons d'algues du genre de celles qu'a signalées Forster, et dont la tige immense, ondulant à la surface des flots, peut imiter en effet, à s'y méprendre, la forme et les mouvements d'un gigantesque reptile.

CHAPITRE XI

LES POISSONS

La conclusion de l'histoire du grand serpent de mer suffirait à prouver une fois de plus que, comme l'a dit un célèbre écrivain du siècle dernier, « il y a toujours quelque chose de vrai dans un mensonge, » et qu'au fond de toute erreur on trouve, en cherchant bien, une réalité. Nous devons ajouter, pour la justification de ceux qui ont cru au grand serpent de mer, que si l'Océan ne nourrit aucun être ayant exactement la forme et approchant des dimensions de celui de la légende, on y rencontre bien réellement des animaux que leur corps très-allongé et leurs allures tortueuses font ressembler beaucoup aux serpents de terre. Mais ces animaux sont des poissons, c'est-à-dire des animaux organisés pour la vie aquatique, pourvus de nageoires, et chez lesquels les poumons sont remplacés par des *branchies,* qui leur permettent d'absorber l'air dissous dans l'eau, mais ne leur permettent pas de respirer directement l'air atmosphérique. Ces poissons serpentiformes, le vulgaire les confond tous sous la dénomination d'anguilles[1]. Les naturalistes les distinguent en plusieurs genres dont un, — le genre *ophisure,* — est surtout remarquable par sa ressemblance avec les serpents de terre : ressem-

[1] Du latin *anguis*, serpent.

blance si frappante, qu'une espèce de ce genre a reçu le nom mérité de *serpent de mer*. Il existe donc un serpent de mer. Seulement il n'atteint jamais une longueur de plus de deux mètres, ce qui n'approche guère, comme on le voit,

Le Serpent de mer (ophisure).

des dimensions attribuées à l'être fantastique dont il a été question au chapitre précédent. Sa grosseur est à peu près celle du bras d'un homme; son museau est grêle et pointu, son corps brun en dessus, d'un blanc argenté en dessous. Il habite la Méditerranée.

C'est aussi dans la Méditerranée que vit une autre espèce d'anguille : la murène (*murœna helena*), si estimée des Romains, qui élevaient, dans des viviers construits à grands frais au bord de la mer, un si grand nombre de ces poissons, que, pour fêter un de ses triomphes, Jules César en

1 La Murène. 2 La Lamproie.

fit distribuer six mille à ses officiers et à ses amis. Afin de donner à leurs murènes l'embonpoint qui devait rendre leur chair plus succulente, on ne refusait rien à ces poissons voraces et carnassiers, et quelques personnages allaient jusqu'à faire jeter vivants dans les piscines ceux de leurs esclaves qui avaient commis quelque faute. Un certain Vedius Pollio s'est acquis, par ces actes de gourmandise féroce, une horrible célébrité.

Les anciens associaient aux murènes, dans leurs prédilections gastronomiques, la lamproie, qui s'en rapproche par son corps anguiforme et par ses appétits sanguinaires. Les lamproies sont des poissons suceurs, que leur organisation imparfaite a fait placer au dernier rang des vertébrés. Leur bouche n'est qu'une sorte de ventouse circulaire, armée de dents fortes, aiguës et nombreuses, et à l'aide de laquelle elles s'attachent au corps des plus gros poissons pour ronger leur chair et sucer leur sang. La taille des lamproies ne dépasse pas un mètre; elles ont, selon l'expression vulgaire, « la vie très-dure, » et guérissent aisément des blessures les plus graves. Ces animaux se rattachent, par la consistance molle de leur squelette très-simple et très-peu développé, à la classe des poissons cartilagineux (chondroptérygiens), classe peu nombreuse, mais qui, en revanche, renferme les espèces les plus grandes, les plus redoutables par leur force et leur voracité.

Le premier rang, sous ce double rapport, appartient sans contredit à la tribu des *squales,* et parmi eux au terrible requin (*squalus carcharias* de Linné), dont le vrai nom, de sinistre augure, est *requiem.* Cela signifie que lorsqu'un homme tombe à la mer en présence du lugubre animal, on peut dire pour lui les prières des morts. Le corps du requin est allongé par rapport à son diamètre. Sa tête, large et aplatie, se termine en avant par un museau, au-dessous et en arrière duquel s'ouvre la formidable gueule du monstre, avec son arsenal de dents aiguës, triangulaires et dentelées, disposées sur cinq et six rangs autour de chaque mâchoire; à trente par rangée, cela fait un total de près de quatre cents dents. Ajoutez à cela l'énorme ouverture de ses mâchoires, — d'un à quatre mètres de diamètre, — et vous comprendrez la légitime terreur qu'inspire aux marins ce crocodile de la mer, l'animal le plus glouton et le mieux armé que l'on connaisse. Notez aussi que les dents du requin ne sont pas enchâssées dans un os comme celles des quadrupèdes, mais dans des cellules cartilagineuses, ce qui leur

Le Requin.

donne la facilité de se replier en arrière et de se relever suivant le besoin. Ordinairement, le premier et le second rang sont seuls relevés; mais, lorsque l'animal veut saisir une victime d'une grande vigueur, toutes les dents se meuvent à la fois ou successivement, et multiplient les blessures ou les points d'arrêt. Aussi couper un homme en deux, ce n'est, pour un requin de taille moyenne, que l'affaire d'un coup de mâchoires. On conçoit, d'après cela, que dans les mers fréquentées par ces effroyables animaux, il ne soit pas possible de se baigner.

Souvent, dans la mer des Antilles, les nègres qui montent une embarcation cessent de ramer, et d'un air significatif montrent au voyageur un requin qui nage à l'arrière, et semble attendre un faux coup de barre, une imprudence qui fasse chavirer le canot. Souvent aussi dans les nuits de bourrasques, quand le vent et la mer font crier les ais du navire, le requin apparaît au milieu des vagues; les marins le reconnaissent à l'éclat phosphorique dont il brille, et savent qu'il est là pour eux. En tout temps il suit les navires avec une infatigable patience, prêt à engloutir tout ce qui tombe à la mer : immondices, cadavres ou êtres vivants. Il nage très-vite quand il veut ; toutefois, il n'aime pas, en général, à se presser, et abandonne au bout d'un certain temps les navires bons marcheurs, voiliers ou *steamers*.

Le requin se rencontre dans tous les parages; mais il hante surtout les mers tropicales, dont il est le fléau. Il ne craint que deux ennemis : le gigantesque cachalot (*physeter macrocephalus*), qui lui fait une guerre meurtrière, — et l'homme.

Le plaisir d'une lutte pénible et même dangereuse, la satisfaction de détruire un destructeur, suffiraient pour animer les équipages à la pêche du requin; mais on tire, en outre, de cet animal des produits utiles : sa peau épaisse, dure, susceptible d'un beau poli, est employée dans la gaînerie. Son foie contient une huile identique par ses propriétés à l'huile de foie de morue, et susceptible d'être appliquée au chamoisage des peaux. Sa chair est coriace, mais mangeable à la rigueur. J'emprunte à un témoin oculaire le récit de la capture d'un de ces animaux.

« Un requin de grande taille, qui sans doute a une dizaine de mètres de long (il n'est pas rare d'en trouver de cette force), s'est aventuré près du navire. On n'avait rien à faire (le navire était en calme), et l'équipage a su gré au requin de la distraction qu'il venait apporter. Par précaution, et pour l'occuper, on lui a jeté une paire de vieilles bottes, qu'il a consciencieusement avalées. Il n'était cependant pas nécessaire de l'allécher; car tant que le calme durera, et même tant que la vitesse du navire ne dépassera pas trois à quatre milles à l'heure, le requin ne bougera pas des eaux de la maison flottante, d'où il s'attend toujours à voir tomber quelque régal.

« Pendant qu'il s'amuse à plonger sous l'arrière du bâtiment, tout le monde est en agitation sur le pont. On dispose les engins, et l'on se prépare à la lutte. Un énorme hameçon est fixé par un bout de chaîne en fer à l'extrémité d'une longue et forte corde, d'un *filin,* comme disent les matelots. L'appât est un gros morceau de lard, comme celui qui trempait dans la mer pour le dîner de l'équipage, et que le requin a déjà englouti.

« Tout est prêt. Le harpon, bien graissé, est dans la main du capitaine; les nœuds coulants de filin glissent parfaitement, et sont déposés à portée de la main. Tout le monde est sur le pont de la dunette. Un matelot jette l'hameçon à la mer, et la pêche commence.

« Le requin cesse alors de plonger et de tourner autour du navire; il flaire l'appât, et nage paresseusement vers le morceau de lard qui flotte. Il a appris depuis longtemps qu'une si petite proie ne saurait lui échapper. Aussitôt qu'il peut toucher l'engin du bout de son museau, il se tourne vers le côté, ouvre la gueule et l'avale. Mais à ce moment une violente secousse imprimée au filin fait pénétrer l'hameçon dans une mâchoire; dix mains se cram-

Pêche au requin.

ponnent à la ligne et la roidissent, pendant que le requin se débat en faisant voltiger l'écume de l'eau. Il arrive quelquefois que l'hameçon se brise; on recommence alors. Le requin, la gueule toute déchirée, se jette avec la même avidité sur le second appât.

« Aussitôt qu'on voit l'hameçon fixé, on tire l'animal le long du bord. L'homme placé au poste d'honneur, ordinairement le capitaine, lui lance un vigoureux coup de harpon dans le corps. Il faut que le fer pénètre assez avant dans les chairs pour que la partie mobile se mette en croix avec l'axe de la lance. On a alors deux points d'attache, et l'on soulève le requin hors de l'eau au moyen de la ligne de l'hameçon et de la corde du harpon, sur lesquels on tire en même temps. L'animal, une fois sorti de la mer, perd une partie de sa force : ses nageoires et sa queue n'ont plus de point d'appui. Rien n'est plus facile, quand il est sur les flancs du navire, que de lui passer un nœud coulant à la queue. Toutes les cordes qui le tiennent sont vivement passées dans des poulies fixées aux vergues, et le requin fait son entrée sur la dunette par-dessus le bord.

« Le prisonnier est capturé. Son supplice ne sera pas long. Il se débat en vain, et donne des coups de queue à défoncer le plancher. Un matelot lui enfonce une barre d'anspec dans la gueule, pour le maintenir droit, pendant qu'un autre lui coupe la queue à coups de hache. Dans cet état, il ne pourra plus nuire; mais un coup de queue tuerait un homme, ou lui casserait infailliblement la cuisse. Quand le monstre est sans défense, on lui ouvre le ventre et on lui retire le cœur, puis on le jette encore tout palpitant par-dessus le bord. Quelquefois on prélève un morceau du ventre pour le manger; quelquefois on le dépouille pour sécher la peau, ou pour conserver l'épine dorsale, dont on fait une jolie canne. Il est probable que maintenant on utilisera les foies, qui sont très-riches en huile iodée [1]. »

[1] Musée des Sciences, t. IV (4e année), art. de M. L. Platt.

Le requin a un satellite, un compagnon, qui partout le suit. C'est un petit poisson que les marins appellent son pilote, et sur lequel ils ont imaginé bien des contes. La vérité est que ce poisson suit le requin pour manger ses excréments. On trouve aussi fréquemment sur le requin un autre petit poisson à ventre aplati, qui d'ailleurs s'at-

Le Grand Pèlerin.

tache aussi à la carène des navires, et dont les mœurs sont peu connues.

Un autre squale, le *grand pèlerin,* égale et surpasse même le requin par ses dimensions; mais il est loin d'être aussi redoutable, et c'est bien injustement qu'on l'a représenté comme un des persécuteurs acharnés de la baleine. Quoique carnassier comme tous les squales, il ne se jette pas aveuglément sur tout ce qu'il rencontre, et ne se nourrit que de poissons de petite taille. Son singulier congénère, la *scie*, est infiniment plus suspecte, et il est bien difficile

La Scie vulgaire.

d'accorder des mœurs inoffensives à un animal pourvu d'une arme aussi cruelle. En effet, son museau, allongé et déprimé en forme de lame d'épée, est hérissé de chaque côté de fortes épines osseuses, pointues et tranchantes, implantées comme des dents. La forme du corps est allongée et, comme chez les autres squales, éminemment propre à la nage. La scie peut atteindre une longueur totale de quatre à cinq mètres. Les naturalistes anciens et plusieurs auteurs modernes ont affirmé qu'à l'aide de l'arme meurtrière qui lui a valu son nom, elle attaque la baleine, et lui livre des combats opiniâtres où elle a sou-

Le Marteau-maillet.

vent le dessus. Certains squales ne sont remarquables que par la bizarrerie de leurs formes. Les deux plus étranges sont le squale *marteau* et la *squatine* ou *ange de mer*.

Le marteau doit ce nom à la forme de sa tête, aplatie horizontalement, tronquée en avant, et dont les côtés se prolongent à droite et à gauche en deux branches, qui figurent assez bien la tête d'un marteau ou d'un maillet. Le *marteau commun* est répandu dans l'océan Atlantique, et se trouve aussi dans la Méditerranée. Sa longueur est d'environ trois mètres; il peut peser jusqu'à deux cents kilogrammes.

L'Ange de mer.

C'est par antiphrase sans doute, qu'on a donné le nom d'*ange de mer* à la squatine, à moins que ce ne soit à cause du développement de ses nageoires pectorales et ventrales, qui jusqu'à un certain point ressemblent à des ailes. Ce poisson a la tête grosse et ronde, les yeux placés sur la face dorsale, la bouche fendue en avant du museau, le dos hérissé de fortes épines.

Si ce doux nom d'ange pouvait, sans profanation, être appliqué à des créatures aussi généralement hideuses et aussi invariablement stupides que les poissons, il convien-

Le Ptéroïs volant.

drait plutôt à ceux que la nature a doués de nageoires membraneuses assez grandes pour leur permettre de s'élever quelques instants hors de l'eau, et qui, en conséquence, sont appelés *poissons volants*. Cette faculté semble être, au premier abord, un bienfait pour eux, puisqu'ils peuvent ainsi se soustraire aux poursuites de leurs ennemis marins; mais en réalité elle ne fait que les jeter d'un péril dans un autre, puisqu'ils n'échappent le plus souvent à la voracité des autres poissons que pour devenir la proie des oiseaux ichthyophages.

Le plus extraordinaire des poissons volants est le *pégase-dragon*, avec son long museau, son corps large, déprimé,

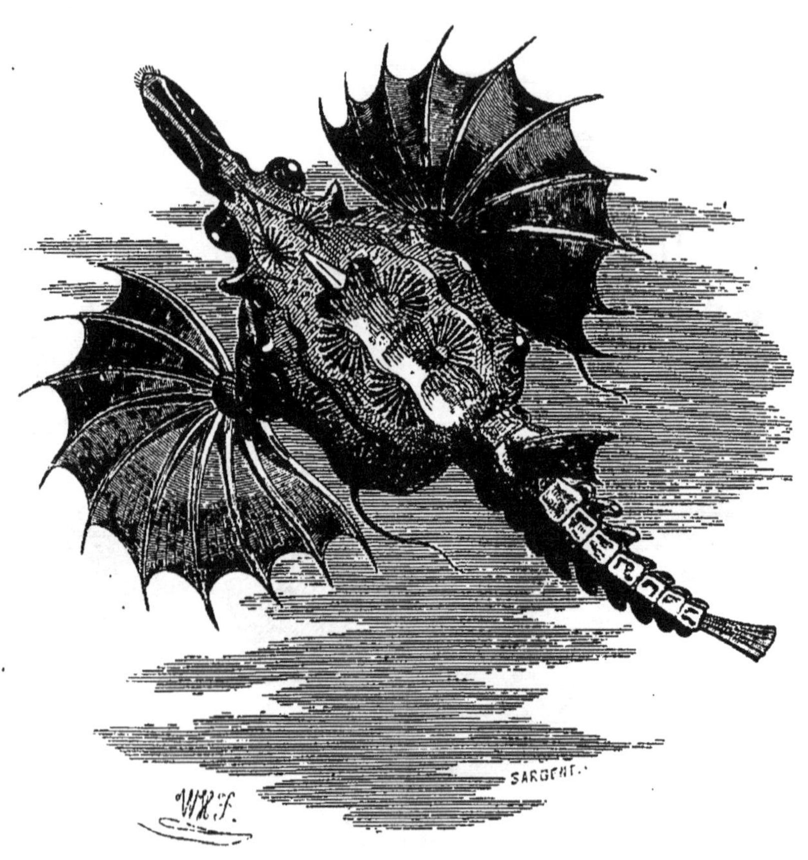

Le Pégase-dragon.

cuirassé de plaques écailleuses et dures, et dont la partie postérieure, brusquement tronquée, donne naissance à une queue mince qu'on pourrait, sans les nageoires dont elle est pourvue, comparer à celle d'un crocodile. Le pégase-dragon appartient à la même famille que le célèbre *hippocampe* ou *cheval marin*. Un corps comprimé, et, si l'on peut ainsi dire, rocailleux, terminé en avant par une tête à museau tubuleux, en arrière par une queue sans nageoires qu'on prendrait volontiers pour la racine noueuse et effilée de quelque plante marine; la courbure que prend, après la mort, la partie antérieure du corps, et qui lui donne quelque ressemblance avec l'encolure du

1 Oréosome de l'Atlantique. 2 Hippocampe pointillé.

cheval : tels sont les caractères qui, chez ce singulier poisson, ont tant excité, — à juste titre, — l'étonnement et l'attention du vulgaire, et même des naturalistes.

S'il est vrai, du reste, comme je l'ai dit plus haut, que la plupart des coquillages marins défient, par l'exquise élégance du dessin et par la beauté des nuances, toute description, il faut bien avouer, en revanche, que la classe des poissons offre une collection de types difformes et de physionomies repoussantes et grotesques, à désespérer l'écrivain et l'artiste; et Boileau a bien prouvé sa complète ignorance de l'ichthyologie, lorsqu'il a dit :

Il n'est point de serpent, ni de monstre odieux,
Qui, par l'art imité, ne puisse plaire aux yeux.

Le Pelor filamenteux.

Il n'avait vu, certes, ni l'*oréosome de l'Atlantique*, ni le *ptéroïs volant*, ni l'affreux *pelor filamenteux*, ni le *salarias à quatre cornes*, ni l'*amblyope hermannien*, ni le *stomias-boa*, ni même la *baudroie commune*... J'en passe, et des plus laids. Les moins disgraciés, ceux qui « plaisent aux yeux » par leur corps élancé, par leurs écailles aux brillants effets d'argent, de nacre ou d'azur, ne rachètent point par ces avantages ce qu'il y a de disgracieux dans la partie essentielle de leur être : la tête. Nous pouvons donc dire, sous un certain point de vue, que la beauté chez le poisson n'existe pas. Mais ce qui, aux yeux du philosophe, le réhabilite, c'est sa parfaite appropriation au milieu qu'il habite;

Le Salarias à quatre cornes.

ce sont ses branchies à l'aide desquelles il extrait, pour le respirer, l'air en dissolution dans l'eau; ce sont ses nageoires si bien disposées pour la coordination de ses mouvements; ce sont ses muscles puissants; c'est son corps souple et fort; c'est cet organe particulier, connu sous le nom de *vessie natatoire,* et qui, en se gonflant d'air ou en se vidant à la volonté de l'animal, augmente ou accroît sa légèreté spécifique, le fait monter ou descendre avec une extrême facilité. En un mot, le poisson est l'animal aquatique par excellence. Il a donc, comme tous les êtres, sa perfection propre, partant sa beauté, qui résulte de cette perfection même.

« Au total, ce vrai fils de l'eau, mobile autant que sa mère, glisse à travers par son mucus, fend de sa tête,

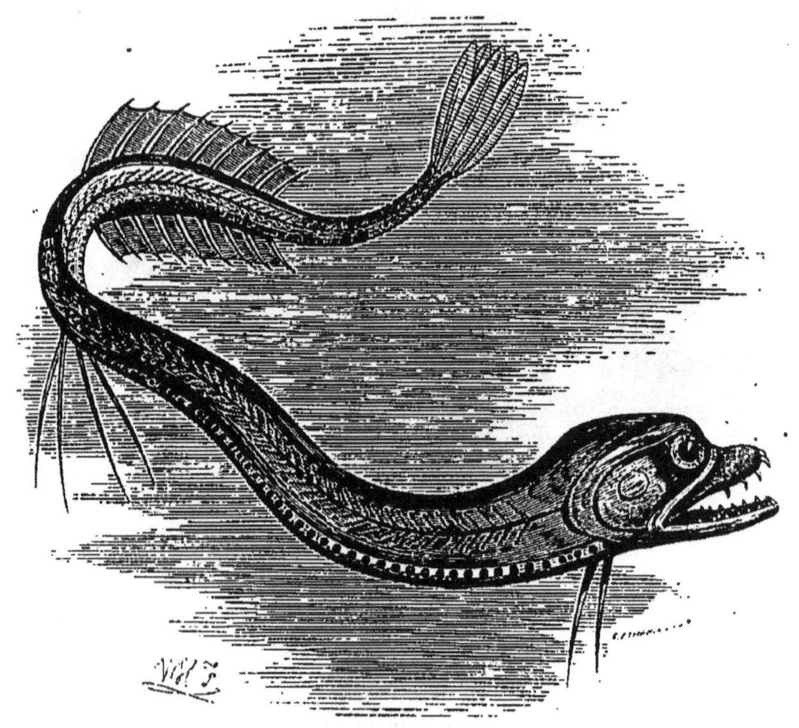

Stomias-boa.

choque des muscles (contractés sur ses vertèbres, sur ses fines côtes onduleuses); enfin de ses fortes nageoires il coupe, il rame, il dirige. La moindre de ces puissances suffirait. Il les unit toutes, type absolu du mouvement[1]. »

C'est pourquoi l'on a plaisir à le voir nager, comme à voir voler l'oiseau; — on le sent si bien dans son élément!

1. Michelet. *La Mer*.

— et le peuple, en sa naïveté, dit avec raison : « Heureux comme le poisson dans l'eau. »

L'agilité, la rapidité des évolutions, telle est donc la faculté dominante et caractéristique des poissons. Quant

La Baudroie.

à leurs moyens d'attaque ou de défense, ils se réduisent, en somme, à peu de chose. Les grands squales, tels que le requin et la scie, sont à peu près seuls vraiment armés pour le combat : le premier avec son terrible ratelier mobile, la seconde avec son glaive dentelé.

D'autres espèces, de la famille des scombéroïdes, sont aussi pourvues d'une sorte de bec formé par l'allongement horizontal des os de la tête, et qui les a fait désigner dans toutes les langues anciennes et modernes sous les noms équivalents de *xiphias*, de *gladius*, de *pesce-spada*, de *sword-fish*, d'*espadon*, etc. Mais il ne semble pas que ni

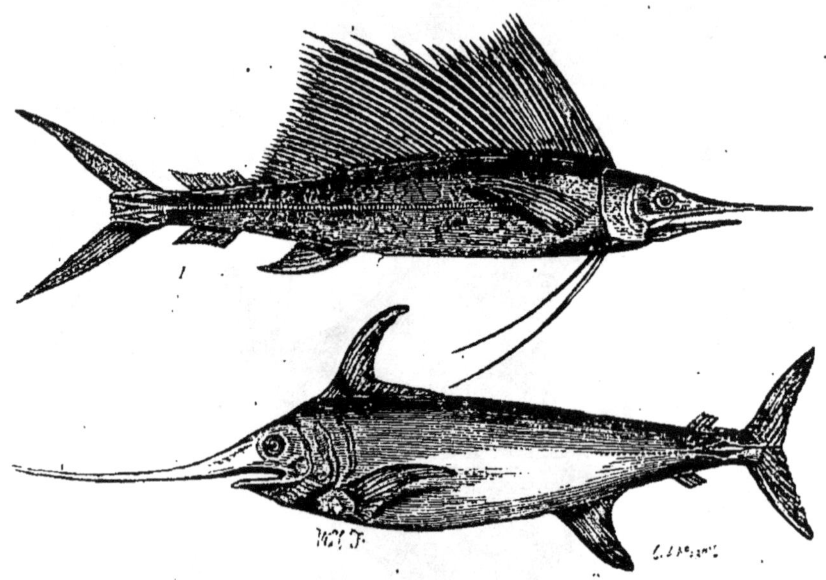

1 Le Voilier des Indes. 2 L'Espadon.

ce dard osseux, ni la grande taille de ces poissons, qui atteignent souvent une longueur de trois et quatre mètres, les rendent bien redoutables. Ils sont de mœurs inoffensives, sociables même, et c'est le plus souvent par maladresse, ou lorsqu'ils sont exaspérés par les morsures de leur parasite (un crustacé de la famille des lernes), qu'ils enfoncent et brisent leur broche dans la carène des navires, ou dans d'autres corps inertes.

Mais la nature a donné à certains poissons une arme plus efficace et tout à fait bizarre, telle que n'en possède aucun animal terrestre. Je veux parler de l'appareil électrique à l'aide duquel les gymnotes et les torpilles frappent de secousses plus ou moins violentes, soit l'ennemi qui les attaque, soit la proie dont elles veulent s'emparer. Les torpilles seules sont des poissons marins. On en connaît plusieurs espèces qui habitent divers parages. La torpille mar-

La Torpille marbrée.

brée est assez commune dans la Méditerranée et dans le golfe de Gascogne.

Les appareils électriques des torpilles consistent en deux glandes réniformes, assez volumineuses, situées à la partie supérieure du corps, de chaque côté de l'arête médiane. La dissection y fait reconnaître une multitude de petits parallélipipèdes à six pans, tous de même structure, et séparés les uns des autres par des cloisons de tissu cellulaire, dans lesquelles arrivent des vaisseaux sanguins et des filets nerveux très-nombreux. Mais comment l'électricité se dégage-t-elle, à la volonté de l'animal, dans ce singulier appareil? C'est là un problème dont les observations des plus savants physiologistes n'ont encore pu fournir la solution.

CHAPITRE XII

LES CÉTACÉS

Le poisson est le type le plus élevé des êtres marins proprement dits. Aux échelons supérieurs, on rencontre encore des animaux vivant dans l'Océan; mais une démarcation bien nette sépare ces derniers des précédents. Leur conformation extérieure, leurs mœurs les rapprochent plus ou moins des poissons; mais ils en diffèrent par leur organisation, qui est celle des animaux terrestres. L'Océan n'est point leur élément : c'est leur demeure. Ils y trouvent leur nourriture; mais pour l'accomplissement de la fonction la plus importante de la vie, la respiration, il leur faut l'air libre; ceux d'entre eux qui sont ovipares se rapprochent de la terre au moment de la ponte, et vont confier leurs œufs au sable du rivage. En un mot, si l'on veut me permettre cette distinction figurée un peu subtile, ils sont plutôt les hôtes que les citoyens de l'Océan. Ils établissent la transition entre la création neptunienne et la création terrestre.

Plusieurs trompent d'abord, et ont longtemps trompé les observateurs superficiels et le vulgaire, qui confond indistinctement sous le nom de *poisson* tout ce qui vit dans l'eau. En fait, ce sont les plus marins, les CÉTACÉS, créés exclusivement pour la nage, et en conséquence présentant exactement les mêmes formes que les poissons : le corps tout d'une venue, s'amincissant à la partie postérieure en une queue bifurquée, et de vraies nageoires pectorales; rien enfin qui rappelle les quadrupèdes terrestres même les plus pesants, — si ce n'est après un examen attentif. — En y regardant de plus près, on remarque que la peau des cétacés est sans écailles, souvent même parsemée de quelques poils gros et roides. Les nageoires sont charnues; leur charpente est formée d'os articulés comme ceux des pieds et des mains de mammifères terrestres, et se rattachant par un cubitus et un radius soudés ensemble à un humerus très-court, il est vrai, mais néanmoins distinct. On retrouve en outre dans leur squelette toutes les pièces principales du squelette des grands animaux terrestres. Les membres postérieurs seuls manquent, et l'on n'aperçoit que des vestiges du bassin.

Si l'on pénètre plus profondément dans l'examen de leur organisme, on voit les liens qui rattachent les cétacés aux quadrupèdes supérieurs se multiplier et devenir de plus en plus manifestes. Leur sang est rouge et chaud, et de deux espèces : artériel et veineux; leur respiration s'effectue à l'aide de poumons par l'absorption directe de l'air; leurs systèmes circulatoire, nerveux et digestif sont aussi complets que chez les carnassiers et les herbivores qui nous sont familiers. Enfin, ils sont tous vivipares; les femelles allaitent leurs petits, et un observateur, qui a plusieurs fois goûté du lait de baleine, affirme qu'il ne diffère pas sensiblement de celui de la vache.

L'ordre des cétacés renferme les animaux les plus grands, non-seulement parmi les habitants de la mer, mais parmi tous les êtres actuellement existants. La baleine franche peut atteindre jusqu'à vingt-trois mètres de longueur; mais on en a rarement rencontré qui eussent plus de vingt mètres. Cette dernière dimension est déjà colossale; elle suppose un poids d'environ 70,000 kilogrammes, et une baleine de cette longueur n'a pas moins de douze à treize mètres de circonférence, mesurée un peu en arrière des nageoires pectorales. Celles-ci sont longues de deux et demi à trois mètres; la caudale, qui est à peu près triangulaire, a une largeur de six à sept mètres. On attribue à quelques espèces de *baleinoptères* des dimensions encore plus gigantesques. Ainsi on dit que la jubarte dépasse quelquefois vingt-sept mètres; et les deux espèces qui habitent les parages des îles Aléoutiennes, le culammak et l'umgullik de Pallas atteindraient, au dire de quelques auteurs, la longueur prodigieuse de cinquante-six mètres. Le cachalot est à peu près de la taille de la baleine franche; cependant on en a, dit-on, rencontré qui, comme la jubarte, mesuraient vingt-six et vingt-sept mètres de longueur.

Les cétacés sont répandus à peu près dans toutes les parties de l'Océan; mais parmi les cinquante espèces environ qui composent cet ordre, quelques-unes ont des habitats assez restreints. Les herbivores (lamantins, dugongs, stellères), qui vivent de fucus, se tiennent dans les parties peu profondes et favorables à la végétation sous-marine, principalement près des îles et dans les détroits qu'elles forment entre elles. Ainsi les stellères se trouvent parmi les îles Aléoutiennes, et les dugongs parmi les Moluques; mais les lamantins habitent les uns les côtes de l'Afrique, les autres celles de l'Amérique. « Les mêmes

1 Le Narval. 2 La Baleinoptère.

raisons ne peuvent être applicables aux souffleurs, qui vivent dans les grandes mers; cependant ils ont des demeures circonscrites, dont l'étendue paraît proportionnée à la grandeur et à la puissance de chaque espèce. Les souffleurs fluviatiles ne s'avancent pas dans la mer; la baleine franche est confinée dans les mers boréales, comme la baleine du cap dans l'hémisphère austral; les rorquals semblent habiter des mers circonscrites; le cachalot seul se trouverait indistinctement dans toutes les mers, s'il n'existe réellement qu'une seule espèce de ce genre. Les dauphins et les groupes qui en sont voisins ont chacun un habitat distinct, soit dans l'Atlantique, au nord ou au sud, soit dans la Méditerranée, dans le grand Océan, ou dans les mers qui baignent l'Amérique, ou l'Océanie, etc. [1] »

On a partagé les cétacés en deux sous-ordres : le premier comprend ceux qui se rapprochent le plus des amphibies. Ce sont les *cétacés herbivores* de Frédéric Cuvier, ou les siréniens des naturalistes contemporains. Le second est formé des mammifères pisciformes que Cuvier appelait les cétacés ordinaires, et qu'on appelle aussi cétacés *souffleurs,* à cause de l'appareil singulier dont ils sont pourvus et qui leur permet de prendre leur nourriture au sein de l'eau, sans avaler en même temps le liquide qu'ils sont forcés d'engloutir. Ce liquide passe au travers des narines au moyen d'une disposition particulière du voile du palais, et s'amasse dans un sac placé à l'orifice extérieur de la cavité nasale. De là, comprimée par des muscles puissants, l'eau est expulsée avec violence par un ou deux conduits (selon l'espèce) percés à la partie supérieure de la tête. C'est ainsi que les souffleurs produisent ces jets d'eau qui de loin signalent leur présence aux navigateurs. L'évent existe aussi chez les herbivores; seulement il se trouve à l'extrémité antérieure ou à la partie moyenne supérieure du muffle. Placés, comme on le voit, bien au-dessus des poissons par leur organisation complexe, qui correspond à une activité vitale et à une sensibilité incomparablement supérieures, les cétacés ne s'en distinguent pas

[1] Dr Chenu. *Encyclopédie d'histoire naturelle.*

moins par le développement de leur intelligence. Un profond instinct de sociabilité semble être un des traits caractéristiques de leur nature, et cet instinct se manifeste, dans quelques espèces, par la puissante et réciproque affection des mères et de leurs petits. Le même attachement existe entre les mâles et les femelles, et, comme le sentiment maternel, revêt un caractère touchant, puisqu'il l'emporte presque toujours sur l'instinct qui prime tous les autres chez la plupart des animaux — et trop souvent chez l'homme même : — l'instinct de conservation.

Les mœurs des cétacés diffèrent, du reste, beaucoup, selon les groupes. Celles des cétacés herbivores sont très-douces, et l'instinct de la famille est aussi chez eux très-développé. On en peut dire autant de la gigantesque baleine, qui, malgré son apparence formidable, est un animal très-inoffensif et ordinairement très-craintif, prêt à fuir devant toute apparence de danger. Un courage intrépide s'allume dans ce colosse lorsqu'il voit un des siens attaqué ou blessé; mais c'est seulement pour le soustraire au danger, pour s'exposer à sa place aux coups qu'on veut lui porter, et, s'il meurt, pour mourir avec lui, que la pauvre bête ne le quitte point. Sans armes, elle ne peut autrement le défendre et ne l'essaie même pas : l'instinct de la lutte, du combat semble lui manquer totalement. Les baleines, comme les lamantins et les dugongs, vivent en famille plutôt qu'en troupes. Leur nourriture est exclusivement animale. Elles mangent des poissons, des vers, des mollusques, de petits animaux articulés qui s'engloutissent en immense quantité dans leur énorme gueule, et, après les avoir fait entrer dans leur gosier, elles rejettent par leurs évents l'eau qu'elles ont avalée. On sait que les dents sont remplacées, chez ces cétacés, par de longues et minces lames d'une matière fibreuse et cornée extrêmement flexibles, effilées à leur bord et implantées dans la mâchoire supérieure, et qui remplissent l'office d'un crible pour re-

La Baleine franche.

tenir dans la gueule de l'animal les petits animaux dont il fait sa nourriture. Ces lames, longues d'environ trois mètres, sont au nombre de sept à huit cents. Les naturalistes les appellent *fanons;* mais elles sont connues vulgairement sous le nom de *baleines*, et employées dans l'industrie à divers usages, en raison de leur flexibilité et de leur ténacité.

Des organes et des appétits différents correspondent, chez les autres cétacés pisciformes, à des mœurs plus sau-

Le. Cachalot.

vages et à des instincts féroces. Les dents du cachalot, nulles ou rudimentaires à la mâchoire supérieure, sont longues et fortes à la mâchoire inférieure, et, lorsque la gueule de l'animal est fermée, elles s'emboîtent dans les cavités osseuses qui bordent le palais. Un tel arsenal indique un animal carnassier, et en effet le cachalot n'est pas moins que le requin lui-même le fléau des mers qu'il habite. Il fait, dit-on, la guerre à son vorace concurrent, et, non content de dévorer des poissons, attaque aussi les cétacés plus faibles que lui, notamment la baleine. On assure même qu'il éventre les femelles pleines pour dévorer leur petit. Enfin un observateur digne de foi, Beale, dit avoir vu des cachalots se battre entre eux avec fureur, en cherchant à se saisir par la mâchoire inférieure. Ces animaux parcourent ordinairement les mers en troupes nombreuses. Beale en a rencontré qui se composaient de deux à trois cents individus. On dit que ces troupes reconnaissaient pour chef un mâle qui nage en avant, et donne le signal du combat ou de la fuite en poussant une sorte de mugissement comparable au son d'une grosse cloche. D'après le même auteur, un cachalot peut demeurer sous l'eau sans respirer pendant plus d'une heure et quart, et faire de quinze à seize kilomètres à l'heure. Lorsqu'il nage le plus vite, il élève et abaisse rapidement son immense queue; le corps, suivant ce mouvement, se découvre et se plonge alternativement dans la mer. A chaque impulsion, il s'élève ainsi de huit à neuf mètres hors de l'eau, et parfois même il se montre tout entier au-dessus des flots. On rencontre des cachalots dans toutes les mers, bien qu'ils soient surtout communs dans les mers australes. On en a pris jusque dans l'Adriatique.

Les delphinidés se rapprochent des cachalots par leurs appétits carnassiers, mais ils n'atteignent pas les proportions de ces gigantesques cétacés. Les plus grands ne dépassent pas huit mètres de longueur. Dans cette famille sont compris, outre les dauphins proprements dits, les marsouins, qu'on rencontre en troupes nombreuses sur les côtes de l'Atlantique. Quelques espèces habitent de préférence les mers polaires : tels sont l'*épaulard* ou dauphin gladiateur, ainsi nommé à cause de sa nageoire dorsale, haute de plus d'un mètre, pointue et recourbée en arrière; — et le *narval* ou *monodon*, remarquable par la longue dent implantée dans sa mâchoire supérieure et dirigée en avant, suivant l'axe de son corps. A côté de cette défense

1 Le Marsouin. 2 Le Dauphin vulgaire.

et dans le même os maxillaire, il s'en trouve une autre semblable, mais toujours moins développée, et, le plus ordinairement, à peine apparente, en sorte que l'animal qui, *théoriquement*, aurait deux défenses parallèles, n'en possède réellement qu'une seule : celle du côté gauche. Cette dent, dont la matière est pareille à celle de l'ivoire et susceptible des mêmes usages, est moins pour l'animal une arme de combat qu'un instrument de travail. « Elle sert à cette espèce, qui est par excellence le cétacé des mers polaires, disent MM. Paul Gervais et van Beneden, à percer la glace de manière à pouvoir arriver jusqu'à la surface pour y respirer; et comme les narvals vivent en troupes, ce sont les mâles adultes qui sont spécialement chargés de ce soin [1]. »

On sait de quelle réputation d'intelligence et de philanthropie jouissaient dans l'antiquité les dauphins, et combien de traits de sagacité, d'amabilité, de dévouement les auteurs anciens ont racontés, en les attribuant à ces animaux. Malheureusement, les observateurs modernes n'ont jamais rien vu qui pût justifier ces histoires merveilleuses, et l'on cherche en vain parmi les habitants de l'Océan une espèce qui réponde au signalement des dauphins classiques. Les cétacés qu'on désigne aujourd'hui sous ce nom sont, au contraire, d'après Frédéric Cuvier, les plus carnassiers, et, proportionnellement à leur taille, les plus cruels de l'ordre des cétacés. — « Les dauphins actuels, dit d'autre part M. Boitard, sont des animaux stupides, brutaux, voraces, n'ayant d'intelligence que juste ce qu'il en faut pour dévorer leur proie et reproduire leur espèce. Toutefois, en étudiant les véritables mœurs de ces cétacés, peut-être arriverons-nous à deviner l'origine de ces contes puérils. Lorsqu'un navire est à la voile, il est constamment escorté par des troupes de poissons, attirés par les débris de cuisine, les balayures et les vidanges qui leur fournissent une nourriture abondante. Les dauphins, attirés à leur tour par ces légions de poissons dont ils ont l'habitude de faire leur nourriture, se rassemblent autour des navires et les suivent pour avoir continuellement une proie à leur portée;

[1] *Zoologie médicale*, t. I.

et en cela ils sont imités par les requins. Des matelots auront remarqué que ces derniers attaquaient et dévoraient les hommes qui tombaient à la mer, tandis que les dauphins ne leur faisaient aucun mal. Et, au lieu d'attribuer simplement ce fait à une différence d'organisation, ils l'auront mis sur le compte d'une prétendue amitié que le dauphin aurait pour l'homme. » Il est vrai que, parmi les auteurs des récits merveilleux dont j'ai parlé, il en est un (Pausanias) qui affirme, avec l'accent de la vérité, avoir été témoin du fait étonnant qu'il rapporte. « J'ai vu moi-même, dit-il, à Prosélény, un dauphin qui, blessé par des pêcheurs et guéri par un enfant, lui témoignait sa reconnaissance; je l'ai vu venir à la voix de l'enfant, et, quand celui-ci le désirait, lui servir de monture pour aller où il voulait. » Il est évident que, si ce fait est vrai, il se rapporte à un animal autre que le dauphin, probablement à un phoque. « Si Pausanias, dit Boitard, a pris un phoque pour un dauphin, son histoire s'explique parfaitement, et peut être vraie de tout point. » Elle serait possible aussi, s'il s'agissait d'un cétacé herbivore, tel que le lamantin ou le dugong. En effet, ces animaux sont de beaucoup les plus intelligents des cétacés, dont quelques naturalistes les ont, du reste, séparés, pour en former un ordre à part, voisin des phoques, avec lesquels ils ont plus d'un point de ressemblance.

Le nom de siréniens qui leur a été donné rappelle ces êtres fabuleux, moitié hommes ou femmes, moitié poissons, dont il est si souvent parlé dans la mythologie. En effet, un grand nombre de naturalistes ont cru reconnaître dans les lamantins et les dugongs les tritons, les sirènes, les néréides, mis en scène par les poëmes grecs et latins.

Mais il faut pour cela, ce semble, un bien vif désir de trouver *quand même* une réalité au fond de toutes les créations enfantées par l'imagination humaine; et en tout cas on doit rendre aux poëtes cette justice, que si tels étaient en effet les types primitifs de leurs divinités amphibies, — types qu'ils n'avaient sans doute jamais vus, — ils ont eu du moins le bon goût de les embellir et de les idéaliser de façon à les rendre tout à fait méconnaissables. Il y a loin

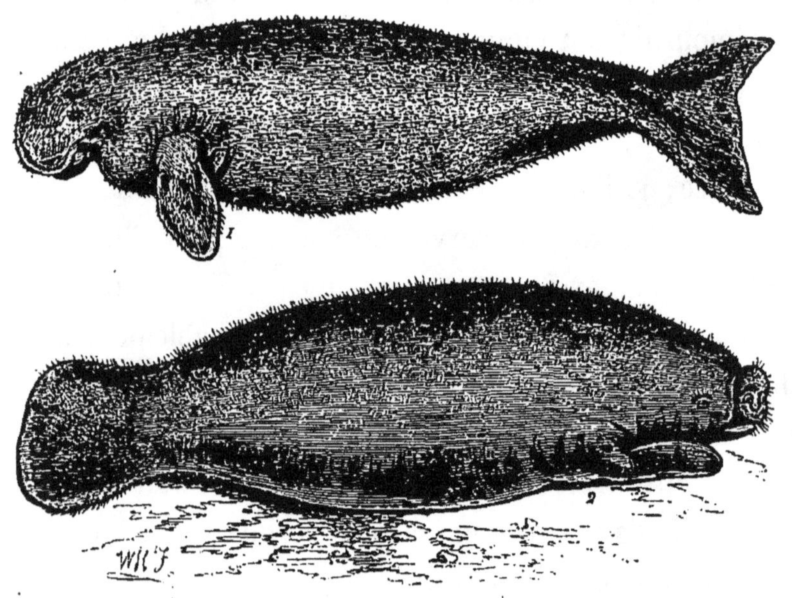

1 Le Dugong des Indes. 2 Le Lamantin.

de ces belles femmes aux blonds cheveux flottants, aux yeux glauques, à la voix si harmonieuse qu'elle exerçait sur les plus fermes un charme irrésistible, aux très-laides créatures qu'on a bien voulu appeler *siréniens*, et qui, au surplus, habitent bien loin des parages où la fable place les sirènes.

Des trois genres qui composent le sous-ordre des cétacés herbivores, le premier, celui des lamantins, habite les côtes du Sénégal ou celles de l'Amérique méridionale; le second, celui des dugongs, ne se trouve que dans l'archipel Indien; le troisième enfin, celui des stellères, est confiné dans les baies de la côte nord de l'Amérique, aux environs des îles Kurides et Aléoutiennes, et dans la mer qui baigne la presqu'île du Kamstchatka.

Les lamantins et les dugongs ont le corps allongé en forme d'outre, la peau revêtue de poils rares et roides, la queue ovale ou triangulaire; point de nageoire dorsale, les nageoires latérales pourvues de rudiments d'ongles, le cou court et gros, la tête petite, terminée par un museau ou muffle court, garni de moustaches. Ils vivent en troupes composées d'un assez grand nombre de familles, et les femelles ont pour leurs petits un si vif attachement, que les nègres des îles de l'archipel Indien, frappés de cette particularité chez le dugong, ont donné à la femelle de cet animal le nom significatif de *mama di l'eau*.

On assure que les lamantins peuvent acquérir une longueur de plus de six mètres et un poids de 3,500 à 4,000 kilogrammes; mais ceux qu'on prend communément ont en moyenne cinq mètres. Leur chair est excellente; on l'a comparée à celle du bœuf et du veau, qu'elle égale au moins en qualité. Les naturels de l'Amérique méridionale font périodiquement de grandes chasses aux lamantins, quand ces animaux, à l'époque des basses eaux, descendent les grands fleuves pour regagner la mer. Dans tous les pays habités par la race malaise, la chair du dugong est tellement estimée qu'on la réserve pour la table des princes, et l'on fait à ce cétacé une guerre d'extermination qui tend à le faire disparaître.

Les stellères sont peu connus. Tout ce qu'on en sait est

dû au naturaliste Steller, dont Cuvier leur a donné le nom. On les appelle vulgairement veaux ou bœufs marins, vaches marines, bien qu'ils n'aient aucune ressemblance avec ces ruminants, si ce n'est par leurs habitudes herbivores, leur naturel inoffensif et la saveur agréable de leur chair. Les habitants du Kamtschatka leur font la chasse pour leur chair dont ils sont très-friands, pour leur graisse solide et de bon goût, comme celle du porc, et pour leur cuir épais et propre à divers usages.

CHAPITRE XIII

LES PHOQUES

Des cétacés herbivores aux phoques la transition est presque insensible. Les premiers ne peuvent que nager : à terre ils ne savent point se mouvoir. Les seconds, excellents nageurs aussi, viennent spontanément sur le rivage ou sur les glaçons, — car beaucoup habitent les mers glaciales; — c'est là qu'ils dorment, c'est là que la femelle met bas et allaite ses petits. Les cétacés n'ont que deux nageoires pectorales; les pieds postérieurs manquent. Les phoques ont leurs quatre membres; seulement ceux de derrière sont enveloppés dans la peau jusqu'au talon, et souvent réunis ensemble et avec la queue, de manière à former avec celle-ci comme une large et forte nageoire caudale. Les pattes de devant sont courtes, avec les doigts enveloppés aussi dans la peau, qui cependant laisse passer les ongles et saillir les phalanges. Ainsi empêtrés avec leurs pieds-nageoires, les phoques rampent à terre ou plutôt marchent par soubresauts, lourdement, lentement, et sans jamais s'éloigner beaucoup de l'eau; mais enfin ils marchent. Les autres particularités de leur organisation les rapprochent tellement des animaux terrestres, que les naturalistes les ont rangés parmi les carnassiers, dont ils ne sont pas les moins intéressants, sous le nom de *carnassiers amphibies*.

Ce mot *amphibies*, qui signifie *à double vie*, ne donne pas une idée juste de leur nature. Pris dans son sens rigoureux, il ferait croire que ces animaux sont organisés de manière à vivre indifféremment sur terre et dans l'eau, à respirer l'air soit directement, comme les autres mammifères et comme l'homme, soit indirectement, comme les poissons. Nous savons qu'il n'en est rien; que si les phoques ont réellement la faculté de demeurer sous l'eau pendant quelques minutes, ils ne pourraient y rester longtemps sans être asphyxiés, noyés, tout comme le serait un chien ou un canard; qu'en un mot ils ne sont amphibies que par leurs mœurs, et que si la mer est leur élément nourricier, il leur faut toujours, après qu'ils y ont cherché leur proie, revenir à l'air pour respirer, et sur le sol ferme pour se reposer.

On n'a pas manqué de dire des phoques, comme des lamantins et des dugongs, — et peut-être avec plus de vraisemblance, — qu'ils avaient donné lieu dans l'antiquité et dans le moyen âge aux fables qui représentaient certains parages comme habités par des êtres bizarres, moitié hommes ou femmes, moitié poissons, ou hantés par les ombres des malheureux naufragés. Le fait est que la croyance aux hommes marins, croyance dont l'origine se perd dans la nuit des temps, s'est conservée jusqu'à nos jours; et cela, non-seulement parmi les pêcheurs ignorants et superstitieux, mais même parmi des gens fort éclairés, à qui leur goût pour le merveilleux a fait prendre au sérieux les contes débités à ce sujet, comme d'autres ont pris au sérieux le poulpe géant et le grand serpent de mer.

Au moyen âge, la croyance aux hommes marins reposait sur quelques faits, évidemment dénaturés par ceux qui les rapportaient, les tenant d'autres personnes, qui les tenaient de témoins oculaires, lesquels, soit illusion et naïveté, soit désir d'imposer par leurs récits, avaient eux-mêmes orné d'accessoires extraordinaires quelque animal amphibie, n'ayant en réalité qu'une ressemblance très-éloignée et très-grossière avec un être humain. On explique aisément de cette façon que les phoques aient donné lieu aux fables dont il s'agit, et dont je citerai seulement un exemple emprunté à Rondelet, qui écrivait vers le milieu du XVIe siècle.

« De notre temps, dit cet auteur, on a pris en Norwége un monstre de mer après une grande tourmente, lequel tous ceux qui le virent incontinent lui donnèrent le nom de *Moine*, car il avoit la face d'homme, rustique et migracieuse, la tête rasée et lisse; sur les épaules, comme un capuchon de moine, dont les deux ailerons au lieu de bras; le bout du corps finissoit en une queue large. Le portrait sur lequel j'ai fait le présent m'a été donné par très-illustre dame Marguerite de Valois, reine de Navarre, lequel elle avoit eu d'un gentilhomme qui en portoit un semblable à l'empereur Charles-Quint, qui étoit alors en Espagne. Le gentilhomme disoit avoir vu ce monstre comme son portrait le portoit, en Norwége, jeté par les flots et la tempête de mer sur la plage, au lieu nommé Dièze, près d'une ville nommée Danelopock. J'ai vu un pareil portrait à Rome, ne différant en rien du mien. Entre

Le Phoque-moine.

les bêtes marines, Pline fait mention de l'homme marin et du triton comme choses non feintes. Pausanias aussi fait mention du triton. J'ai vu un portrait d'un autre monstre marin, à Rome, où il avoit été envoyé avec lettres par lesquelles on assuroit pour certain que l'an 1531 on avoit vu ce monstre *en habit d'évêque*, comme est le portrait, puis en Pologne, et porté au roi dudit pays, faisant certains signes pour montrer qu'il avoit grand désir de retourner à la mer, où, étant amené, se jeta incontinent dedans. »

Après qu'on eut reconnu que les phoques n'étaient rien moins que des êtres humains, on ne laissa pas de vouloir

Le Phoque à capuchon.

les assimiler à toutes sortes d'animaux terrestres. De là les dénominations de veau marin, de vache marine, de cheval marin, et aussi de chien et de lion marins, sous lesquelles on les désigne communément, et qui ne leur conviennent en aucune façon. Les premières notamment se justifient d'autant moins que, comme on l'a vu ci-dessus, ces amphibies sont tous carnassiers, ou, si l'on aime mieux, piscivores, et ne s'accommodent nullement d'une nourriture végétale. Toutefois, ils se rapprochent de nos animaux domestiques par le développement de leurs instincts et de leur intelligence, et par leur naturel doux et sociable. Aussi un savant très-illustre a-t-il proposé récemment de

Le Lion marin.

les acclimater sur nos côtes et de les réduire en domesticité, ce qui serait probablement facile, et en tout cas plus profitable que de les détruire aveuglément comme on l'a fait jusqu'à présent. Car, outre que leur chair est assez bonne à manger, leur peau et leur graisse constituent des produits dont l'industrie tire un parti très-avantageux, et qui, au train dont on y va, ne tarderont pas à devenir d'une extrême rareté.

« Les phoques, dit le docteur Chenu, vivent en grandes troupes dans presque toutes les mers du globe; cependant il paraît que la plupart de leurs espèces varient, selon qu'elles appartiennent au voisinage de l'un ou de l'autre pôle; car il est à remarquer qu'ils préfèrent les pays froids ou tempérés aux climats chauds de la zone torride. C'est en général à travers les écueils et les récifs qui bordent toutes les mers, et jusque sur les glaces des pôles, qu'il faut aller chercher les grandes espèces... Ils sont très-bons nageurs, quoique les cétacés les surpassent encore sous ce rapport. Un fait des plus singuliers, mais qui semble établi d'une manière certaine, c'est que ces animaux ont l'habitude constante, quand ils vont à l'eau, de se lester comme on fait d'un navire, en avalant une certaine quantité de cailloux, qu'ils rejettent lorsqu'ils retournent sur le rivage. Les uns recherchent les plages sablonneuses et abritées; d'autres, les rochers exposés à l'action des eaux, et il en est qui se trouvent dans les touffes épaisses d'herbes qui croissent sur les rivages. A terre, les phoques ne mangent pas; aussi, s'ils y restent quelque temps, maigrissent-ils beaucoup. En captivité, pour dévorer la nourriture qu'on leur donne, ils la plongent habituellement dans l'eau, et ils ne se déterminent à manger à sec que lorsqu'ils y ont été habitués dès leur première jeunesse, ou qu'ils y sont poussés par une faim extrême.

« En liberté, dans la mer, les phoques passent presque toute la journée à nager et à chercher leur proie, qui consiste pricipalement en poissons, mollusques et crustacés. Ils dévorent aussi des oiseaux marins, lorsqu'ils peuvent les attraper.

« Dans un de ses voyages, le naturaliste Lesson vit un

phoque, qui nageait très-près de la corvette, se saisir d'une sterne qui volait au-dessus de l'eau en compagnie d'un très-grand nombre de mouettes. Ces oiseaux rasaient la mer, et se précipitaient les uns sur les autres pour prendre les débris des poissons dévorés par le phoque; celui-ci, sortant vivement la tête de l'eau, s'efforçait chaque fois

Le Phoque marbré.

de happer un des oiseaux, et il y parvint sous les yeux des voyageurs. »

Buffon, dans son *Histoire naturelle,* a donné sur les mœurs des phoques des détails qui ont été confirmés presque de tous points par les observations ultérieures des naturalistes et des voyageurs.

« Les phoques, dit-il, vivent en société, ou du moins

en grand nombre dans les mêmes lieux. Leur climat naturel est le Nord, quoiqu'ils puissent vivre aussi dans les zones tempérées et même dans les climats chauds, car on en trouve quelques-uns sur presque tous les rivages de l'Europe, et jusque dans la Méditerranée. On en rencontre aussi dans les mers méridionales de l'Afrique et de l'Amérique; mais ils sont infiniment plus communs, plus nombreux dans les mers septentrionales, et on les retrouve en aussi grande quantité dans celles qui sont voisines de l'autre pôle; au détroit de Magellan, à l'île Juan Fernandez, etc.

« Les femelles mettent bas en hiver. Elles font leurs petits à terre, sur un banc de sable, sur un rocher ou dans une petite île, et à quelque distance du continent. Elles les allaitent pendant douze ou quinze jours dans l'endroit où ils sont nés, après quoi la mère emmène ses petits avec elle à la mer, où elle leur apprend à nager et à chercher à vivre; elle les prend sur son dos lorsqu'ils sont fatigués. Comme chaque portée n'est que de deux ou trois petits, ses soins ne sont pas fort partagés, et leur éducation est bientôt achevée. D'ailleurs ces animaux ont naturellement assez d'intelligence et beaucoup de sentiment; ils s'entendent, ils s'entr'aident et se secourent mutuellement; les petits reconnaissent leur mère au milieu d'une troupe nombreuse; ils entendent sa voix, et, dès qu'elle les appelle, ils arrivent à elle sans se tromper....

« On a remarqué que le feu des éclairs et le bruit du tonnerre, loin d'épouvanter les phoques, semble les récréer. Ils sortent de l'eau dans la tempête, ils quittent même leurs glaçons pour éviter le choc des vagues, et ils vont à terre s'amuser de l'orage et recevoir la pluie, qui les réjouit beaucoup... Ils ont une quantité prodigieuse de sang, et, comme ils ont aussi une grande surcharge de graisse, ils sont, par cette raison, d'une nature lourde et pesante. Ils dorment beaucoup, et d'un sommeil profond. Ils aiment à dormir au soleil sur les glaçons, sur des rochers, où l'on peut les approcher : c'est la manière la plus ordinaire de

Le Phoque à trompe.

les prendre. On les tire rarement avec des armes à feu, parce qu'ils ne meurent pas de suite, même d'une balle dans la tête; ils se jettent à la mer, et sont perdus pour le chasseur; mais, comme on peut les approcher de près lorsqu'ils sont endormis, ou même quand ils sont éloignés de l'eau, parce qu'ils ne peuvent fuir que très-lentement, on les assomme à coups de bâton et de perche. »

Ajoutons à ces particularités celles qu'un savant voyageur a fait connaître, et qui achèvent de prouver que ces carnassiers amphibies sont un des groupes d'animaux les plus curieux à étudier.

« Le quartier de rocher mousseux sur lequel un phoque a l'habitude de se reposer avec sa famille devient sa propriété relativement aux autres individus de son espèce qui lui sont étrangers. Quoique ces animaux vivent en grands troupeaux dans la mer, qu'ils se protégent, se défendent vraiment les uns les autres, une fois sortis de leur élément favori, ils se regardent, sur leur rocher, comme dans un domicile sacré, où nul camarade n'a le droit de venir troubler leur tranquillité domestique. Si l'un d'eux s'approche de ce foyer de la famille, le chef, ou, si l'on veut, le père, se prépare à repousser par la force ce qu'il regarde comme une agression étrangère, et il s'ensuit toujours un combat terrible, qui ne finit que par la mort du propriétaire du rocher, ou par la retraite forcée de l'indiscret étranger. Jamais une famille ne s'empare d'un espace plus grand qu'il ne lui est nécessaire, et elle vit en paix avec les familles voisines, pourvu qu'un intervalle de quarante à cinquante pas les sépare. Quand la nécessité les y oblige, ils habitent encore, sans querelle, à des distances beaucoup plus rapprochées; trois ou quatre familles se partagent une roche, une caverne, ou même un glaçon; mais chacun vit à la place qui lui est échue en partage, s'y enferme, pour ainsi dire, sans jamais aller se mêler aux individus d'une autre famille. »

On a divisé de nos jours la tribu des phoques ou *phocidés* en deux sous-tribus : celle des *phoques proprement dits*, qui n'ont pas d'oreilles externes, mais seulement un trou auditif à fleur de tête, et celle des *otaries*, dont les oreilles sont munies d'une conque plus ou moins saillante. Chacune de ces deux divisions comprend plusieurs genres, subdivisés en un grand nombre d'espèces.

Otarie.

On a formé une tribu à part des morses, auxquels on a jugé à propos de donner le nom fort peu euphonique de *trichechidés*, qui se traduirait simplement, en français vulgaire, par le mot *velus*, et dont on comprend difficilement la portée, puisque les morses ne sont ni plus ni moins velus que certains phoques proprement dits. Ils ne diffèrent pas non plus sensiblement de ceux-ci par leurs mœurs, et ne s'en distinguent d'une manière sensible que par leur système dentaire, et notamment par les deux grandes *défenses*, dirigées de haut en bas, dont est armée leur mâchoire supérieure. Ces dents fournissent un ivoire très-recherché dans le commerce.

Les morses sont de très-grande taille, et d'une force redoutable. Avant de connaître les hommes, ils ne craignaient d'autres ennemis que les ours blancs, et l'on raconte qu'ils s'approchèrent sans défiance des premiers vaisseaux qui parurent dans les mers du Nord. Mais la guerre d'extermination que les pêcheurs leur ont déclarée les a refoulés parmi les glaces du pôle, et ils sont devenus plus farouches et plus agressifs que les phoques proprement dits. L'instinct social, celui de la défense mutuelle et celui de la famille sont, chez eux, plus puissants peut-être que chez ces derniers, et ils combattent les uns pour les autres avec un courage et un acharnement que leur force et les armes terribles dont ils sont pourvus rendent souvent funestes aux chasseurs.

« Le morse, dit M. X. Marmier, est une bête lourde, informe, de douze à quinze pieds de longueur et de huit à dix de circonférence. Sa peau épaisse est recouverte de poils, et sous cette peau s'étend une forte enveloppe de graisse, qui préserve les morses des rigueurs de l'hiver. Souvent les morses gisent en grand nombre le long des bancs de glace. Ils sont là immobiles et entassés pêle-mêle l'un sur l'autre. Mais l'un d'eux, pendant leur repos, fait l'office de sentinelle. A la moindre apparence de péril, il se précipite dans les vagues. Tous les autres essaient aussitôt de le suivre; mais dans ce moment critique la lenteur de leurs mouvements produit parfois des scènes assez grotesques. Dans l'état de confusion où ils sont couchés, ils ont peine à se dégager des masses de chair pesantes

Le Morse.

qui les serrent de tous côtés. Les uns roulent maladroitement dans l'eau; les autres s'avancent péniblement sur la glace. La pesanteur de leur corps et l'énorme disproportion de leurs membres leur rendent tout mouvement sur la glace très-difficile... Mais lorsque ces pesants et informes animaux sont dans l'eau, ils reprennent toute leur vigueur, et s'ils sont attaqués, ils se défendent avec un étonnant courage.

« Quelquefois ils engagent eux-mêmes la lutte : ils s'élancent sur les embarcations des pêcheurs, en saisissent les bords avec leurs longues dents pareilles à des crochets, et les tirent à eux avec fureur. Quelquefois ils se glissent sous la chaloupe et s'efforcent de la faire chavirer. Leur peau dure, rocailleuse, résiste aux coups de pique et de lance, et ce n'est pas sans peine et sans danger que les pauvres pêcheurs se délivrent de ces redoutables adversaires. Dans ces batailles acharnées, les morses sont ordinairement conduits par un chef que l'on reconnaît facilement à sa grande taille, à son ardeur impétueuse. Si les pêcheurs parviennent à tuer ce chef de bande, à l'instant même tous ses compagnons renoncent à la lutte, se réunissent autour de lui, le soutiennent, à l'aide de leurs dents, à la surface de l'eau, et l'entraînent en toute hâte loin des embarcations agressives et loin du péril. Mais ce qu'il y a de plus dramatique et de plus touchant à voir, c'est lorsque les morses combattent pour la sécurité de leurs petits. Ordinairement ils essaient de les déposer sur un banc de glace pour lutter ensuite plus librement. S'ils n'ont pas le temps de les mettre ainsi en sûreté, ils les prennent sous leurs pattes, les serrent contre leur poitrine, et se jettent avec une audace désespérée contre les pêcheurs et contre les chaloupes. Les jeunes morses montrent le même dévouement et la même intrépidité quand leurs parents sont en péril. On en a vu qui, ayant été déposés à l'écart, s'échappaient hardiment de l'asile que leur avait choisi une tendresse inquiète, pour prendre part à la lutte dans laquelle était engagée leur mère, la soutenir dans ses efforts et partager ses périls. Les douces lois de la nature se retrouvent partout : dans les déserts brûlants de l'Afrique comme dans les ondes glaciales du Nord, dans l'instinct d'un monstre sauvage comme dans les doux soupirs de l'oiseau des prés. »

CHAPITRE XIV

LES THALASSITES

Le lecteur a fait connaissance, au chapitre des *Fossiles*, avec ces gigantesques et terribles animaux, moitié poissons, moitié crocodiles, qui désolaient les mers primitives. Les révolutions de la surface du globe ont anéanti ces monstres, et la classe des reptiles n'est plus représentée aujourd'hui, dans le monde marin, que par quelques espèces de grande taille, mais de mœurs fort douces, et qui ne se nourrissent guère que de fucus, tout au plus de petits mollusques ou de zoophytes. Ces espèces appartiennent toutes à la famille des TORTUES ou *chéloniens*. On leur donne le nom de *thalassites* (du grec θάλασσα, mer) pour les distinguer des tortues de terre (*chersites*), des tortues de marais (*élodites*) et des tortues fluviatiles (*potamites*). Ce sont les plus grands de tous les chéloniens. Elles en diffèrent d'ailleurs par la conformation de leurs pattes, qui, comme celles de tous les animaux destinés à passer leur vie dans la mer, sont changées en nageoires, et tellement aplaties, que les doigts ne peuvent exécuter les uns sur les autres aucun mouvement volontaire. Celles de devant sont beaucoup plus longues que celles de derrière.

Toute la structure des thalassites est appropriée à leur mode d'existence essentiellement aquatique. Leur respiration seule est aérienne comme celle des reptiles terrestres, et à ce titre elles doivent être rangées parmi les hôtes de l'Océan. Leur carapace est très-déprimée; elle présente la forme d'un écu élargi en avant, avec une large échancrure, et se terminant en pointe à l'autre extrémité. Elle est disposée de telle sorte que l'animal n'y peut cacher entièrement sa tête et ses pattes. Leur tête, presque carrée, est armée d'une sorte de bec corné, très-fort, recourbé et crochu en haut et en bas. Les mâchoires sont robustes; la langue est large, courte, charnue et très-mobile : c'est, avec le bec, le seul organe de préhension de ces reptiles. Le cou est long, la queue courte, ronde et assez grosse. On divise les thalassites, suivant la nature de leur carapace, en deux genres : les *chélonées*, dont la carapace dorsale et le plastron sont recouverts de lames ou plaques d'une matière dure, douée de propriétés particulières, et que tout le monde connaît sous le nom d'*écaille;* et les *sphargis*, chez lesquels les écailles sont remplacées par un épiderme épais et coriace.

La croissance des tortues de mer est très-lente, et l'on suppose qu'elles vivent fort longtemps. Par un instinct particulier, toutes les femelles des mêmes parages se rendent de toutes parts, et à des époques à peu près fixes, sur des plages sablonneuses et désertes. Là elles se traînent, pendant la nuit, à des distances assez grandes, creusent des trous profonds qu'elles garnissent d'herbes, et y déposent leurs œufs. Elles en pondent, dit-on, jusqu'à cent à la fois, et cela à deux ou trois reprises, dans l'espace de quinze à vingt jours. Après avoir recouvert sa nichée de sable léger, la tortue s'en retourne à la mer, laissant ses œufs exposés à l'action des rayons solaires, dont la chaleur tient lieu d'incubation. Les œufs des thalassites sont parfaitement sphériques, et d'un diamètre de six à huit millimètres. Ils éclosent quinze à vingt jours après la ponte. Les petites tortues qui en sortent n'ont pas encore de carapace; elles sont de couleur blanchâtre; quoique très-faibles, elles ne laissent pas de gagner aussitôt la mer, où leurs premiers développements s'effectuent avec rapidité.

Hormis à l'époque de la ponte, il ne semble pas que les thalassites quittent jamais l'Océan; toutefois quelques voyageurs assurent que plusieurs espèces abordent pendant la nuit sur les rivages de quelques îles désertes, et qu'elles gravissent les bords des rochers isolés en pleine mer, pour y brouter certaines herbes marines dont elles sont friandes. Quoi qu'il en soit, elles ne se meuvent sur le sol qu'avec beaucoup de lenteur et de difficulté, et c'est avec raison que, sous ce rapport, on les a comparées aux phoques, et surtout aux manchots, auxquels elles ressemblent par la structure de leurs pattes, transformées en rames. Comme les autres amphibies aussi, elles plongent et nagent admirablement, et tandis que les animaux que je viens de citer viennent à terre pour se reposer, les thalassites dorment très-bien en pleine mer, en se laissant bercer par les flots. On les rencontre en troupes plus ou moins nombreuses dans toutes les mers des régions chaudes, principalement entre les tropiques : dans l'archipel des Grandes-Antilles et dans tout le golfe du Mexique; dans l'océan Indien, sur les côtes des îles de France et de Madagascar; et dans le Pacifique, aux îles Sandwich et Galapagos. Rarement on en trouve dans le grand Océan et dans la Méditerranée; elles sont alors isolées, et semblent s'être égarées. Les chélonées sont de beaucoup les plus communes; mais, malgré leur prodigieuse fécondité, leur nombre a déjà diminué d'une manière appréciable, par suite de la guerre qu'on leur fait pour se procurer leur écaille. Cette substance est recherchée à cause de sa dureté, de sa transparence, de ses nuances agréables, du beau poli dont elle est susceptible, et de la facilité avec laquelle on la travaille. Bien qu'elle ait une assez grande ressemblance avec la corne, elle s'en distingue aisément en ce qu'elle n'est pas, comme celle-ci, formée de fibres parallèles; elle semble être plutôt le résultat d'une exsudation, et consister en une sorte de mucus solidifié. Sa texture est homogène; elle peut être coupée et polie dans tous les sens; enfin elle se ramollit sous l'influence de la chaleur, ce qui permet de la façonner, de lui donner par le moulage des formes variées, qu'elle conserve en se durcissant par le refroidissement. Les espèces de chélonées les plus intéressantes, celles dont l'homme tire le plus grand parti à cause de la dimension et de l'épaisseur de leur écaille, sont la *tortue franche*, le *caret* et la *caouanne*.

La tortue franche (*chelonia mydas*) est appelée aussi tortue verte, à cause des reflets verdâtres de sa carapace. Elle abonde dans l'océan Atlantique et dans les mers du Sud, et se tient habituellement loin des côtes; mais elle fait de longs trajets pour déposer ses œufs dans le sable, et semble affectionner, pour cet objet, les îles de l'Ascension et de Saint-Vincent. Elle dort en pleine mer à la surface de l'eau; et comme elle a le sommeil très-lourd, il est alors aisé de la prendre en lui passant au cou un nœud-coulant. On dit même que les pêcheurs malais vont, en nageant entre deux eaux, attacher une corde à la patte de la tortue endormie, et la prennent ainsi vivante.

Chélonée franche.

La tortue franche est de très-grande taille; sa longueur atteint souvent deux mètres et sa largeur un mètre et demi, et l'on en a vu qui pesaient jusqu'à 400 kilogrammes. Sa chair est très-recherchée, surtout en Angleterre, où l'on en fait une espèce de ragoût très-épicé, qu'on décore du nom fallacieux de soupe (*turtle-soup*), et qui se vend fort cher dans les hôtels et dans les *eating-houses*. Pour se procurer la matière première de cette pré-

Pêcheur malais prenant une tortue.

paration culinaire, le commerce britannique envoie des vaisseaux jusque dans la mer des Indes, et des spéculateurs ont même établi sur le littoral britannique des parcs où ils élèvent et engraissent des tortues. La graisse de ces animaux est très-délicate, malgré sa teinte verdâtre qui répugne au premier abord. Enfin leur carapace constitue une des principales espèces commerciales d'écaille. On connaît plusieurs variétés de tortues franches. Telles sont la chélonée à raies (*chel. virgata*) de la mer Rouge, la chélonée tachetée (*chel. maculata*) de la côte du Malabar, et la chélonée marbrée (*chel. marmorata*) qui habite les parages de l'Ascension.

Chélonée imbriquée.

Le caret est appelé aussi par les naturalistes *chélonée imbriquée*, à cause de la disposition des plaques de sa carapace, qui sont imbriquées comme les tuiles d'une toiture. Ces plaques sont jaunâtres, marbrées ou jaspées de brun foncé, et parfaitement distinctes les unes des autres. Elles fournissent la plus belle sorte d'écaille que l'on connaisse;

malheureusement cette sorte est peu abondante, puisque les plus grands individus (dont le poids est de cent kilogrammes et au-dessus) ne donnent pas plus de deux kilogrammes de substance propre à être travaillée. On pêche le caret dans l'océan Atlantique, dans la mer des Indes, et jusque sur les côtes de la Nouvelle-Guinée.

La caouanne (*chelonia caouanea*) habite l'océan Atlantique et la Méditerranée. On la rencontre accidentellement sur les côtes de France et d'Angleterre. Sa longueur est d'un mètre à un mètre un tiers, et son poids de 150 à 200 kilogrammes. Sa carapace est allongée, de couleur brune ou marron foncé, et fournit une écaille assez estimée. Sa chair est médiocre; sa graisse n'est pas mangeable, mais on en tire une bonne huile à brûler. A cette espèce se rattache la chélonée de Dussumier, dont la carapace est plus large, et qui se trouve dans les mers de la Chine, ainsi que sur les côtes du Malabar et sur celles de l'Abyssinie.

Le genre sphargis ne renferme qu'une seule espèce : le *sphargis-luth*, ainsi nommé parce que sa carapace (non écailleuse, mais coriace, comme il a été dit ci-dessus) est creusée de sept rainures longitudinales, qui rappellent les sept cordes de la lyre antique. Il est de couleur brun clair, avec des bandes fauves; sa tête est brune, et ses pattes noirâtres, bordées de jaune. C'est la plus grande de toutes les tortues. Sa longueur est de deux mètres à deux mètres et demi, et son poids de 500 à 600 kilogrammes. M. Chenu, par une erreur typographique sans doute, « dit de 7,000 à 8,000 kilogrammes », ce qui est tout à fait inadmissible. Ce chélonien habite l'océan Atlantique et la Méditerranée; mais il est très-rare. Rondelet parle d'un luth long de cinq coudées, qui fut pêché de son temps à Frontignan. Amoreux en a décrit un autre qui avait été pris, en 1729, dans le port de Cette. En 1756, on en prit un troisième à l'embouchure de la Loire. Enfin Bordase a donné la

Sphargis.

figure d'un de ces animaux, capturé sur les côtes de Cornouailles en Angleterre. Les mœurs des sphargis sont les mêmes que celles des chélonées; mais, au contraire de toutes les autres tortues qui sont sans voix, ces thalassites font entendre, lorsqu'elles se sentent prises, une sorte de cri ou de mugissement. De là leur nom, dérivé du mot grec σφάραγος, qui signifie *bruit du gosier.*

CHAPITRE XV

LES OISEAUX DE MER

Le monde marin, incomparablement plus vaste que le nôtre, — puisque, avec une étendue triple en surface, il a en outre son immense profondeur, — l'emporte encore sur celui-ci par le privilége de posséder, outre les innombrables espèces qui lui sont propres, des animaux appartenant, par les caractères essentiels de leur organisation, à l'autre moitié du règne. Ne dirait-on pas que ces animaux ont déserté autrefois leur berceau primitif, pour adopter la grande patrie mouvante et féconde, qui, en les façonnant à ses lois, leur a donné, avec une « seconde nature », la jouissance de ses vastes domaines et de ses inépuisables richesses? Les cétacés, les phoques (des mammifères); les thalassites (des reptiles), semblent autant de transfuges du monde terrestre. Les oiseaux aussi ont fourni leur contingent, qui n'est pas le moins considérable, et renferme les types les plus accusés: depuis la frégate, qui est tout ailes et montre le vol porté à sa plus haute puissance, jusqu'au manchot avec ses moignons-nageoires, et ses plumes écailleuses, aussi libre dans l'eau que le poisson, aussi misérable à terre que le phoque ou la chélonée, et tout autant qu'eux incapable de voler.

Les oiseaux de mer appartiennent tous à l'ordre des *palmipèdes*, c'est-à-dire que leurs doigts sont reliés ensemble par une membrane plus ou moins développée, qui transforme les pattes en nageoires susceptibles de s'étendre et de se replier tour à tour dans l'acte de la natation. Il ne faudrait pas conclure de là que ces oiseaux soient nécessairement bons nageurs. S'il en est, comme le pingouin et le manchot, qui nagent très-bien et ne volent point, il en est aussi, comme la frégate, qui volent admirablement et ne peuvent nager. Néanmoins la grande majorité jouissent des deux facultés, et plusieurs sont à la fois de bons nageurs et d'excellents voiliers.

G. Cuvier avait réuni dans une même famille, parfaitement définie, les oiseaux-poissons, chez lesquels l'aile s'est atrophiée, transformée en une rame auxiliaire, tout à fait comparable aux nageoires des amphibies. Il les avait fort bien appelés brachyptères (à ailes courtes). D'autres après lui ont voulu mieux faire, ont dispersé dans d'autres groupes ces espèces que la nature a si manifestement rapprochées; ils leur ont imposé des dénominations antieuphoniques, bizarres, dont il faut chercher le sens à grands coups de dictionnaires grecs et latins; ils ont créé des *colymbinæ*, des *podicipinæ*, des *heliornithinæ*, des *phalaropodinæ;* — que sais-je encore? — Le lecteur me saura gré de laisser là ce jargon pédantesque et de m'en tenir à Cuvier.

D'après la classification créée par le célèbre naturaliste, tous les oiseaux de mer sont réunis dans trois familles : celle des brachyptères, celle des totipalmes (à pattes entièrement palmées) et celle des longipennes. Nous ne nous écarterons guère de ce système en les divisant en nageurs qui ne volent pas ou qui volent peu, nageurs qui volent bien, et voiliers qui nagent mal.

Au premier groupe appartiennent les plongeons, les

Le Plongeon imbrim.

pingouins et les manchots. On connaît plusieurs espèces de plongeons. La plus remarquable est le plongeon imbrim, des mers Arctiques (*colymbus glacialis*). Cet oiseau est long de 80 centimètres. Il a la tête et le cou noirs, avec des reflets verts et un collier blanchâtre; le dos brun-noir, piqueté de blanchâtre, et le ventre blanc. Il plonge et nage avec une étonnante facilité, et vole rarement; mais, quand il s'y décide, il ne s'en acquitte point mal, et peut, avec ses ailes courtes, s'élever assez haut et parcourir de grandes distances. Un instinct merveilleux lui fait pressentir les tempêtes, qui jamais ne le surprennent près des côtes. Averti, il gagne le large, se met sous la protection de la mer, son élément favori. Aussi, tandis qu'après les grandes tourmentes on trouve souvent sur les côtes des pingouins et des manchots échoués ou tués, jamais pareil accident n'arrive au plongeon. Les marins regardent les cris de l'imbrim comme l'annonce certaine de quelque gros temps, et c'est presque un crime à leurs yeux que de tuer cet oiseau fatidique. Mais les Lapons, qui n'ont pas pour lui le même respect, se font avec sa peau des vêtements et des bonnets fourrés.

« Cet oiseau, dit le docteur Chenu, enfouit son nid plat d'herbes sèches parmi les glaïeuls, les roseaux des petites îles parsemées sur les lacs et les étangs du Nord, aux douces et fraîches eaux. Chaque paire y habite à part, et se dérobe assez habilement aux recherches pour qu'on ait cru longtemps que l'imbrim couvait au fond de la mer, ou que, nageant à la surface, il maintenait sous ses ailes, dans les deux cavités qu'elles recouvrent, ses deux gros œufs d'un brun olivâtre varié de quelques taches plus sombres.

« Un sentier tracé sur l'herbe par les fréquents voyages de l'oiseau a fini cependant par trahir au chasseur ce nid si bien caché, et sur lequel la femelle du plongeon s'aplatit de façon à disparaître au milieu des joncs. Si elle est troublée dans cet asile, si quelque puissant ennemi l'approche de trop près, l'imbrim, qui ne saurait se servir de ses courtes jambes placées trop en arrière pour le soutenir, glisse sur le ventre par saccades, se pousse, se traîne le corps incliné en avant, et va se précipiter dans l'eau, où il

1 Le Pingouin impenne. 2 Le Pingouin commun.
3 Le Macareux commun.

plonge. S'aidant alors tout à la fois de ses ailes et de ses puissantes pattes palmées, il nage avec rapidité. « J'ai « poursuivi cet oiseau, dit un chasseur anglais, dans un « bateau que faisaient voler sur la mer quatre robustes « rameurs, sans avoir jamais pu le gagner de vitesse, « quoique les décharges de nos fusils, aussitôt qu'il se « montrait, l'eussent contraint à plonger constamment. »

« C'est lorsqu'il est caché dans les anfractuosités des rocs, près de ces criques dont on distingue le fond sablonneux à travers l'eau peu profonde, qu'il faut épier et attendre l'imbrim. Il fréquente ces anses écartées, tellement âpre à la poursuite des petits poissons, sa proie ordinaire, que plus d'une fois il s'est trouvé pris à l'hameçon ou entraîné dans les filets disposés pour la pêche du hareng. Lorsqu'on tire sur l'imbrim, il faut bien viser et le tuer du coup; blessé, il se sauve, et il y a peu de chance de le rejoindre à portée de fusil. »

Les pingouins habitent, comme le plongeon, les régions arctiques de l'Europe. Ils doivent leur nom (*pinguis*, gras) à l'épaisse couche de graisse dont leur corps est revêtu. Ils sont, en outre, couverts d'un plumage très-épais. Leurs ailes et leur queue sont courtes; leurs pieds sont totalement palmés. Ces oiseaux sont d'un naturel indolent et peu accessible à la peur. Ils vivent en troupes quelquefois si nombreuses, qu'on peut ramasser leurs œufs par milliers dans les trous que la femelle creuse pour les y déposer, ou dans les anfractuosités des rochers. Le pingouin commun est à peu près de la taille d'un canard. Il vole assez vite en rasant la surface de l'eau; mais il ne peut voler longtemps. Il descend quelquefois, en hiver, jusque sur nos côtes.

Le nom des manchots est significatif. Chez ces oiseaux, les ailes atrophiées sont tout à fait impropres au vol, et ne sont, en réalité, des ailes que par la place qu'elles occupent. L'oiseau ne peut s'en servir que comme de rames qui, avec ses larges pattes palmées, font de lui un nageur et un plongeur incomparable. Il peut rester très-longtemps sous l'eau, et lorsqu'il remonte, il s'élance en ligne droite à la surface de l'eau, avec une vitesse si prodigieuse qu'il est très-difficile de le tirer. La balle, d'ailleurs, ne traverse pas aisément l'espèce de cuirasse écailleuse qui lui tient lieu de plumage, et qui recouvre une peau épaisse et résistante. En revanche, lorsque les manchots sont à terre, où

Le Grand Manchot.

ils viennent en troupes immenses, on en peut prendre ou tuer autant qu'on veut. Narborough raconte que, dans une île où il descendit avec une chaloupe, ses hommes prirent trois cents manchots dans l'espace d'un quart d'heure. « On en aurait pris facilement trois mille, dit-il, si la chaloupe avait pu les contenir; on les chassait en troupeaux devant soi, et on les tuait d'un coup de bâton sur la tête. »

Les gorfous, qui font partie de cette famille, sont extrê-

Chasse aux Manchots.

mement remarquables par l'instinct qu'ils ont de se réunir entre eux et avec d'autres espèces voisines, pour déposer et couver leurs œufs dans des camps (appelés *rookeries* par les Américains) qu'ils disposent avec un art merveilleux et une régularité parfaite.

« Lorsqu'ils commencent un camp, dit à ce sujet le capitaine Delano, ils choisissent une pièce de terre située aux environs de la mer, aussi nivelée et dégagée de pierres que possible, et disposent la terre en carrés; les lignes se

Le Gorfou.

croisant à angles droits, aussi exactement que pourrait le faire un arpenteur, formant les carrés justement assez larges pour des nids, avec une chambre pour ruelle entre eux... Après avoir préparé leur camp, ces oiseaux choisissent chacun un carré pour un nid, et en prennent possession. Toutes les différentes espèces qui gîtent dans les *rookeries*, l'albatros excepté, soignent leur nichée comme une famille, et sont gouvernées par une seule et même loi; elles ne quittent jamais un moment leurs nids,

1 Le Grèbe cornu. 2 L'Anhinga à ventre noir.

jusqu'à ce que leurs petits soient assez grands pour se soigner eux-mêmes. Le mâle se tient près du nid, tandis que la femelle est dessus, et, lorsqu'elle est sur le point de se retirer, il s'y glisse lui-même aussitôt qu'elle lui fait place; car, si elle laissait apercevoir ses œufs, ses voisins les plus proches les lui voleraient. Le gorfou royal, ajoute notre voyageur, était le premier à faire des vols de cette sorte, et ne perdait jamais l'occasion de voler ceux qui se trouvaient près de lui. Quelquefois aussi il arrivait que,

Le Pélican à lunettes.

lorsque les œufs étaient éclos, il y avait trois ou quatre espèces d'oiseaux dans un nid. »

Les grèbes, quoique classés parmi les brachyptères, rentreraient, pour nous, dans le second des trois groupes que nous avons indiqués, c'est-à-dire dans celui des oiseaux à la fois nageurs et voiliers. En effet, la membrane qui garnit des deux côtés chaque doigt de leurs grandes pattes fait de chacun de ces doigts une excellente et robuste nageoire, et leurs ailes sont assez fortes aussi pour qu'ils puissent voler très-bien et parcourir en l'air de grandes distances : ce qui leur arrive deux fois l'an, dans leur migration.

Nous rattacherons au même groupe trois genres que Cuvier rangeait dans la famille des totipalmes : le pélican, le cormoran et l'anhinga.

Les pélicans sont de gros oiseaux à grandes et fortes ailes, à pattes courtes et largement palmées. Leur taille dépasse celle du cygne, mais leur cou est plus gros et moins long que celui de cet oiseau. Ils se distinguent de tous les autres palmipèdes par la structure particulière de leur bec très-long et très-robuste, dont la mandibule supérieure est aplatie et crochue, et dont l'inférieure est formée de deux branches osseuses qui soutiennent un sac membraneux et dilatable, où l'animal emmagasine, pour la faim à venir ou pour la nourriture de la couvée, le surplus de ses aliments. On sait que, selon une croyance vulgaire,

> Le Grand Pélican blanc
> Se perce le flanc
> Pour nourrir ses enfants,

et qu'il est devenu, par ce prétendu héroïsme, le type et l'emblème du dévouement paternel. Ce qui évidemment a donné naissance à cette fable, c'est que le pélican, pour faire sortir les aliments qu'il destine à ses petits, presse son sac œsophagien contre sa poitrine, et semble ainsi retirer de son estomac, avec son bec crochu, ce qui réellement sort du commode réservoir dont la nature l'a gratifié

Les pélicans ne s'aventurent jamais en pleine mer. Ils vivent en troupes sur les côtes de l'ancien et du nouveau continent, et se nourrissent de poissons, qu'ils ont, dit Mauduyt, deux manières de prendre : ou étant seuls, ou se réunissant en bandes. Dans le premier cas, ils s'élèvent à une certaine hauteur, se soutiennent en l'air en rasant la surface de l'eau, jusqu'à ce que, apercevant une proie qui leur convienne, ils tombent dessus « en pic » et comme un trait; frappant en même temps l'eau de leurs longues ailes, ils la font bouillonner, ce qui ôte au poisson tout moyen d'échapper. Dans le second cas, les pélicans se réunissent en cercle à la surface des eaux, et, rétrécissant toujours le cercle en nageant, ils se saisissent du poisson qu'ils ont rassemblé et poussé devant eux dans un espace étroit. Ils en avalent des poids de trois et demi à quatre kilogrammes; mais une grande partie reste dans le sac dont leur bec est muni. Leur pêche terminée, ils reviennent à terre pour se reposer, manger, digérer et dormir à l'aise. On assure que le poisson se conserve très-longtemps frais dans leur réservoir. On prétend aussi que les Chinois et quelques sauvages de l'Amérique, mettant à profit cette particularité, ont des pélicans apprivoisés qu'ils dressent à la pêche, et qui leur rapportent d'un seul coup autant de poissons que six personnes en pourraient consommer en un seul repas.

Les cormorans se rapprochent des pélicans par la conformation de leur bec, bien que celui-ci soit beaucoup moins long, et sa poche œsophagienne beaucoup moins dilatable. Ils sont aussi de plus petite taille, ont le col plus long, le plumage plus foncé, la queue plus développée. Essentiellement ichthyophages, ils sont tellement voraces et si habiles pêcheurs, qu'ils peuvent dépeupler en peu de temps les eaux les plus poissonneuses. Ils ne dédaignent pas plus le poisson d'eau douce que le poisson de mer; cependant ils ne s'avancent jamais loin dans l'intérieur des terres, non plus qu'ils ne s'aventurent bien au large. Ils

Le Grand Cormoran.

préfèrent le voisinage des côtes. Leurs mœurs sont à peu près celles des pélicans; ils sont aussi bons nageurs, et meilleurs plongeurs. Ils poursuivent leur proie avec une étonnante rapidité, la jettent en l'air et la font retomber la tête la première dans leur bec, sans jamais manquer leur coup. Mais, posés à terre, ils sont presque aussi empêchés que des pingouins ou des manchots. Ils marchent difficilement, gauchement, et ont beaucoup de peine à s'enlever, bien qu'une fois lancés ils volent très-rapidement. Il faut ajouter qu'ils ne viennent à terre qu'après s'être gorgés de nourriture, pour faire leur sieste et leur digestion. Ils sont donc très-alourdis, et l'on peut alors les approcher et les tuer : ce qu'on fait non pour tirer aucun parti de leur dépouille, mais pour préserver les pièces d'eau et les rivières de leurs dévastations. Les Chinois en apprivoisent et en dressent à la pêche comme ils font des pélicans. Cet usage existait aussi autrefois en Angleterre; mais nos voisins paraissent l'avoir abandonné depuis longtemps.

L'anhinga est remarquable par son col mince et aussi long que son corps, et par son bec grêle, très-droit et à bords finement dentés vers la pointe. Ses pattes sont entièrement palmées, et ses ongles forts et crochus. Il est à la fois nageur et percheur, et fréquente indifféremment les eaux douces et la mer. Il est d'une méfiance extrême, plonge à la moindre alerte, et nage pendant des heures entières entre deux eaux, ne sortant sa tête que de temps en temps pour respirer. Aussi sa chasse est-elle très-difficile : ce qui, du reste, n'est pas un grand mal, car sa chair n'est pas mangeable. On distingue deux espèces de ce genre : l'anhinga de Levaillant, qui est propre à l'Afrique, et l'anhinga à ventre noir, qui habite l'Amérique.

Voici maintenant les grands voiliers, les oiseaux aux longues pennes, qui réalisent le triomphe de l'aile, ne viennent à terre que pour y déposer leurs œufs, et vivent du reste constamment entre le ciel et l'Océan. Ceux-ci ne nagent pas : leurs pattes palmées ne leur servent qu'à poser, à glisser sur les flots, où ils se tiennent toujours les ailes étendues. Quelques-uns seulement fréquentent volontiers les côtes et les ports de mer, et parfois remontent les rivières jusqu'à de grandes distances. Tels sont les goëlands et les mouettes : celles-ci plus petites que ceux-là. On pourrait les appeler les corbeaux blancs de la mer. Lâches, vo-

1 Le Goëland à manteau noir. 2 Le Fou-Boubie.

races et criards, ils fourmillent sur tous les rivages, où ils cherchent les poissons plutôt morts que vivants, et disputent aux crustacés les charognes et les immondices rejetées par les vagues sur la plage. On les a nommés *stercoraires*. D'autres oiseaux de formes plus lourdes, les fous, viennent aussi quelquefois à terre; ils y sont tout dépaysés et se laissent atteindre et frapper, ne pouvant courir avec leurs pattes trop courtes, ni s'élancer tout d'un coup dans l'air, à cause de la longueur de leurs ailes. Mais on les voit d'ordinaire planer avec une admirable légèreté au-dessus des vagues, et enlever prestement les poissons qui viennent à la surface. D'autres fois, perchés sur une pointe de rocher, dans une immobilité complète, ils attendent les harengs et les sardines dont ils font de préférence leur nourriture, et, dès qu'ils en aperçoivent, étendant leurs ailes, ils se laissent tomber, presque verticalement, sur leur proie, qui jamais ne leur échappe.

Tous les longipennes, — j'y comprends la frégate, bien qu'on l'ait classée parmi les totipalmes : je ne sais pourquoi, car ses pattes ne sont que très-incomplétement palmées, tandis que ses ailes aiguës, d'énorme envergure par rapport à sa petite taille, et sa queue fourchue la placent en tête des meilleurs voiliers, — tous les longipennes, dis-je, sont affligés de la même infirmité. Ils ne peuvent s'enlever comme font nos petits oiseaux; ils sont obligés de partir d'un point élevé, de plonger dans l'air. Mais une fois lancés, on voit aisément que l'aérostation est leur état normal. On les rencontre à des centaines de lieues de toute côte. Il est évident que le repos ne leur est pas nécessaire, ou plutôt qu'ils se reposent sur leurs ailes et se laissent bercer par les vents, dont la violence ne les gêne ni ne les effraie : au contraire, ils semblent se complaire au sein des tourmentes qui, soulevant les flots, amènent à la surface des restes d'animaux morts (des mollusques et des rayonnés) dont ils se nourrissent. Les marins ont depuis longtemps appelé les pétrels oiseaux des tempêtes, et les naturalistes ont étendu ce nom, en le latinisant, aux gigantesques albatros et aux thalassidromes. Les procellaires (*procella*, tempête) plongent fort mal, et mettent à peine la tête dans l'eau pour atteindre leur proie. Quelques auteurs, en lisant dans les récits des

1 La Frégate ordinaire. 2 Le Pétrel-damier.

voyageurs qu'on prenait ces oiseaux à la ligne, ont supposé qu'ils plongeaient; mais ils ignoraient sans doute que dans les lignes propres à ce genre de pêche, l'hameçon et l'appât sont soutenus à la surface de l'eau par un morceau de bois ou de liége.

On lit aussi, dans plusieurs ouvrages, que ces oiseaux dévorent des poissons volants et autres, et du frai de poissons. Mais il n'y a de poissons volants que sous les tropiques, et les albatros et les pétrels sont surtout communs

L'Albatros-mouton.

dans les régions froides. Quant aux autres poissons, on n'en voit pas en pleine mer, pas plus que du frai. On a souvent parlé de la guerre que se font entre eux les oiseaux de mer pour s'arracher réciproquement leur proie. Cela est vrai des stercoraires, des pétrels et surtout des frégates, véritables écumeurs de mer, qui vivent en grande partie de brigandage; mais les albatros, malgré la supériorité de leur force, n'attaquent jamais les autres oiseaux. On voit, au contraire, les frégates et les plus petits pétrels venir leur disputer leur proie. Leur bec, avec sa pointe crochue et tranchante, est plutôt destiné à déchirer une matière inerte qu'à saisir des poissons au passage. Ils sentent de loin les cadavres des cétacés abandonnés par les pêcheurs, et se réunissent en grand nombre pour les dépecer. Ils s'abattent de même sur tout corps qui tombe d'un navire à la mer, et n'épargnent pas les hommes.

L'*Écho du monde savant* a raconté que le subrécargue d'un navire français étant, par bravade, monté sur une vergue, et le pied lui ayant manqué, il tomba à la mer. Malheureusement ce navire n'était pas muni de bons appareils de sauvetage; avant d'être secouru, le subrécargue se soutenait assez bien pour qu'on eût eu le temps de mettre une embarcation à la mer; mais tout à coup une troupe d'albatros se jeta sur ce malheureux, le frappant et le déchirant à la tête et aux bras. Il ne put soutenir la lutte à la fois contre les vagues et contre ces voraces ennemis, et succomba sous les yeux de l'équipage. On a donc dit justement que les albatros sont les vautours de l'Océan. La frégate a été de même décorée du surnom d'aigle de mer. Elle le mérite par ses instincts rapaces, par la hardiesse, la puissance et la rapidité de son vol.

« C'est, dit M. Michelet, le petit aigle de mer, le premier de la race ailée, l'audacieux navigateur qui ne ploie jamais la voile, le prince de la tempête, contempteur de tous les dangers : le guerrier ou la frégate.

« Nous avons atteint le terme de la série commencée par

l'oiseau sans aile. Voici l'oiseau qui n'est plus qu'aile. Plus de corps : celui du coq à peine, avec des ailes prodigieuses, qui vont jusqu'à quatorze pieds[1]. Le grand problème du vol est résolu et dépassé, car le vol semble inutile. Un tel

Combat de Frégate et de Fou.

oiseau, naturellement soutenu par de tels appuis, n'a qu'à se laisser porter. L'orage vient? Il monte à de telles hau-

[1] Ceci est une exagération. L'albatros seul atteint un tel développement. Les ailes étendues de la frégate ne dépassent pas deux mètres à deux mètres et demi.

teurs qu'il y trouve la sérénité. La métaphore poétique, fausse de tout autre oiseau, n'est point figure pour celui-ci : à la lettre, il dort sur l'orage. S'il veut ramer sérieusement, toute distance disparaît. Il déjeune au Sénégal, dîne en Amérique[1]. »

Pourtant cet oiseau, si bien armé, mène une triste vie. Ses ailes mêmes en sont la preuve. De quoi lui serviraient-elles, s'il n'était obligé de battre incessamment les champs de l'air, d'inspecter sans relâche de son œil rouge et perçant la surface de la mer, et cela pour trouver à grand'-peine une chétive pâture : si chétive, qu'il vit souvent aux dépens d'autrui, disputant un lambeau de chair ou de poisson à de plus forts que lui, risquant sa vie pour ne pas mourir de faim. Ainsi cet être libre, qui parcourt en tous sens l'atmosphère et les mers, qui peut en quelques jours faire plusieurs fois le tour du monde, est esclave de sa liberté même. C'est l'emblème et le type de la vie errante et misérable.

« N'envions rien, dit encore M. Michelet. Nulle existence n'est vraiment libre ici-bas, nulle carrière n'est assez vaste, nul vol assez grand, nulle aile ne suffit. La plus puissante est un asservissement. Il en faut d'autres que l'âme attend, demande et espère :

> Des ailes par-dessus la vie,
> Des ailes par delà la mort[2] !

[1] *L'Oiseau.*
[2] Ibid.

QUATRIÈME PARTIE

L'HOMME ET L'OCÉAN

CHAPITRE I

LA NAVIGATION

Les premiers sentiments de l'homme en présence de l'Océan sont l'étonnement, l'admiration et l'effroi. Il l'admire pour sa grandeur, qui éveille l'idée de l'infini, pour ses mouvements majestueux dans leur calme comme dans leur tumulte, pour sa grande voix dont les mugissements ont une mélodie grave et une harmonie sauvage. Il le craint à cause de sa force, à cause de son étendue et de sa profondeur pleines de mystères, à cause de ses dangers réels et imaginaires; dangers tels qu'une âme inaccessible à la crainte, « cuirassée d'un triple airain, » selon le mot du poëte, peut seule en supporter la pensée.

Puis peu à peu l'impression se modifie; l'esprit se rassied. La réflexion et un examen plus attentif lui font envisager sous des aspects nouveaux cette grande chose où il sent comme un principe de vie, dont le calme ressemble au sommeil et l'agitation à la colère d'un être animé. Il conçoit la pensée d'entrer en communication avec l'Océan, d'apprivoiser ce monstre, de pénétrer cet inconnu, de faire servir cette puissance à l'accomplissement de ses desseins.

L'Océan devient alors, pour l'artiste et pour le poëte, un magnifique tableau, un panorama aux scènes changeantes et splendides. Pour le philosophe et pour l'homme de science, son immensité, ses abîmes peuplés d'êtres étranges, ses mouvements, ses phénomènes sont autant de sujets d'observation, d'étude, de méditations et de découvertes, c'est-à-dire autant de sources de jouissances élevées. Pour l'homme aventureux, pour le voyageur, ce sont des voiles à déchirer, des hasards à courir, des luttes à soutenir. Pour l'économiste, pour le spéculateur, c'est une voie de communication qui relie les continents et les îles au lieu de les séparer; c'est un vaste champ d'exploitation; c'est une mine de richesses inépuisables. Enfin, pour le pauvre besogneux, habitant des rivages, c'est un gagne-pain, comme la terre pour le laboureur, mais avec des fatigues et des périls en plus.

Ces diverses manières d'envisager l'Océan peuvent se ramener à trois : le point de vue esthétique, sur lequel je ne veux pas insister; le point de vue scientifique et philosophique, qui est celui où nous nous sommes placés dans les études qui précèdent; enfin le point de vue utilitaire, qui dans la pratique se rattache étroitement au second, et que nous allons considérer plus particulièrement dans cette quatrième partie.

L'Océan semblait être pour l'homme un obstacle invincible. Cette masse d'eau qui couvre les trois quarts de la surface du globe, qui en réduit la partie habitable à si peu de chose, et sans cesse assiége la terre de ses flots menaçants, c'était, à ce qu'on pouvait croire, autant de place perdue. Que tenter contre un tel boulevard ? Quel parti tirer de ce désert mouvant et sans limites ? Quel secours espérer de cet ennemi ? Le plus sage n'est-il pas de s'en tenir à distance?.... Voilà ce que se dirent sans doute les premiers hommes qui virent la mer. Mais d'autres vinrent ensuite qui, se sentant plus nombreux, plus forts, plus ambitieux surtout, entreprirent de faire servir l'Océan à l'accroissement de leur bien-être, au développement de l'industrie et du commerce. Et l'entreprise — au prix d'efforts et de sacrifices inouïs — a réussi. Comment? Par un art admirable, celui de tous assurément qui fait le plus d'honneur à l'audace et au génie de l'homme : par la navigation.

C'est du jour où l'homme a inventé le navire qu'il a réellement pris possession de son domaine; et à partir de ce jour les progrès de la civilisation et ceux de la navigation se sont partout suivis de si près, qu'il est impossible de les séparer; que la seconde est demeurée la plus haute et la plus significative manifestation en même temps que l'instrument le plus efficace de la première, et qu'on ne peut pas plus concevoir les hommes policés sans marine, que des navigateurs ignorants et grossiers.

Voulez-vous apprécier la puissance, la prospérité d'un peuple? Comptez le nombre et examinez la structure de ses vaisseaux. Voulez-vous savoir quelle contrée nourrit les nations qui ont le plus marqué dans les sciences, dans les arts, dans la politique? Consultez une mappemonde, et cherchez-y la portion de continent la plus découpée par la mer, celle qui, par conséquent, a, pour ainsi dire, contraint ses habitants à faire le plus grand usage du vaisseau.

« Les articulations nombreuses, la forme richement accidentée d'un continent, dit Humboldt, exercent une grande influence sur les arts et la civilisation des peuples qui l'occupent : déjà Strabon préconisait comme un avantage capital « la forme variée » de notre petite Europe. L'Afrique et l'Amérique du Sud, qui offrent, sous d'autres rapports, tant d'analogies dans leur configuration, sont, de tous les continents, ceux dont les côtes présentent le plus d'uniformité. Mais le rivage oriental de l'Asie, déchiré, pour ainsi dire, par les courants de la mer, est terminé par une ligne fortement accidentée; sur cette côte, les péninsules et les îles voisines du rivage se succèdent sans interruption, depuis l'équateur jusqu'au 60e degré de latitude[1]. »

L'histoire des sociétés humaines donne la confirmation la plus manifeste à cette vue de l'illustre philosophe. Les peuples de l'Asie, qui les premiers se sont fait une civilisation et qui ont poussé le plus loin cette civilisation, qui ont atteint le plus haut degré de puissance et de richesse, sont précisément ceux qui possèdent ces « rivages déchirés » dont parle Humboldt : ce sont les Chinois et les Indiens. L'Afrique, dont Pline a dit avec raison : *Nec alia pars terrarum pauciores recipit sinus*, l'Afrique, avec son immense étendue continentale, est restée barbare, sauvage et en grande partie déserte[2]. Autant on en peut dire de l'Amérique méridionale. Dans l'Amérique septentrionale,

[1] *Cosmos*, t. I.

[2] Parmi les anciennes nations africaines, deux seulement ont joué un rôle important : l'Égypte, assise entre deux mers; et Carthage, une colonie de Tyriens, c'est-à-dire des plus hardis et des plus savants navigateurs de l'antiquité. Au moyen âge et dans les temps modernes, les Arabes établis sur les côtes barbaresques, à Tunis, au Maroc, à Alger, ont pu s'enrichir et se faire redouter, grâce à l'habileté et à l'audace de leurs marins, par leur trafic et leurs pirateries.

les conquérants espagnols ont trouvé une civilisation, où? Au Mexique, à la base de l'isthme, entre deux mers. Et dans quelle portion de ce continent les Européens ont-ils fondé leurs plus grandes et leurs plus florissantes colonies? Dans la portion orientale, creusée de golfes profonds, découpée de baies, d'embouchures de fleuves et de sinus innombrables. Là aussi s'est formée une des plus énergiques, des plus actives et des plus industrieuses nations du globe, et la seule qui représente vraiment la civilisation moderne dans le nouveau monde, qu'elle a, pour ainsi dire, personnifié, puisqu'en parlant d'elle on dit d'ordinaire : « le peuple Américain », ou même plus brièvement : « l'Amérique. »

Revenons à l'ancien monde, et jetons un coup d'œil sur les peuples dont l'histoire nous est la plus familière. Voyez-vous, à l'extrémité orientale et méridionale de l'Europe, cette petite presqu'île à laquelle se rattache, par un fil délié, une autre presqu'île plus petite encore et découpée comme une feuille de mûrier? C'est la Grèce. Ce nom seul suffit : tout commentaire serait superflu. Aujourd'hui, si déchue qu'elle soit de son antique splendeur, la Grèce n'a plus, avec sa glorieuse histoire d'autrefois et ses monuments qui commandent encore le respect et la sympathie des autres nations, qu'un seul élément de prospérité : sa marine commerciale.

Voici dans la Méditerranée une autre presqu'île : l'Italie. Voici à l'embouchure du Tibre Rome, la ville éternelle. Le peuple romain a donné des lois au monde; mais sa puissance ne date réellement que du jour où une galère carthaginoise, échouée sur ses rivages, lui servit de modèle pour construire ses premiers vaisseaux. Avec ses flottes il conquit

Navires en mer.

la Grèce, d'où il rapporta des arts, une littérature, une philosophie... Quelles furent au moyen âge, après Rome, — devenue la capitale du monde chrétien après avoir été celle du monde païen, — quelles furent les cités reines de l'Italie? Venise, Gênes et Naples : des cités maritimes.

L'Espagne et le Portugal, — encore une péninsule, — ont jeté au XVe et au XVIe siècle un vif éclat, et pris, parmi les nations européennes, la suprématie. C'est que leurs marins avaient découvert et conquis, au delà des océans, des terres jusqu'alors inconnues, et que leurs galions revenaient chaque jour chargés des trésors des Indes orientales et occidentales. Puis ce fut le tour des Provinces-Unies : une république de marchands et de navigateurs, qui surent acquérir et conserver pendant près de deux siècles le monopole du commerce maritime et des grandes pêches. « La mer, dit un auteur contemporain [1], a été pour les nations modernes, mais plus particulièrement pour la Hollande, un grand théâtre de développement moral. L'influence que cette masse d'eau a exercée sur la civilisation a été jusqu'ici trop peu remarquée : sans elle l'homme n'eût point acquis pleinement le sentiment de ses forces; il n'eût point tourné les yeux vers le ciel avec une persévérance intrépide pour observer le mouvement des astres : les sciences physiques, l'industrie, les arts utiles n'eussent point franchi d'un pas si assuré les limites du moyen âge. La Hollande est fille de l'Océan, et elle a marché sur les eaux pour aller à la conquête des richesses. »

Le sceptre des mers est tombé un jour des mains de la république batave, pour passer dans celles de la Grande-

[1] M. Alph. Esquiros. *La Néerlande et la Vie hollandaise.*

Bretagne. Aujourd'hui la marine militaire de l'empire britannique égale à elle seule toutes les marines des autres États du monde, et sa marine commerciale n'avait naguère d'autre rivale que celle des États-Unis. Le développement colonial de l'Angleterre est le plus étendu et le plus fortement organisé qu'on ait jamais vu ; elle est, par son industrie, son commerce, son énergie entreprenante et sa puissance politique, la première nation du monde. La France, qui vient immédiatement après, est aussi, après elle, l'État qui possède la flotte la plus nombreuse, la plus belle ; et nos marins, nos ingénieurs ne le cèdent point, sous le rapport du savoir, de l'intelligence et du courage, à leurs émules d'outre-Manche.

La navigation ne fait pas seulement les peuples éclairés, industrieux, opulents, puissants dans la paix et dans la guerre : ces peuples lui doivent encore les meilleures pages de leurs annales, leurs gloires les plus pures. Je ne sache pas d'épopée héroïque qui soit comparable à l'histoire des grandes explorations maritimes du XVe et du XVIe siècle, et à celle des expéditions que notre siècle même a vu s'effectuer dans les régions arctiques. Je ne sache pas de noms plus dignes de la vénération et de la reconnaissance des hommes que ceux de Barthélemy Diaz, de Vasco de Gama, de Christophe Colomb, de Magellan, des frères Cortereal, de Bougainville, de Cook, de Lapérouse, de Freycinet, de Dumont d'Urville, de James et de John Ross, de Back, de John Franklin, et de cette phalange sacrée d'hommes au cœur intrépide, qui, avec lui et après lui, au prix de fatigues et de souffrances inouïes, au prix même de leur vie, se sont efforcés d'ouvrir aux navigateurs un passage à travers la mer polaire, et qui ont fini par y réussir.

Du moins, en échange de leurs sacrifices, ils ont eu, les uns sous les tropiques, les autres au milieu des glaces, les hautes satisfactions réservées aux âmes d'élite, aux esprits cultivés, aux cœurs remplis de religieuses pensées. Ils sentaient que la patrie, — et la patrie du philosophe est partout où l'on pense, — avait les yeux sur eux, et de loin applaudissait avec enthousiasme à leurs exploits. Ils trouvaient, ils contemplaient des choses que personne avant eux n'avait vues. Ils savaient que la gloire les attendait : non la gloire banale qui éblouit le vulgaire, mais une gloire plus modeste en apparence, plus solide et plus enviable en réalité : celle que donnent les choses saintes et utiles bravement accomplies. Donc, ne plaignons pas ces martyrs de la science : la pitié est pour les faibles, et l'homme de mer est, par excellence, l'homme fort. La lutte, le danger, c'est sa vie. Depuis l'amiral qui commande des escadres jusqu'au plus obscur matelot, jusqu'au plus humble pêcheur, tous sont des héros. Le soldat n'a besoin de son courage que dans la guerre; et encore la guerre pour lui n'est-elle pas impitoyable. Une armée vaincue peut se retirer, s'abriter. Les privations, les fatigues aussi sont tolérables. Il y a des haltes, des répits fréquents; les blessés, les malades vont à l'ambulance, ou restent dans les villes, et y retrouvent la paix. Mais la guerre, sur l'Océan, quoi de plus effroyable? Là, à la lettre, il faut vaincre ou mourir :

Una salus victis nullam sperare salutem.

Souvent même l'abîme engloutit le vainqueur avec le vaincu. Les blessés, les malades, entassés à fond de cale, ballotés par les lames, sauteront ou couleront bas avec la forteresse flottante qui, désemparée, privée de ses agrès, ne peut regagner le port.

Et pourtant ces combats terribles ne sont que des épisodes dans la vie du marin. En pleine paix, il combat, non contre d'autres hommes, mais contre les éléments. Et puis aux privations physiques que souvent il lui faut endurer, s'ajoutent celles qui les aggravent toutes : l'isolement, l'ennui des longues et monotones traversées, l'éloignement de ceux qu'il aime, que peut-être il ne reverra plus, ou qu'il ne reverra que pour les quitter presque aussitôt. Et pourtant cette existence aventureuse, ces lointains voyages, ces périls sans cesse renaissants ont pour la plupart un charme infini. La mort, ils ne la craignent pas : ils sont prêts. La solitude, la vue des grandes scènes de la nature, la contemplation de l'infini, élèvent leur âme, la fortifient, font naître des sentiments et des idées qui la remplissent, la préservent de l'engourdissement et du désespoir.

« Si toutes les émotions qui remplissent le cœur du navigateur devant les beautés de l'univers pouvaient être inscrites sur les livres de bord, dit le capitaine Jansen, combien plus rapidement nous avancerions dans la connaissance des lois de la nature! Ce qui frappe d'abord celui qui s'aventure sur l'Océan, c'est l'immensité de la scène qui l'entoure, son immutabilité et le sentiment des abîmes. Le plus magnifique navire est perdu sur cette surface sans limites, qui nous fait connaître tout notre néant. Les plus grands vaisseaux sont les jouets des vagues, et la carène semble à chaque moment mettre notre existence en péril. Mais lorsque le regard de l'esprit a sondé l'espace et les profondeurs de l'Océan, il s'élève à une conception de l'infini et de la Toute-Puissance, à une idée de sa propre grandeur qui éloigne toute crainte du danger. Les distances des corps célestes sont exactement mesurées; éclairé par l'astronomie et par la science nautique, dont les cartes de Maury sont une partie si importante, le navigateur trace sa route sur l'Océan avec sécurité, comme il pourrait le faire s'il n'avait à traverser qu'une plaine immense..... Le mouvement des vagues couronnées d'une écume argentée, à travers lesquelles passent les poissons volants, les dauphins aux couleurs brillantes, les bandes de thons plongeurs, tout bannit la monotonie de la mer, et éveille l'amour de la vie dans l'esprit du jeune marin, en inclinant son cœur vers la bonté. »

« Certes, dit d'autre part Humboldt, la mer n'offre aucun phénomène plus digne d'occuper l'imagination que cette profusion de formes animées, que cette infinité d'êtres microscopiques dont l'organisation, pour être d'un ordre inférieur, n'en est pas moins délicate et variée; mais elle fait naître d'autres émotions plus sérieuses, j'oserai dire plus solennelles, par l'immensité du tableau qu'elle déroule aux yeux du navigateur. Celui qui aime à se créer en lui-même un monde à part, où puisse s'exercer librement l'activité spontanée de son âme, celui-là se sent rempli de l'idée sublime de l'infini, à l'aspect de la haute mer libre de tout rivage. Son regard cherche surtout l'horizon lointain; là le ciel et l'eau semblent s'unir en un contour vaporeux où les astres montent et disparaissent tour à tour. Mais bientôt cette éternelle vicissitude de la nature réveille en nous le vague sentiment de tristesse qui est au fond de toutes les joies humaines.

« Une prédilection toute particulière pour la mer, un

souvenir plein de gratitude de l'impression que l'élément liquide, en repos au sein du calme des nuits, ou en lutte contre les forces de la nature, a produites en moi, dans les régions des tropiques, ont pu seules me déterminer à signaler toutes les jouissances individuelles de la contemplation, avant les considérations générales qu'il me reste à énumérer. Le contact de la mer exerce incontestablement une influence salutaire sur le moral et sur les progrès intellectuels d'un grand nombre de peuples; il multiplie et resserre les liens qui doivent un jour unir toutes les fractions de l'humanité en un seul faisceau. S'il est possible d'arriver à une connaissance complète de la surface de notre planète, nous le devrons à la mer, comme nous lui devons déjà les plus beaux progrès de l'astronomie et des sciences physiques et mathématiques. Dans l'origine, une partie seulement de cette influence s'exerçait sur le littoral de la Méditerranée et sur les côtes occidentales du sud de l'Asie; mais elle s'est généralisée depuis le XVIe siècle; elle s'est étendue même à des peuples qui vivent loin de la mer, à l'intérieur des continents. Depuis l'époque où Christophe Colomb fut envoyé pour délivrer l'Océan de ses chaînes (une voie inconnue lui parlait ainsi dans une vision qu'il eut, pendant sa maladie, sur les rives du fleuve de Belem), l'homme a pu se lancer dans les régions inconnues avec un esprit désormais libre de toute entrave. »

CHAPITRE II

LA PÊCHE

L'homme a vu de bonne heure dans l'Océan un immense réservoir de substances alimentaires. Il a commencé par ramasser sur le rivage les huîtres, les moules et d'autres coquillages, les crustacés que la mer laisse à découvert sur le sable. Puis avec la barque, le navire, il s'est lancé sur les flots; il a inventé des engins, des filets pour prendre le poisson; il a créé ainsi une industrie qui a grandi au point de devenir en certains pays une des branches importantes du travail, une des sources de la richesse nationale.

Les pêcheurs forment la classe la plus intéressante du peuple, — en France, notamment, — et bien distincte de toutes les autres. Séparés du reste de la société, voués à un métier rude, qui fait subsister à peine et souvent fait périr, ils vivent au jour le jour, la plupart du temps en mer. Ils sont bons, honnêtes, braves et simples, ignorant les choses du monde, tout à fait illettrés. Ils conservent et se transmettent, avec leur ferveur religieuse et leur foi naïve, quelques superstitions, mais inoffensives, consolantes, et toujours d'un fond religieux. C'est leur poésie, ce sont leurs légendes, qu'ils racontent autour du foyer aux petits enfants, avant la prière du soir, tandis que la mer gronde en se brisant au pied de la falaise, et que le vent siffle dans les ouvertures mal fermées de la pauvre cabane. Les mœurs sont douces et pures au village de la côte; la corruption ne vient que sur les vaisseaux, ces villes flottantes de l'Océan.

Il y a dans toute industrie des degrés. Ces degrés, dans la pêche, sont fort tranchés. On distingue la petite pêche, ou pêche côtière, qui ne pousse jamais loin au large, et que les pêcheurs exercent pour leur compte sur des barques qui leur appartiennent; souvent ces barques sont montées *en famille* par le père et ses fils, après lui par les frères; quelquefois par un *patron* assisté d'un équipage de deux ou trois hommes. La petite pêche, en général, n'a pas toujours un objet déterminé. Le pêcheur jette son filet à la grâce de Dieu, et ramène ce qu'il peut. Il en est toutefois qui ont des spécialités, et suivant les saisons, suivant le temps, se munissent d'engins pour telle ou telle pêche. Les poissons qui se pêchent le plus abondamment près des côtes de l'Europe sont le hareng et le maquereau, la sardine, l'anchois, le thon, la sole, le turbot, l'anguille de mer, et quelques espèces de squales qui ne servent guère d'aliment qu'aux pauvres habitants des côtes, et paraissent rarement sur les marchés des villes de l'intérieur. Parmi ces poissons quelques-uns sont à la fois de grande et de petite pêche. Tels sont le maquereau et le hareng; l'un et l'autre sont bien connus de tout le monde. Le premier est moins abondant que le second, mais il est plus estimé; sa chair est plus ferme et plus savoureuse. Il est remarquable par l'éclat de ses couleurs. Dans nos parages il ne fait que passer. C'est au nord-ouest de l'Europe que sa pêche est vraiment abondante et lucrative.

Les maquereaux émigrent annuellement en troupes nombreuses. D'après Anderson, ils passent l'hiver dans le Nord et descendent au printemps dans l'Océan Atlantique, et jusque dans la Méditerranée, pour remonter en automne dans les froides mers du Nord. Le maquereau de petite pêche, débarqué dans les ports au fur et à mesure qu'il est pris, est aussitôt expédié sur les marchés pour être vendu et mangé frais. Celui de grande pêche est en majeure partie salé et conservé dans des barils, et destiné aux approvisionnements de terre et de mer.

Le hareng est aussi un poisson voyageur, et accomplit à peu près, à ce qu'on croit, les mêmes migrations que le maquereau. Il est peu de poissons aussi abondants; sa fécondité est prodigieuse, et malgré ses nombreux ennemis, au premier rang desquels il faut placer l'homme, qui en prend chaque année des millions, l'espèce ne paraît pas avoir sensiblement diminué : les pêches sont toujours en moyenne aussi productives, bien qu'elles ne le soient pas également chaque année. Le hareng habite tout l'océan Boréal, les baies du Groënland, de l'Islande, de la Laponie, des îles Feroë, de la Grande-Bretagne; il peuple les golfes de la presqu'île Scandinave, du Danemark, la mer du Nord et la Baltique. On le trouve aussi dans la Manche et le long des côtes de France, jusqu'à la Loire; mais on ne le pêche plus dans le golfe de Gascogne, et il ne pénètre pas dans la Méditerranée. Il ne s'engage que rarement dans les grands fleuves; malgré cela, on ne peut mettre en doute, parce que l'expérience en a été plusieurs fois tentée avec succès, que ce poisson ne soit susceptible d'être acclimaté dans les eaux douces.

La pêche du hareng est d'origine flamande ou hollandaise. Les Pays-Bas en ont eu longtemps le monopole. Le hareng était là véritablement un produit national, et, bien que la pêche y soit aujourd'hui fort au-dessous de son ancienne splendeur, elle joue encore un rôle considérable dans l'ensemble de la production néerlandaise. Le principal port d'armement est celui de Vlaardingen, petite ville située sur un bras de la Meuse, que divise en cet endroit une île récemment formée. Sur une population de 7,000 habitants, on compte à Vlaardingen 2,000 pêcheurs. Aussi n'y rencontre-t-on en été que des femmes et des enfants : les hommes sont à la mer.

« C'est à Vlaardingen, dit M. A. Esquiros, un des écrivains qui ont le mieux fait connaître la Néerlande, qu'il faudrait écrire l'histoire de la pêche du hareng, au milieu de ces filets qui ont pesé dans les destinées du monde, de ces *buizen* (navires construits exprès pour la pêche) qui ont provoqué pendant longtemps la jalousie de l'Angleterre, de ces pauvres familles par lesquelles s'est élevée en grande partie la fortune des Pays-Bas. Quoique abondante, la pêche de ce poisson frais n'eût jamais constitué une branche importante du commerce national, sans la découverte que fit, en 1380, Guillaume Benkelszoon. Ce fut lui qui inventa l'art de préparer et de conserver le hareng dans le sel. On ne sait rien de sa vie, sinon qu'il naquit à Biervliet, petit village de la Zélande. Il est cependant peu de découvertes qui aient produit tant de richesses en ne demandant aucun sacrifice à l'humanité.... Charles-Quint, sachant ce que la Hollande devait au hareng caqué, voulut perpétuer le souvenir d'un si grand service rendu à la patrie. Se trouvant, en 1556, à Biervliet, il fit ériger un tombeau à Benkelszoon, qui était mort en 1397. Il y a peu d'exemples d'un monument funèbre aussi bien mérité. »

Une autre circonstance vint compléter la découverte de Benkelszoon. A Hoorn, en 1416, se fit le premier grand filet pour la pêche du hareng. Avec l'art de prendre et de conserver le hareng, cette pêche s'étendit, puis se déplaça. Vers le commencement du XVe siècle, elle s'établit à Enkhuisen et à Hoorn. Puis, les guerres avec l'Espagne et ensuite avec la France étant survenues, elle passa presque tout entière dans les deux provinces de Nord-Hollande et de Sud-Hollande, où elle se maintint pendant longtemps à un degré très-élevé de prospérité. On la regardait comme une branche si précieuse du commerce national, que dans plusieurs édits elle est appelée *la mine d'or de la République batave*. Aussi était-elle soumise à des règlements fort sévères, et jouissait-elle, par compensation, de grands priviléges. Les pêcheurs de hareng formaient une corporation, dont chaque membre s'engageait par un serment solennel à respecter et à observer les usages établis.

« Jusqu'à ces dernières années, continue M. Esquiros, le départ des bateaux pour la grande pêche était fixé à la Saint-Jean (24 juin). Ce départ était précédé de fêtes. Il existe un livre de vieilles chansons hollandaises, que chantaient les pêcheurs avant de se mettre en mer. On portait des toasts au succès de la pêche, et l'on priait Dieu de bénir les filets. Enfin on hissait les voiles, et la flottille pacifique allait à la conquête du hareng. Aujourd'hui les *doggers* partent dans les premiers jours de juin, et peuvent dès lors ouvrir la pêche; mais, fidèles aux traditions, ou si l'on veut aux préjugés, les pêcheurs ne profitent qu'à contre-cœur de cette liberté toute nouvelle. « Le hareng, « disent-ils dans leur langage naïf, n'aime point à être « pris avant la Saint-Jean. » En 1755, le nombre des *buizen* partant pour la grande pêche était de 234. En 1820, il était encore de 122; il est aujourd'hui de 90. Ce groupe de voiles se dirige vers les côtes d'Écosse. Deux navires de guerre les accompagnent pour les protéger et les surveiller. Il est interdit aux pêcheurs de toucher terre. Ils ne doivent pas non plus vendre de poissons à bord. La flottille se maintient à la hauteur des Shetlands, d'Édimbourg, et sur les côtes d'Angleterre. La réputation du hareng hollandais tient surtout à la puissance des doggers, excellents bâtiments de mer, dont la constitution nautique permet de jeter les filets dans des eaux très-profondes. Là seulement se trouvent les harengs de grande taille et d'une qualité supérieure. Treize à quatorze cents hommes environ prennent part à ce travail de mer. A peine saisi par les mains du pêcheur, le hareng est caqué, c'est-à-dire ouvert avec la lame d'un couteau, et mis dans des barils; on y ajoute du sel, qui fond et dans lequel le poisson se conserve. Depuis une douzaine d'années, une corvette accompagne la flottille. Les cent premiers barils sont chargés sur cette corvette, qui les transporte à toute vitesse dans le port de Vlaardingen. »

Les Hollandais distinguent trois espèces de harengs : le hareng *pec* ou caqué, qu'ils nomment *gekaakte-haring*, et qui se pêche pendant l'été au nord de l'Écosse; — le *steur-haring*, qu'on prend en automne sur les côtes de Yarmouth, qu'on sale d'abord pour le fumer plus tard, et qui, fumé, prend le nom de *bokking*; — et le *pan-haring*, qu'on prend dans le Zuyderzée, et qui se mange frais. Ce dernier sert de nourriture aux classes pauvres.

La décadence de la pêche hollandaise est due à des causes économiques que nous n'avons point à examiner.

Cette décadence est-elle définitive ou seulement passagère? La question est fort controversée. Quoi qu'il en soit, le monopole du hareng a passé, depuis le commencement de ce siècle, aux mains de la Grande-Bretagne. Tandis que l'ensemble de la pêche néerlandaise occupe à peine aujourd'hui une centaine de navires et produit de trente à trente-cinq mille barils de hareng caqué, l'Angleterre a sur les mers environ quinze mille bateaux pêcheurs montés par plus de cent mille hommes, et remplit près de huit cent mille barils de hareng caqué. Quant à la pêche française, elle emploie annuellement de cinq cents à cinq cent cinquante bateaux jaugeant ensemble de quatorze à quinze mille tonneaux, et montés par sept mille cinq cents hommes environ. Ses produits, non compris le hareng consommé à l'état frais, sont de cent quarante à cent cinquante mille barils, du poids de 127 à 128 kilogrammes. La France n'exporte pas de harengs; le marché intérieur suffit pour absorber tous les produits de notre pêche.

La pêche de la morue est beaucoup plus importante que celle du hareng; elle exige des navires d'un plus fort tonnage, munis d'engins et d'approvisionnements considérables, en un mot, armés pour une navigation lointaine et pour de longues opérations. Cette pêche est actuellement celle qui mérite le mieux le nom de grande pêche. C'est une excellente école de navigation; elle peut presque instantanément fournir à l'État une foule de marins aguerris; aussi a-t-elle toujours été l'objet de la sollicitude particulière des gouvernements, qui lui ont accordé des encouragements sous les noms de primes d'armements et primes de produits. On estime à cinq ou six mille le nombre des navires anglais, américains, français, russes, norwégiens, danois, qui se livrent tous les ans à cette pêche, et qui rapportent dans le monde entier trente-six millions de morues préparées et conservées de différentes manières. La France seule envoie annuellement à cette pêche environ cinq cent soixante-dix navires, jaugeant ensemble soixante-dix-sept mille tonneaux, et montés par quinze mille marins. Le produit de la pêche française dépasse trente-cinq millions de kilogrammes de poisson, dont une moitié se consomme dans l'intérieur de l'empire, tandis que l'autre est exportée à l'étranger ou dans nos colonies, et contribue ainsi pour une part importante à enrichir notre commerce et à entretenir notre mouvement maritime. La pêche de la morue, comme celle du hareng, est d'origine hollandaise; mais elle a suivi dans les Pays-Bas la même marche descendante, tandis qu'elle s'est, au contraire, rapidement développée en France, en Angleterre, en Russie et aux États-Unis.

On pêche la morue dans les mers qui baignent le nord de l'Europe, principalement au Dogger's-Bank[1], en Islande, au cap Nord, et sur d'autres points épars des mêmes mers; mais on la pêche en bien plus grande quantité sur les côtes septentrionales de l'Amérique, particulièrement sur le grand banc de Terre-Neuve, aux atterrages de Saint-Pierre et Miquelon, et dans le voisinage du continent, depuis le Canada jusqu'au golfe Saint-Laurent.

Possédant autrefois les côtes de l'Acadie, du cap Breton, du golfe Saint-Laurent et de Terre-Neuve, la France a eu pendant longtemps les pêcheries les plus florissantes du monde. Mais pendant le XVIIIe siècle elle perdit successivement ces colonies, qui toutes tombèrent au pouvoir des

[1] Grand banc situé dans la mer du Nord, entre la Grande-Bretagne, la Hollande et le Danemark.

Anglais ; et il ne lui reste plus aujourd'hui de ces vastes et riches possessions, que les petites îles de Saint-Pierre et Miquelon, avec le droit de pêche et de sécherie sur une partie des rivages de Terre-Neuve. C'est donc surtout dans ces parages que les Français font la pêche de la morue. Un certain nombre de navires vont aussi chercher ce poisson au Dogger's-Bank et dans les mers d'Islande. L'éloignement de nos ports, le manque d'établissements fixes et permanents sur les lieux de pêche, et aussi le moindre développement de notre marine commerciale nous mettent hors d'état de soutenir la concurrence de nos rivaux plus favorisés, les Anglais et les Américains. Ceux-ci, notamment, grâce à leur position géographique, peuvent économiser une grande partie des frais d'armement. Ils emploient à la pêche, comme les Miquelonnais, de très-petits bâtiments, qui font trois ou quatre voyages par saison, et rapportent sans beaucoup de peine et de dépense d'énormes quantités de poisson frais ou salé.

La morue, qui porte des noms différents selon les pays où on la prend, reçoit aussi, dans le commerce, diverses dénominations qui indiquent les préparations qu'elle a reçues. Ainsi la morue fraîche est appelée généralement *cabelliau* ou *cabillaud*. Lorsqu'elle a été salée sans être séchée, on la nomme *morue verte;* si elle a été salée et séchée, on l'appelle *morue sèche ;* elle prend le nom de *stock-fish* lorsqu'elle a été séchée sans être salée. On distingue enfin dans le commerce la morue *grenier,* en *barils,* en *boucauts,* etc. La pêche du cabillaud est très-productive ; c'est à l'entrée de la Manche, sur les côtes de la Belgique et des Pays-Bas et dans la mer d'Allemagne, qu'elle a le plus d'activité ; mais la grande pêche est plutôt celle qui a pour objet la morue destinée à être conservée. Il n'est personne qui n'ait vu la morue telle qu'on la trouve dans le commerce, c'est-à-dire divisée suivant sa longueur, étalée et coupée en longs morceaux; mais ce poisson est peu connu dans son état naturel des personnes qui n'ont point habité les ports de mer. Il n'est donc pas tout à fait inutile d'en donner une courte description.

La morue (*gadus morrhua*) est le genre type de la famille des gadoïdes, ordre des malacoptérygiens subrachiens. Sa forme est à peu près celle d'un merlan gigantesque. Elle atteint souvent uue longueur de un mètre vingt à un mètre trente cinq centimètres, et une largeur de trente à trente-cinq centimètres. Son corps, très-charnu, est couvert de grandes écailles grises sur le dos, et blanches avec des taches dorées sous le ventre. Elle a deux nageoires dorsales, trois ventrales, et un barbillon ou appendice filiforme à la mâchoire inférieure. Sa tête est volumineuse et comprimée, sa bouche énorme, ses yeux gros, ronds, à fleur de tête, et voilés par une membrane transparente. Ses dents sont simplement implantées dans la peau, et mobiles comme celles du brochet. Comme ce dernier, la morue est d'une gloutonnerie aveugle et insatiable. Elle se nourrit de toutes sortes d'animaux, principalement de harengs, de capelans et même de crabes, dont elle digère sans peine en quelques heures les carapaces. Elle avale d'ailleurs indistinctement tout ce qu'elle voit remuer autour d'elle, même des corps absolument indigestes. Aussi peut-on la prendre en lui présentant pour appât des morceaux de drap rouge.

Les morues sont si abondantes au banc de Terre-Neuve, qu'un seul bateau peut en prendre en un jour plusieurs centaines. Cette pêche se fait au moyen de longues lignes, auxquelles on met pour amorce des entrailles de morues qu'on a vidées, des morceaux de viande ou de poisson, etc. La pêche a lieu, sur le grand banc de Terre-Neuve, au mois de mai. Les navires sont, en général, de cent vingt à cent trente tonneaux, avec quinze à vingt hommes d'équipage. Ils ont au moins deux fortes chaloupes. Ils déposent à terre les passagers pêcheurs, les mousses et les novices, qui doivent s'occuper du séchage et de la salaison; puis ils se dirigent vers le banc, où ils vont mouiller par soixante-dix ou quatre-vingts mètres de fond. Les deux chaloupes sont mises à la mer, et chaque soir elles vont, montées chacune par cinq hommes, tendre les lignes, qui sont armées de quatre à cinq cents hameçons. La partie de l'équipage restée à bord du navire s'occupe aussi de la pêche avec des lignes de fond. Chaque pêcheur ne prend qu'une seule morue à la fois. Néanmoins ce travail est rendu fatigant et pénible par la longueur des lignes et le poids du poisson, et par le grand froid qu'il fait dans ces parages.

Une fois les morues prises, on les sale ou bien on les fait sécher. Dans les deux cas, on les éventre, on les vide et on leur coupe la tête. Outre leur chair, ces poissons donnent des produits accessoires qui ne sont pas sans importance : leurs langues, qui sont salées et conservées à part, et qui passent pour un mets très-délicat; leurs œufs, qui, sous le nom de *rogues*, sont apportés en Europe et servent d'appât pour la pêche de la sardine; enfin les foies, d'où l'on extrait en grande quantité une huile dès longtemps connue et employée dans l'industrie, et qui, depuis un certain nombre d'années, a été appliquée au traitement des scrofules, du rachitisme et des maladies de poitrine.

CHAPITRE III

LA CHASSE AUX CÉTACÉS

Le mot *pêche* paraît impropre pour désigner la guerre que fait l'homme aux mammifères marins. Ce n'est plus la ligne et l'hameçon, ce ne sont plus les filets qui en sont les instruments ; c'est cette espèce de javelot qu'on appelle un harpon, et qui sert non à prendre l'animal, mais bien à le tuer : arme plus terrible et plus puissante que les armes à feu, puisque celles-ci ne l'ont point fait abandonner. De plus, il faut poursuivre le gibier, lui donner la chasse, puis engager avec lui une lutte où l'homme n'est pas toujours sûr de la victoire. C'est donc bien là une chasse, et une chasse des plus difficiles, où le marin doit déployer une habileté, une vigueur et une audace peu communes. Cependant l'usage s'est maintenu de dire : la pêche de la baleine, du cachalot, du lamantin, du phoque même : c'est une vieille habitude, issue du préjugé qui faisait considérer autrefois tout animal marin ou aquatique comme un poisson.

La pêche donc, ou mieux la chasse des grands cétacés, est justement célèbre. Elle a été tant de fois décrite, que je ne pourrais guère, en la décrivant de nouveau, que répéter à mes lecteurs ce qu'ils ont sans doute déjà lu et relu ailleurs. Ce qui est moins connu et qui mérite de l'être, c'est l'histoire de cette guerre aux colosses de l'Océan : guerre vraiment glorieuse, pleine d'épisodes héroïques, et que ceux qui jadis y ont pris part ne doivent point se rappeler sans émotion et sans orgueil. Dans les annales de certains peuples, cette guerre figure avec non moins d'éclat que les faits politiques et militaires les plus vantés; elle a exercé sur les destinées de ces peuples une influence comparable à celle des conquêtes les plus importantes accomplies par l'homme sur la nature. On conçoit, en effet, que si la pêche d'un petit poisson tel que le hareng a pu devenir pour ceux qui la pratiquaient sur une grande échelle « une mine d'or, » celle des grands cétacés ait dû être une source de richesse bien autrement productive. Enfin les chasseurs de baleines ont rendu à la science, à la civilisation, à l'humanité, des services d'une haute portée, dont on a à tort attribué tout le mérite aux navigateurs qui n'ont atteint le but qu'en suivant les chemins déjà frayés par leurs devanciers inconnus. A tous égards, l'histoire de cette grande industrie maritime est donc digne d'attention. J'essaierai de la résumer en quelques pages.

La pêche de la baleine n'était pas étrangère aux anciens. D'après Appien, Xénocrate, Pline, Strabon et quelques autres écrivains de l'antiquité, elle était pratiquée par les Tyriens, les Grecs, les Romains et les peuples habitant le littoral du golfe Arabique. Elle était en honneur chez les Chinois dès les temps les plus reculés, et formait au IXe siècle un des principaux objets de leurs opérations maritimes. A la même époque, les peuples du nord de l'Europe s'y livraient avec succès sur les côtes de la presqu'île Scandinave, de la Finlande, de la Germanie, du Jutland et de la Grande-Bretagne. Mais les Basques l'emportèrent sur eux tous en adresse, en courage et en activité. D'abord ces intrépides marins se bornèrent à chasser les baleines dans le golfe de Gascogne, où elles étaient alors très-nombreuses; mais peu à peu il leur fallut poursuivre les cétacés, qui devant leurs attaques répétées se retiraient, fuyaient du côté du pôle. Chaque année leurs navires s'avançaient davantage vers le nord-ouest, jusqu'à ce qu'enfin au XVe siècle ils pénétrèrent dans les régions glacées du cercle polaire, et là, cherchant une terre où l'on pût relâcher, ils abordèrent au Groënland, à Terre-Neuve, au Labrador. Ainsi, tandis que les savants et les érudits d'Europe discutaient l'existence hypothétique d'un autre hémisphère habitable, et que les navigateurs hésitaient encore à l'aller chercher, eux, ces pêcheurs ignorants, ils l'avaient trouvé. Tant il est vrai que l'audace est du génie, ou que souvent du moins elle en tient lieu.

Pendant longtemps les marins de l'Aunis, de la Guienne, de la Bretagne et de la Normandie partagèrent avec les Basques les profits considérables que procurait la chasse à la baleine. Ils partaient au printemps avec cinquante à soixante navires, qu'ils ramenaient à la fin de l'été chargés d'huile. Eux seuls fournissaient à toute l'Europe cette précieuse marchandise. Mais, au commencement du XVIIe siècle, ils se trouvèrent avec étonnement en face de concurrents redoutables : les marines néerlandaise et britannique venaient d'entrer dans la lice. Les Provinces-Unies, après avoir secoué le joug de l'Espagne, avaient donné un prodigieux essor à l'esprit d'entreprise et à l'énergie persévérante qui est le caractère distinctif de ce peuple industrieux. En quelques années, ils s'étaient révélés comme les plus habiles trafiquants, les plus savants et les plus hardis navigateurs de l'Europe, et ils avaient débuté dans la carrière par une suite d'expéditions à la recherche d'un passage conduisant par le nord-est de l'Europe à la Chine et aux Indes : tentatives héroïques, où leurs marins avaient accompli des prodiges de patience et de courage, et qui ne furent point stériles.

C'était beaucoup déjà d'avoir osé pénétrer dans ces parages réputés jusqu'alors absolument inaccessibles, d'avoir reconnu et décrit des contrées où nul homme auparavant n'avait pénétré, et d'avoir jeté dans le monde une hypothèse dont il était réservé à notre siècle de démontrer la réalité. Ce ne fut pas tout. Les Hollandais avaient rencontré dans les mers arctiques des troupeaux de cétacés gigantesques : c'étaient des flots d'huile, qui, versés sur l'Europe, reviendraient en flots d'or au commerce de la république. Les armements pour la chasse aux baleines commencèrent. En 1612, deux navires hollandais partis d'Amsterdam et de Saardam parurent près des côtes du Spitzberg. Ils avaient été devancés par des Anglais, qui, sous prétexte du droit de priorité, prétendirent exploiter seuls ces parages. Ces Anglais étaient en nombre et bien armés. Ils menacèrent les Hollandais de saisir leurs navires et leurs cargaisons. Cette fois il fallut céder devant la force; mais la marine des Provinces-Unies n'accepta point cette exclusion arbitraire.

L'année suivante, cinq ou six bâtiments firent voile vers le Spitzberg, et, sans tenir compte des menaces des Anglais, commencèrent leurs opérations. Ils furent attaqués et dépouillés de leur butin. Une véhémente protestation s'éleva contre cet acte d'agression brutale. Les principales villes et les ports de mer néerlandais formèrent une ligue dont le centre fut établi à Amsterdam, et une compagnie de riches négociants se fit concéder par les États-généraux le privilége de la pêche pour trois années, dans toutes les mers comprises entre la Nouvelle-Zemble et le détroit de Davis. Encouragée par la protection de l'État, cette compagnie enrôla des harponneurs biscayens, et fit accompagner ses navires baleiniers par quatre bâtiments de guerre armés chacun de trente canons. Cela formait une flottille de dix-huit voiles. Les Anglais, qui n'avaient alors dans ces mers que treize grands navires et deux pinasses, n'osèrent engager la lutte avec des forces supérieures, et pendant trois ans les Hollandais purent se livrer tranquillement à la chasse des baleines.

Mais, au bout de ce temps, la jalousie de l'Angleterre éclata de nouveau. Une escadre britannique, commandée par un vice-amiral, attaqua des baleiniers zélandais, et s'empara de leur huile, de leurs canons et de leurs munitions. En 1617, les pêcheurs de la Zélande, décidés à venger cet outrage, mirent en mer trente-trois navires bien armés, et à leur tour prirent l'offensive. Trois navires anglais furent mis hors de combat, plusieurs marins tués, leurs tonneaux brûlés, et un de ces navires fut ramené triomphalement avec sa cargaison dans le port d'Amsterdam. Il n'en fallait pas tant pour qu'une guerre terrible éclatât entre les deux puissances rivales, si les États-généraux, usant de modération, n'eussent fait restituer le navire et accorder au capitaine anglais une indemnité. Le gouvernement anglais, de son côté, jugea prudent de faire des concessions. Il s'ensuivit un arrangement en vertu duquel chaque nation devait poursuivre la baleine sur certaines côtes, et se maintenir dans des limites déterminées.

Ce partage fait, les Hollandais ne tardèrent pas à surpasser les Anglais eux-mêmes dans leurs entreprises à la recherche d'une proie si convoitée. La première compagnie fondée à Amsterdam parvint à conserver jusqu'en 1642 le privilége qui ne lui avait été accordé, dans le principe, que pour trois ans. Mais enfin les réclamations des spéculateurs exclus du bénéfice de la pêche firent céder les États-généraux, qui autorisèrent la création de deux autres compagnies. Ces deux compagnies ne tardèrent pas à se réunir à la première pour constituer un nouveau monopole qui, pour être plus étendu, n'en était pas moins exclusif. Entre les mains de cette société riche et puissante, la chasse à la baleine acquit une situation florissante que favorisait, du reste, la nature des choses. Les cétacés abondaient encore à cette époque dans les mers glaciales, et venaient sans défiance, en immenses troupeaux, s'ébattre autour des navires. Il arriva souvent, dit un historien, que la compagnie fut obligée de recruter sur mer des bâtiments vides pour rapporter en Hollande le produit surabondant de sa pêche. Ce succès lui inspira une confiance funeste. Elle crut que son exploitation se maintiendrait toujours au même degré de prospérité; elle dépensa des sommes énormes pour fonder dans les îles désertes des mers polaires de vastes et magnifiques établissements. Un village hollandais s'éleva sous le nom de Smarenberg dans l'île dite d'Amsterdam. Cette colonie, visitée chaque année par quinze à dix-huit mille marins des Pays-Bas, prit un développement inattendu. La république eut, selon une heureuse expression, sa *Batavia des glaces*.

Mais, au bout d'un certain temps, la chasse devint moins productive; puis la compagnie, dépouillée de son privilége, se vit obligée d'en partager les bénéfices avec tous les aventuriers que la liberté des mers, décrétée par les États-généraux, amena dans les mêmes parages. La pêche de la baleine entra dès lors dans une nouvelle phase, celle de la concurrence illimitée. Sous ce régime, cette industrie prit un développement qui porta à son apogée la puissance et la richesse des Provinces-Unies. Le nombre des navires baleiniers, qui chaque année sortaient des ports néerlandais, s'éleva jusqu'à deux cent trente. Les marins qui les montaient acquirent une adresse et une intrépidité qui firent oublier les Biscayens; les produits réalisés devinrent fabuleux. Un seul navire pouvait, en faisant deux voyages dans la même saison, rapporter deux cents barils d'huile.

Pendant ce temps, les Anglais ne demeuraient pas inactifs : leurs armements s'accroissaient dans des proportions analogues. Des navires norwégiens, danois, russes, français, vinrent aussi prendre leur part de l'immense butin; puis les colonies de l'Amérique du Nord se mirent de la partie : si bien qu'en peu d'années les baleines disparurent de toutes les vastes mers situées au nord de l'Europe, et qu'on dut les poursuivre à l'ouest jusque dans la mer de Baffin, au delà du détroit de Davis. La décadence de la pêche commençait : elle s'est depuis précipitée avec une désastreuse rapidité. Les États-Unis seuls envoient encore dans les mers arctiques des navires soi-disant baleiniers ou cachalotiers; mais ces navires ne font, en réalité, que la chasse aux amphibies. Quant aux grands cétacés, il n'en existe plus que dans l'océan Austral. C'est là que vont croiser, en se rapprochant de plus en plus des parages inhospitaliers du cercle antarctique, les baleiniers anglais. Eux seuls persistent encore à exercer cette chasse lointaine et périlleuse; que l'absence complète du gibier qu'ils recherchent les forcera d'abandonner dans un avenir qu'on peut dès aujourd'hui clairement entrevoir.

C'est ainsi qu'insatiable de lucre, aveuglé à la fois par la cupidité et par cette fièvre de carnage qu'allume en lui toute guerre, l'homme a transformé en une œuvre de destruction ce qui fut dans l'origine une entreprise grandiose, et qui eût dû demeurer une industrie féconde et durable. La famille entière des cétacés est déjà presque éteinte. On semble n'avoir point songé que ces grands animaux n'ont qu'une fécondité très-limitée, et ne se reproduisent qu'avec une extrême lenteur. Loin de leur en laisser le temps, on ne s'est fait aucun scrupule de tuer les femelles pleines et les jeunes individus. C'était « égorger l'avenir; » et il est triste de penser qu'une si ruineuse expérience n'a pas encore pu faire pénétrer dans l'esprit de ceux qui font la guerre aux races de l'Océan les préceptes de la sagesse la plus vulgaire. Tandis que, dans la vie commune, chacun se préoccupe de conserver et d'accroître pour ses enfants et ses neveux les avantages dont la Providence l'a lui-même gratifié, et ne les considère que comme un dépôt confié à ses soins; tandis que la chasse du menu gibier est soumise à des règlements conservateurs, on semble prendre à tâche de dépeupler les mers de tous les animaux utiles qu'elles nourrissent. On traque, on massacre ces animaux avec la même fureur que déploient les paysans contre les loups et les autres bêtes de proie. Enfin, ce qui se comprend moins, les gouvernements, loin de chercher à ralentir cette manie d'extermination, ne s'en occupent que pour l'encourager, en accordant aux chasseurs de baleines et de cachalots des primes qui vont en augmentant à mesure que la pêche se ralentit : comme s'il suffisait de promettre de l'argent aux spéculateurs pour repeupler l'Océan !

CHAPITRE IV

LA CHASSE AUX AMPHIBIES

Les cétacés manquant, ce sont, je viens de le dire, les amphibies, phoques et morses, que les marins américains, anglais et autres vont maintenant chercher parmi les glaces du cercle arctique. Cette chasse est beaucoup moins difficile et moins dangereuse que l'autre; elle n'exige pas le même appareil d'engins meurtriers, et c'est moins une guerre qu'une boucherie. Bien avant que des vaisseaux européens fussent arrivés dans ces régions avec leurs vaisseaux et leurs armes perfectionnées, elle était la principale ressource des peuplades sauvages qui habitent les contrées polaires, et qui tirent de ces animaux non-seulement une grande partie de leur nourriture, mais encore les éléments essentiels de leur misérable industrie et de leur commerce rudimentaire. L'épaisse couche de graisse interposée entre la chair et la peau des amphibies fournit en grande quantité une huile qu'on emploie aux mêmes usages que l'huile de baleine, et qui a sur celle-ci l'avantage de n'exhaler aucune mauvaise odeur. Quelques espèces ont une fourrure grossière, dont les tribus septentrionales se font des vêtements. Les naturels de l'Amérique du Nord utilisent encore, dit-on, les peaux de certaines espèces d'une façon singulière. Ils en ferment, le plus hermétiquement possible, toutes les ouvertures, et les gonflent d'air comme des vessies. En réunissant ensemble cinq ou six de ces outres, et en y étendant des joncs ou de la paille, ils construisent une sorte de radeaux très-légers et insubmersibles, avec lesquels ils s'abandonnent sans danger au courant des fleuves les plus impétueux. Les Kamstchadales font aussi, avec les peaux de phoques, de petites pirogues. La graisse sert à l'alimentation et à l'éclairage; la chair, quoique coriace et d'une saveur désagréable, est la nourriture ordinaire de ces pauvres peuplades, qui échangent encore contre des outils, des armes et de la poudre, des peaux de phoques, des dents de morse, et le surplus de la graisse destinée à leur consommation.

Quant aux nations civilisées, telles que l'Angleterre et les États-Unis, elles équipent chaque année des navires qui font la chasse aux phoques : entreprise hardie, mais dont les bénéfices compensent bien les dangers. Le naturaliste Lesson a donné, d'après M. Dubaut, d'intéressants détails sur cette branche de leur industrie maritime, branche importante, puisqu'elle occupe chaque année une soixantaine de navires de 250 à 300 tonneaux.

« Les navires destinés pour cet armement sont solidement construits. Tout y est installé avec la plus grande économie. Par cette raison, les fonds du navire sont doublés de bois. L'armement se compose, outre le gréement très-simple et très-solide, de barriques pour mettre l'huile, de six yoles armées comme pour la pêche de la baleine, et d'un petit bâtiment de quarante tonneaux mis en botte à bord, et qu'on monte et qu'on met à la mer lorsqu'on approche des îles ou des côtes habitées par les phoques. Les marins qui font cette chasse ont coutume d'explorer préalablement les lieux, ou bien ils s'établissent en un point convenable et font alentour de nombreuses battues. Ainsi il n'est pas rare de voir un navire mouillé dans quelque anse tranquille et sûre, tandis que ses agrès sont débarqués, et que les fourneaux destinés à faire fondre les graisses recueillies, sont placés sur la grève. Pendant ce temps, le petit bâtiment dont il vient d'être parlé, très-bon voilier et fin marcheur, monté par la moitié environ de l'équipage, fait le tour des terres environnantes. Des embarcations sont expédiées, chemin faisant, vers les rivages où l'on aperçoit des phoques, et on laisse çà et là à l'affût des hommes chargés d'épier ceux de ces animaux qui s'aventurent hors de l'eau. La cargaison totale du petit bâtiment se compose d'environ deux cents phoques, coupés par gros morceaux, et qui peuvent fournir quatre-vingts à cent barils d'huile, chaque baril contenant environ cent vingt litres, dont la valeur est à peu près de quatre-vingts francs. Au port où est mouillé le grand navire, les quartiers de phoque sont transportés sur la grève où sont établies les chaudières dans lesquelles on fait fondre la graisse. La chair musculaire et les autres résidus servent à alimenter le feu. Les hommes composant les équipages des navires armés pour ces chasses travaillent à la tâche, en sorte que chacun est intéressé au succès de l'entreprise. La campagne dure quelquefois jusqu'à trois ans, au milieu de privations et de dangers inouïs. Il arrive souvent que des navires jettent des hommes sur une île pour faire des chasses,

Chasse aux Morses.

s'en vont à cinq cents et mille lieues de là en déposer d'autres, puis poussent plus loin encore. Ils reviennent ou ne reviennent pas. C'est ainsi que plus d'une fois de malheureux marins ont péri abandonnés sur des terres désertes, parce que le vaisseau auquel ils appartenaient, et qui devait revenir les prendre à une époque fixée, avait fait naufrage. »

Quid non mortalia pectora cogis,
Auri sacra fames!

Les morses, dont les défenses offrent à la spéculation un supplément considérable de bénéfices, sont aussi, plus encore que les phoques, de la part des marins qui fréquentent les régions polaires, l'objet d'une poursuite acharnée. Déjà, vers le milieu du siècle dernier, le nombre de ces animaux avait notablement diminué.

« On trouvait autrefois, dans la baie d'Horisart et dans celle de Klock, dit Zordrager, beaucoup de phoques et de morses; mais aujourd'hui il en reste fort peu. Les uns et les autres se rendent, lors des grandes chaleurs de l'été, dans les plaines qui sont voisines, et l'on en voit quelquefois des troupeaux de quatre-vingts, cent, et jusqu'à deux cents, particulièrement de morses, qui peuvent y rester quelques jours de suite et jusqu'à ce que la faim les ramène à la mer... On voit beaucoup de morses vers le Spitzberg; on les tue à terre avec des lances. On les chasse pour le profit qu'on a de leurs dents et de leur graisse; l'huile en est presque aussi estimée que celle de la baleine; leurs deux dents valent autant que toute leur graisse. L'intérieur de ces dents a plus de valeur que l'ivoire, surtout dans les grosses dents, qui sont d'une substance plus compacte et plus dure que les petites... Une dent médiocre pèse trois livres, et un morse ordinaire fournit une demi-tonne d'huile... Autrefois on trouvait de grands troupeaux de ces animaux sur terre; mais nos vaisseaux, qui vont tous les ans dans ce pays pour la pêche de la baleine, les ont tellement épouvantés, qu'ils se sont retirés dans les lieux écartés, et ceux qui y restent ne vont plus sur la terre en troupes, mais demeurent dans l'eau, ou dispersés çà et là sur les glaces. Lorsqu'on a joint un de ces animaux sur la glace ou dans l'eau, on lui jette un harpon fort et fait exprès, et souvent ce harpon glisse sur sa peau dure et épaisse; mais, lorsqu'il a pénétré, on tire l'animal avec un câble vers le timon de la chaloupe, et on le tue en le perçant avec une forte lance faite exprès; on l'amène ensuite vers la terre la plus voisine, ou vers un glaçon plat; il est ordinairement plus pesant qu'un bœuf. On commence par l'écorcher, et l'on jette sa peau parce qu'elle n'est bonne à rien[1]; on sépare de la tête avec une hache les deux dents, ou l'on coupe la tête pour ne pas endommager les dents, et on la fait bouillir dans une chaudière. Après cela, on coupe la graisse en longues tranches, et on la porte au vaisseau[2]. »

Ce n'est pas seulement dans les parages du cercle arctique qu'on va chercher la graisse et le cuir des amphibies. Les découvertes des navigateurs modernes ont ouvert

[1] Ceci n'est pas exact, et ne l'était plus depuis longtemps. La peau du morse est employée aux mêmes usages que celle des phoques. Déjà du temps de Buffon on en faisait un très-bon cuir pour les soupentes de carrosse, les sangles et les courroies. Si de nos jours l'emploi de cette peau est peu répandu, il ne faut l'attribuer qu'à la rareté de plus en plus grande des animaux qui la fournissent.

[2] *Description de la prise de la baleine et de la pêche au Groënland, etc.*

au commerce de ces produits de riches et vastes champs d'exploitation dans l'océan Austral. Là se trouve un genre de phoques de très-grande taille, remarquables par le développement du nez, qui chez le mâle s'allonge en une sorte de trompe. Cette particularité leur a valu les noms de phoque à trompe, phoque à museau ridé, éléphant de mer, etc., que les voyageurs leur ont donnés, et celui de *macrorhinus proboscideus*, qui leur est assigné dans la nomenclature zoologique.

Habitant exclusif des régions australes, le phoque à trompe se complaît particulièrement sur les îles désertes; mais il en est qu'il semble fréquenter de préférence. On les rencontre en grand nombre dans celle de Juan Fernandez, aux Malouines, sur les terres de Kerguelen et des États. C'est principalement vers cette dernière contrée que les Anglais dirigent leurs navires destinés à la chasse de ces amphibies.

« Avant l'établissement des Anglais au port Jackson, disent Péron et Lesueur, dans la relation de leur voyage aux terres Australes, les phoques à trompe jouissaient d'une tranquillité parfaite dans les îles du détroit de Bass. Il n'en est plus ainsi : les Européens ont envahi ces retraites si longtemps protectrices; ils y ont organisé partout des massacres qui ne sauraient manquer de faire éprouver bientôt un affaiblissement sensible et irréparable à la population amphibie de ces parages. Des pêcheurs, en petit nombre, sont envoyés de la colonie de Port-Jackson sur les îles où les phoques sont le plus communs, et dont ils font leur résidence habituelle. Nous en trouvâmes dix dans l'île King. Ces hommes étaient chargés de préparer, en huile et en peaux de phoques, la cargaison de quelques navires destinés pour la Chine. Ils étaient pourvus des objets nécessaires pour subsister pendant le temps de leur séjour, qui avait déjà duré treize mois, et de futailles pour recueillir l'huile qu'ils séparaient de la graisse en la faisant bouillir dans de grandes chaudières...

« Pour tous les phoques, il suffit de leur appliquer un seul coup de bâton sur l'extrémité du museau; mais ce moyen n'est pas celui que les pêcheurs emploient : ils font usage d'une lance de douze à quinze pieds de longueur, dont le fer, extrêmement acéré, n'a pas moins de vingt-quatre à trente pouces. Ils saisissent avec adresse l'instant où l'animal, pour se porter en avant, soulève sa nageoire antérieure gauche ; c'est sous cette partie que la lance est plongée de manière à percer le cœur; et les hommes chargés de cette opération cruelle y sont tellement exercés, qu'il leur arrive rarement de manquer leur coup. Le malheureux amphibie tombe aussitôt en perdant des flots de sang. »

La chair des phoques à trompe est non-seulement fade, huileuse, indigeste et noire, mais il est impossible de la retirer des couches de graisse qui l'enveloppent. La langue seule fournit un aliment assez bon. Les pêcheurs salent les langues avec soin, et les vendent au prix des meilleures salaisons. Le foie paraît avoir quelques propriétés nuisibles; car des pêcheurs anglais, ayant voulu essayer de s'en nourrir, éprouvèrent un assoupissement irrésistible qui dura plusieurs heures, et qui s'est renouvelé toutes les fois qu'ils ont voulu goûter de ce perfide aliment. La graisse fraîche jouit parmi les pêcheurs d'une grande réputation pour la guérison des plaies. La peau est épaisse et forte. On l'emploie à couvrir de grandes malles. On l'estime surtout convenable pour les harnais des chevaux et pour la carrosserie. Malheureusement celles des vieux individus, qui, à en juger par leurs dimensions et leur épaisseur, devraient être les meilleures, sont, au contraire, les plus mauvaises, parce qu'elles portent toujours de nombreuses et larges cicatrices, témoins des combats acharnés que se livrent entre eux ces animaux.

L'huile qu'on tire de la graisse du phoque à trompe est l'objet immédiat des entreprises des Anglais sur les îles où ces animaux abondent. La quantité qu'un seul phoque peut en fournir est prodigieuse. On l'estime, pour les plus grands individus, à 700 ou 750 kilogrammes. On l'extrait comme celle des autres amphibies. Péron rapporte que les dix pêcheurs de l'île King en préparaient environ quinze cents kilogrammes par jour. Elle est abondante surtout chez les femelles, avant l'allaitement des petits. On peut l'employer aux usages culinaires : elle ne communique pas de mauvais goût aux aliments. A la lampe, elle brûle avec une flamme vive, sans donner de fumée ni d'odeur, et elle dure plus longtemps que nos huiles végétales. Elle reçoit en Angleterre diverses autres applications dans l'économie domestique et dans l'industrie, particulièrement dans les fabriques de draps. Elle se vendait sur le marché de Londres, au temps où écrivait Péron, six schellings le gallon, c'est-à-dire les quatre litres et demi. Mais depuis sa valeur a notablement augmenté.

La chasse aux amphibies de la mer Glaciale arctique n'est pas, actuellement encore, moins productive que celle des phoques à trompe; mais comme elle se fait avec aussi peu d'économie et de discernement, sa décadence n'est pas non plus moins imminente. « Dans une seule campagne, dit

M. Hautefeuille, les pêcheurs anglais ont tué plus de vingt-cinq mille phoques; en 1858, les pêcheurs norwégiens en ont pris au Spitzberg cinquante-quatre mille[1]. » Il est évident que l'espèce, si nombreuse qu'elle soit, ne saurait tenir longtemps contre de pareilles tueries, et que la chasse dont elle est l'objet finira bientôt, comme celle de la baleine, par la disparition du gibier, si les nations civilisées ne se décident enfin à prendre de concert des mesures énergiques pour la restreindre dans de justes limites.

CHAPITRE V

LES PLONGEURS

L'Océan recèle sous la masse de ses eaux, à des profondeurs variables, diverses substances sur lesquelles nous avons déjà jeté un coup d'œil, et dont quelques-unes ont paru à l'homme particulièrement dignes de sa convoitise. Aucune assurément n'est comparable pour son utilité à la chair des poissons, à la graisse des cétacés ou des phoques; mais nous sommes ainsi faits, que, sous prétexte de civilisation et de progrès, nous en venons à estimer les choses en raison inverse des services qu'elles nous rendent; que nous qualifions de précieuses celles dont nous n'avons

[1] *Dictionnaire universel du commerce et de la navigation*, art. *Pêches maritimes*.

nul besoin, et qu'aucun sacrifice ne nous paraît trop grand pour les obtenir. Nous dédaignons ou nous gaspillons les vrais trésors que la Providence a libéralement mis en abondance à notre portée, et nous souffrons que de pauvres gens s'exposent à la mort, endurent toutes sortes de fatigues et de privations pour nous procurer quelques brimborions aux brillantes couleurs, aux reflets éclatants, qui, loin de rien ajouter à notre bonheur, ne font que nous détourner de la recherche des biens vraiment enviables, au premier rang desquels il faut placer la vertu.

Non contents donc de fouiller la terre pour en retirer les pierres que nous appelons précieuses, il nous a fallu pénétrer aussi sous l'élément liquide pour arracher au lit de la mer des produits dont il est pourtant si aisé de se passer, que des millions de personnes s'en passent en effet et ne s'en trouvent ni moins heureuses, ni plus pauvres.

On entend que je veux parler ici de la nacre, de la perle et du corail. Il est un quatrième produit sous-marin qui mérite plus d'indulgence et dont on ne peut même méconnaître l'utilité, tout en se demandant si cette utilité est bien en proportion avec les efforts qu'il en coûte pour le conquérir et avec sa valeur vénale : ce sont les éponges. Je n'insisterai pas davantage sur les questions de morale et d'économie que soulève l'usage de ces diverses substances. Je me propose seulement de compléter cette rapide étude de l'exploitation de l'Océan par le travail humain, en jetant un coup d'œil sur la singulière industrie dont elles sont l'objet.

Il n'est point de métier, si pénible et si homicide soit-il, pour lequel on ne trouve des ouvriers. Des milliers d'hommes consentent à s'enterrer vivants dans des galeries de mines à des centaines de mètres de profondeur, pour exploiter des gisements de houille ou des filons métallifères. D'autres ne font point difficulté de descendre sous les flots, afin d'aller recueillir sur le sable ou sur le roc des éponges, des branches de corail, des coquillages nacrés. Ces mineurs de l'Océan, ce sont les plongeurs. Un exercice violent et malsain sans cesse renouvelé, des dangers terribles, des maladies qu'ils contractent presque infailliblement et qui plus ou moins abrégent leurs jours : voilà par quels sacrifices, par quel martyre ces malheureux achètent un modique salaire. Ils appellent cela « gagner leur vie, » et beaucoup se sont volontairement condamnés à cette existence amphibie, foncièrement antipathique à l'organisation physique de l'homme! Il est à remarquer toutefois que la profession de plongeur n'est point de celles que le premier venu consent à embrasser. Elle est demeurée depuis longtemps l'apanage de certaines populations, chez lesquelles elle se transmet le plus souvent de père en fils, et qui s'y sont, on le dirait, aguerries peu à peu par la puissance de l'habitude, par la difficulté de trouver un autre emploi de leur force et de leurs facultés, et par les modifications qu'un genre de vie anormal fait lentement subir au tempérament et aux fonctions physiologiques. C'est ainsi que la pêche des éponges est exclusivement pratiquée par des Grecs et des Syriens; celle du corail par des Gênois et des Napolitains; celle de la nacre et des perles, en Asie par des Chingalais et des Malais, en Amérique par des Indiens et des nègres.

On pêchait autrefois les éponges [1] dans la mer Rouge et

[1] Voir au chap. v de la IIIe partie l'histoire naturelle de ces zoophytes et celle du corail.

sur une grande partie de la côte septentrionale d'Afrique. De nos jours, cette pêche se fait principalement dans la mer de l'archipel Grec, et sur le littoral syrien. Elle est libre pour toutes les nations indistinctement; mais les Grecs et les Syriens sont, ainsi que je viens de le dire, les seuls qui s'y livrent d'une manière suivie, et qui fassent de ses produits l'objet d'un commerce régulier avec les Occidentaux. Les opérations commencent ordinairement vers les premiers jours de juin et finissent en octobre; mais les mois les plus favorables sont ceux de juillet et d'août. Les barques partent de Tripoli, de Batroun, de l'île de Rouad, de Latakié, de Kalki, de Stampalie, de Castel-Rosso, de Simi et de Kalminos; chacune d'elles est ordinairement montée par quatre ou six hommes. Les éponges se trouvent à la distance d'un à deux kilomètres au large, sur des bancs de rochers formés par des débris de mollusques. Les belles éponges ne se rencontrent qu'à la profondeur de douze à vingt brasses. Celles qu'on récolte dans les eaux plus basses sont de qualité inférieure.

A l'ouverture de la pêche, les Grecs et les Syriens arrivent à Smyrne, à Beyrouth, à Latakié, à Rhodes, sur de grandes chaloupes qu'ils désarment pour s'embarquer sur de petits bateaux de louage destinés à cet usage, et ils se dispersent sur les côtes. La pêche se fait de deux manières. Pour les espèces communes, on se sert de harpons à trois dents, à l'aide desquels on arrache les éponges. Mais cet instrument détériorerait les éponges fines; il faut donc que d'habiles plongeurs descendent au fond de la mer, et les détachent avec précaution au moyen d'un couteau dont ils sont armés. C'est ce qui explique l'énorme différence de prix entre les éponges *plongées* et les éponges *harponnées*.

Les plongeurs grecs sont, en général, plus hardis et plus adroits que les Syriens. Ceux de Kalminos et de Psora sont les plus renommés. Bien qu'ils restent dans l'eau moins longtemps que les Syriens, leur pêche est d'ordinaire plus abondante. Ils plongent jusqu'à vingt-cinq brasses de profondeur, tandis que leurs rivaux, pour la plupart, ne descendent pas au delà de quinze à vingt brasses au plus. Le produit de la pêche des éponges varie d'ailleurs suivant le temps et les circonstances. En 1827, on l'évaluait en moyenne à 75 ou 80 *oques* (de 1 kilogramme 270 grammes) pour une barque montée par cinq ou six plongeurs, et ce chiffre est encore celui que donnent les documents les plus récents. Les proportions des diverses qualités dans ce total sont évaluées approximativement à un tiers de superfines, et les deux autres tiers de fines-dures et de grosses. Entre ces deux dernières sortes, la proportion varie selon les localités. Les Grecs s'appliquent plus particulièrement à la pêche des grosses éponges dites *Venise*, bien qu'elles se vendent au poids quatre ou cinq fois moins cher que les éponges fines; mais l'infériorité du prix est compensée par la plus grande facilité de la pêche.

Les Anglais ont introduit dans le commerce d'Europe, depuis un certain nombre d'années, des éponges qu'on récolte sur les côtes des îles Lucayes, dans la mer des Antilles, et qu'on désigne sous le nom d'éponges de Bahama. Ces éponges ont une apparence séduisante, grâce à leur tissu fin et serré et aux préparations qu'on leur fait subir pour leur donner une jolie nuance blond pâle; mais elles sont dures, pierreuses et sans solidité.

La pêche du corail est une industrie toute française par son origine. Dès le milieu du xve siècle, la France possédait à la Calle un établissement fondé et entretenu en vue de cette pêche, exploitée alors par une compagnie qui en avait obtenu le privilége à la condition de n'y employer que des marins provençaux. En 1791, cette compagnie perdit son privilége, et la pêche devint libre pour tous les Français faisant le commerce avec le Levant et la Barbarie. Mais elle fut bientôt accaparée par des Italiens qui, devenus maîtres de l'ancien établissement de la compagnie, se mirent au service de l'État, moyennant une rétribution en nature. En 1796 (24 nivôse an IV), un arrêté du Directoire créa, pour la pêche du corail, une nouvelle société qui ne pouvait enrôler que des marins français ou établis en France, et ne devait armer ses bâtiments que dans un port français. Mais ce règlement fut mal observé. En 1802, la Calle fut enlevée à la France par les Anglais, qui ne la lui rendirent qu'en 1816, et qui durant cet intervalle y firent la pêche du corail sur une très-grande échelle. Ils n'y employaient pas moins de quatre cents barques. Depuis 1830, la pêche du corail à la Calle est de nouveau régie par l'administration française. Les Italiens qui l'exercent sont assujettis, comme autrefois, à une redevance dont nos nationaux sont exempts; malgré cela, le nombre des bateaux de pêche français est de beaucoup inférieur à celui des bateaux étrangers. On pêche aussi le corail dans les parages de Messine, sur les côtes de la Sardaigne et sur celles de France, dans le golfe du Lion. Le corail de cette dernière provenance est renommé pour sa belle couleur rouge.

Voici comment se fait habituellement la pêche du corail. Huit hommes montent une felouque, petit bateau qui prend, dans ce cas, le nom de *coraline*. Ces hommes sont toujours d'excellents plongeurs. Ils ont avec eux une grande croix dont les branches sont égales, longues et fortes ; à chaque bras est fixé un solide filet en forme de sac. On attache une forte corde au milieu de la croix, et on la descend horizontalement dans la mer, en la char-

Pêche du corail.

geant de poids assez lourds pour l'entraîner au fond ; puis le plongeur descend à son tour pour manœuvrer l'appareil, dont il pousse les branches l'une après l'autre, de manière à racler les rochers auxquels le corail est attaché, et à engager ce dernier dans les filets. Au bout d'une demi-minute environ de ce travail, ceux qui sont demeurés dans la felouque tirent vigoureusement la corde et ramènent le tout, y compris le plongeur, à la surface.

La plus grande partie des coraux ainsi récoltés est ramenée à Livourne; là une certaine quantité est vendue à l'état brut pour l'exportation; le reste est livré aux lapidaires. Il existe à Livourne quatre grands établissements pour le travail des coraux, outre les établissements de second et de troisième ordre. Chacune de ces grandes manufactures occupe de deux cent cinquante à trois cents ouvrières, en sorte que cette industrie fait vivre au moins un millier de femmes. Les objets de parure et d'ornement qu'on fabrique avec le corail sont expédiés en grande partie aux Indes orientales et en Russie; on en exporte peu dans le reste de l'Europe, si ce n'est en Allemagne, où l'on a coutume, dans certaines contrées, de parer les morts de colliers de corail commun avant de les ensevelir.

Il me reste à parler de la plus difficile, de la plus périlleuse, mais aussi de la plus productive des pêches sous-marines, de celle qui se pratique le plus en grand dans l'ancien et dans le nouveau monde : de la pêche des coquillages qui fournissent la nacre et la perle. Ces deux substances sont identiques quant à leur composition : elles sont formées de carbonate et de phosphate de chaux unis à de la gélatine. L'énorme différence qui existe entre les valeurs qu'on leur accorde s'explique premièrement par ce fait, que la nacre, se trouvant comme principe constituant normal dans plusieurs espèces de mollusques testacés (l'avicule, l'haliotide, la burgandine, etc.), est relativement abondante; tandis que les excrétions globuleuses qui constituent les perles ne sont qu'accidentelles, même dans l'espèce qui en renferme le plus souvent (l'avicule ou aronde perlière), et qu'il faut quelquefois explorer deux à trois douzaines de ces coquillages, avant d'y trouver une perle de forme régulière et d'un certain volume. En second lieu, la disposition que les couches de substance nacrée affectent dans la perle donne réellement à celle-ci des nuances opalines, un éclat doux et chatoyant, en un mot, cet aspect particulier que les joailliers appellent *orient*, et qu'on a vainement tenté d'imiter en taillant et en polissant avec soin de petites boules de nacre.

La formation des perles est toujours due à la présence, entre les valves de la coquille, d'un corps étranger, grain de sable ou esquille d'écaille, autour duquel se dépose la substance nacrée sécrétée par le manteau du mollusque. Sa forme et sa grosseur dépendent de la position où le hasard a placé ce noyau, soit à l'endroit où les valves ont le plus d'écartement, soit près des charnières, soit entre les plis charnus du mollusque. Les plus grosses et les plus belles perles sont désignées dans le commerce de la joaillerie sous le nom de *parangones*. Les petites, qu'on employait autrefois en médecine, et qu'on vend maintenant à la mesure de capacité pour la bijouterie commune, sont dites *semence de perles*.

L'avicule perlière (*avicula margaritifera*), que les pêcheurs appellent également *pintadine* et *mère aux perles*, et qui donne aussi la *nacre franche* ou *vraie*, la plus estimée, est un large coquillage bivalve, qui rappelle par son aspect extérieur l'huître commune, mais avec de plus grandes dimensions. Son diamètre dépasse souvent deux décimètres, et l'épaisseur des valves est de vingt-cinq à trente millimètres. Les avicules ou arondes perlières se pêchent principalement dans le détroit de Manaar, entre l'île de Ceylan et la pointe du Dekkan; mais elles habitent aussi, dans l'ancien monde, les côtes du Japon, le golfe Persique et la mer Rouge, et, dans le nouveau monde, le golfe du Mexique et les côtes de la Colombie, de l'Équateur, du Chili, du Pérou et de la Guyane.

Les pêcheries du détroit de Manaar appartinrent d'abord aux Hollandais. Les Anglais s'en emparèrent en 1795, et ils en sont demeurés possesseurs en vertu du traité d'Amiens, qui leur a définitivement cédé l'île de Ceylan. Le gisement de Manaar comprend plusieurs bancs, dont un occupe à lui seul, vis-à-vis de Condatchy, une longueur de vingt milles. Pour ne pas épuiser ce banc en l'exploitant à la fois sur toute son étendue, on a adopté, depuis bien des années, le système des coupes réglées; on a divisé le banc en sept parties, dont une seule est livrée aux pêcheurs pour chaque campagne; en sorte que, lorsqu'on a exploité la septième, les coquillages de la première ont eu le temps de se reproduire et de se développer.

La pêche commence au mois de février et se termine au mois d'avril; mais, comme il y a, dans le calendrier hindou, à peu près autant de jours fériés que de jours ouvrables, elle ne dure pas, en somme, plus d'un mois.

Les barques armées en pêche portent chacune une vingtaine d'hommes, tant matelots que plongeurs, plus le patron et le pilote. Elles partent le soir, à dix heures, et, poussées par la brise de nuit, elles arrivent avant l'aube sur les bancs. Elles regagnent le port vers le milieu de la journée, à l'heure où la bise a changé de direction et souffle vers la terre.

Dès que le jour paraît, les plongeurs se mettent à l'œuvre. Ceux d'un même équipage se partagent en deux groupes, qui plongent et se reposent tour à tour. Le plongeur saisit entre les orteils du pied droit une corde qui traverse dans

Pêche aux perles.

sa hauteur une grosse pierre en forme de pyramide tronquée; cette pierre est destinée à faciliter sa descente, et à le maintenir au fond de l'eau. Elle est amarrée au bateau par une corde qui joue en même temps le rôle de corde d'appel. Le pêcheur plonge debout ou accroupi, et non pas la tête la première, comme on le croit vulgairement. Il tient du pied gauche son filet, de la main droite la corde à pierre; de la main gauche il se pince les narines; ses oreilles sont bouchées avec du coton imbibé d'huile. Arrivé au fond de l'eau, il se hâte d'arracher les coquillages qui sont à sa portée, les met dans son filet qu'il s'est passé autour du cou, et, sur un signal qu'il fait au moyen de la corde d'appel, on le remonte.

La plus grande profondeur à laquelle puisse s'opérer le travail du plongeur ne dépasse pas quinze mètres, et le temps qu'il peut y séjourner, une demi-minute au plus. Les récits d'après lesquels certains plongeurs demeureraient une ou plusieurs minutes sous cette masse d'eau, dont la pression fait plus que doubler celle de l'atmosphère, sont controuvés : il n'y pas au monde d'homme capable d'un pareil tour de force. Lorsque le temps est favorable, un plongeur robuste peut exécuter dans la matinée quinze à vingt descentes, séparées par des intervalles de repos de dix à quinze minutes. Dans le cas contraire, il ne plonge pas plus de quatre ou cinq fois. Cet exercice, répété pendant une trentaine de jours chaque année, suffit pour altérer promptement la santé de ces pauvres gens. Un plongeur devient rarement vieux. Beaucoup contractent de bonne heure une maladie affreuse, qui leur rend bientôt impossible l'exercice de leur profession. Leur vue s'affaiblit, leurs yeux s'ulcèrent, tout leur corps se couvre de plaies. D'autres sont quelque jour frappés d'apoplexie au sortir de l'eau, ou meurent étouffés au fond de la mer. Je ne parle pas de ceux qui deviennent la proie des requins. Le requin est la terreur des pêcheurs de perles; la présence d'un de ces gigantesques et voraces poissons, signalée à tort ou à raison dans une pêcherie, suffit pour que toute la flottille se disperse, et que chacun regagne le port, sans même avoir essayé de vérifier la cause de l'alerte.

Il y a quelques années qu'une campagne de pêche aux bancs de Panama fut arrêtée dès son début par une série d'accidents affreux survenus pendant les premiers jours, et qui jetèrent parmi les plongeurs une panique telle, qu'on ne put, ni par promesses, ni par menaces, les décider à continuer la pêche. Dans une seule semaine, onze nègres avaient été dévorés par les requins; seize autres avaient été remontés étouffés par les étoiles de mer ou par les raies (dont j'ai parlé au chapitre IX de la troisième partie), qu'il avait fallu couper en morceaux pour les détacher du corps de ces malheureux [1].

CHAPITRE VI

LES TRIBUTS A L'OCÉAN

Nous avons dit l'influence de l'Océan sur les progrès de la civilisation; nous avons vu quelles richesses il recèle : richesses vivantes qui se reproduisent incessamment au sein de ce milieu fécond, et qu'il ne tiendrait qu'à nous

[1] Voir, pour plus de détails sur la pêche des arondes et sur l'industrie et le commerce auxquels elles donnent lieu, le chap. XII du *Voyage scientifique autour de ma chambre* (1 vol. in-8°, Bibliothèque du *Musée des Familles*), d'où j'ai extrait ce qu'on vient de lire.

d'accroître au lieu de les épuiser, si nous savions en user sagement et respecter les lois de la nature; si nous songions que le monde, domaine de l'humanité présente, est aussi celui de l'humanité future, et que chaque génération doit compte à la génération qui la suit de ce qu'elle a ajouté ou retranché au commun patrimoine. Donc les bienfaits de l'Océan sont immenses; mais il n'en est pas, il faut bien le dire, de plus chèrement achetés.

Certains peuples de l'antiquité s'étaient fait des divinités avides et sanguinaires : le Moloch des Chananéens, le Teutatès des Gaulois, qui n'accordaient rien aux prières des mortels si ces prières n'étaient accompagnées d'horribles présents. Les parfums, l'or, les pierreries, le sang des animaux, ne leur suffisaient pas : ils voulaient des victimes humaines; plus ces offrandes coûtaient de larmes, plus elles leur étaient agréables; il fallait qu'elles se renouvelassent à des époques déterminées, ce qui n'empêchait point le dieu d'en exiger par surcroît en maintes circonstances. La guerre et la paix, les récoltes, les grandes entreprises, les calamités publiques étaient pour les malheureux soumis aux caprices de ces monstres autant d'occasions de verser pieusement le sang de leurs prisonniers, de leurs esclaves, de leurs concitoyens, souvent même de leurs propres enfants. Hélas! les sacrifices humains n'ont point cessé avec le culte des faux dieux; et ce ne sont plus quelques peuplades barbares, ce sont les nations chrétiennes les plus policées, les plus éclairées, qui paient au nouveau Moloch, à l'Océan, les plus lourds tributs. Je ne parle pas des navires perdus, des riches cargaisons englouties : ce serait peu de chose; mais on frémit en songeant aux innombrables victimes qui ont péri au sein des flots, et dont chaque année vient grossir la liste funèbre. L'année 1862 a été sous ce rapport une des plus désastreuses qu'on ait vues depuis longtemps. Les tempêtes d'octobre et de novembre ont anéanti des centaines de bâtiments avec leurs équipages et leurs passagers. On a pu compter aisément les personnes qui sont parvenues à se sauver; mais la statistique des morts n'a pas même été tentée.

Il est difficile de rien imaginer de plus lugubre qu'un naufrage. Plusieurs sont demeurés fameux, et l'on en peut lire les récits dans divers recueils.

Celui du *Saint-Géran*, arrivé le 25 décembre 1744 sur la côte de l'Ile-de-France, a fourni à Bernardin de Saint-Pierre la touchante et tragique catastrophe de son beau roman de *Paul et Virginie;* la perte de *la Méduse* et la sombre odyssée des malheureux qui s'étaient réfugiés sur un radeau construit avec les débris de ce navire, ont inspiré plus tard à Géricault le chef-d'œuvre qui l'a immortalisé.

J'ai presque assisté à un autre naufrage célèbre, celui de *l'Amphitrite,* qui a eu lieu, il y a vingt-cinq ans environ, près de Boulogne. Je n'étais alors qu'un enfant; mais l'impression que m'a laissée cet épouvantable événement, accompli à quelques centaines de mètres de la maison que j'habitais, ne s'effacera jamais de ma mémoire. J'entends encore retentir à travers les mugissements de la tourmente les éclats du canon de détresse, les tintements de la cloche d'alarme. Je vois encore les habitants de la ville courant avec des torches vers la plage où les attendait cet affreux spectacle. On ne dormit pas cette nuit là.

L'Amphitrite était un gros trois-mâts anglais, qui emmenait à Botany-Bay des femmes condamnées à la déportation. On a dit qu'il était vieux, en fort mauvais état, et

Naufrage.

l'on a imputé le désastre à la coupable incurie des armateurs et du gouvernement britannique. Quoi qu'il en soit, la tempête était assez violente pour briser le vaisseau le plus solide. *L'Amphitrite* fut jetée sur les bancs de rochers qui bordent la plage de Boulogne. Elle ne s'ouvrit pas tout de suite, et l'on put espérer pendant quelques heures qu'on sauverait au moins une partie de ceux qui la montaient. Des efforts héroïques, surhumains, furent tentés. Un marin du port, nommé Pierre Hénin, homme robuste, excellent nageur, se fit attacher une corde autour des reins, et par trois fois s'élança à travers les vagues furieuses, au risque d'être broyé. Il ne put parvenir jusqu'au navire, qui, sous les assauts répétés de la mer, s'ouvrit enfin et disparut. Hors cinq ou six matelots qui, s'accrochant à des épaves et nageant avec la vigueur du désespoir, eurent le bonheur d'arriver vivants au rivage, les flots ne jetèrent sur la grève que des cadavres et des débris. On retrouva de pauvres femmes qui tenaient encore leurs enfants serrés entre leurs bras.

Peu d'années après, à Calais, je fus témoin d'un sinistre à peu près semblable, qui arriva en plein jour, à portée de voix de la jetée du port. Les hurlements du vent couvraient seuls les cris des naufragés. Le navire *le Habet-Anker,* un trois-mâts norwégien, était venu s'échouer sur les fascines mêmes qui servent de base à la jetée. Ses mâts étaient brisés, son arrière complétement immergé. Il ne lui restait que son beaupré, sur lequel se tenaient cramponnés encore quelques hommes de l'équipage. De minute en minute, une montagne d'eau écumeuse et bondissante venait les couvrir. On avait mis plusieurs embarcations à la mer; mais, si courte que fût la distance, aucune ne put atteindre le but. Un coup de mer plus furieux que les autres couvrit le navire; lorsqu'il fut passé, tout avait disparu!

Si encore les marins n'avaient à redouter que les tempêtes! mais combien d'autres dangers les menacent et peuvent surgir terribles, inévitables, alors qu'ils se croient le plus en sûreté! — Chose étrange! rien au milieu de la plaine liquide n'est plus à craindre que le feu. On ne l'éteint qu'en faisant couler bas le navire, et l'on n'a que le choix entre les deux genres de mort. Point de refuge; nul moyen de salut, si ce n'est les chaloupes où l'on se précipite en désordre, et qui, surchargées, coulent bas le plus souvent.

Une des causes de sinistres les plus fréquentes, c'est l'abordage, la collision de deux navires qui dans la nuit ou dans la brume se rencontrent, et dont l'un défonce l'autre ou passe par-dessus. Ce danger pourtant semble plus facile à conjurer. On y réussirait dans une certaine mesure, si les règlements étaient mieux observés, si les vaisseaux avaient toujours en temps voulu leurs feux allumés. Mais on néglige ces précautions qui, du reste, seraient dans certains cas insuffisantes, et il en résulte des malheurs affreux sans doute pour ceux qui en sont victimes, plus affreux encore pour ceux qui en sont les auteurs involontaires.

L'habitude a sur l'homme une étonnante puissance. Les braves affrontent d'abord le danger avec courage : ils en ont conscience, ils le voient, ils le craignent, et néanmoins vont au-devant, soutenus qu'ils sont par la foi, par le patriotisme, par le point d'honneur. A la longue ils s'accoutument à voir la mort en face, et, pour ne point la fuir, pour ne pas seulement chercher à l'éviter, ils n'ont plus besoin de faire effort sur eux-mêmes : leur courage est devenu insouciance, et cette insouciance dégénère aisément en une témérité inutile. Qu'importe un danger de plus ou de moins à qui a fait une fois pour toutes abandon de sa vie? C'est ainsi que beaucoup de marins en viennent littéralement à ne plus connaître le danger. Mais l'homme de terre, qu'une circonstance accidentelle force à s'embarquer pour une longue traversée, ressent dans toute leur vivacité les émotions qui naissent pour lui de sa situation inaccoutumée, des scènes inconnues qui se déroulent sous ses yeux, de l'immensité qui l'environne, des périls dont il se voit menacé, des accidents qui se produisent dans le voyage, des récits auxquels ces accidents servent de thème. Celui-là ne songe pas sans frémir aux caprices homicides de l'Océan ; il lui semble voir planer sur les flots les ombres des naufragés, et entendre des voix plaintives qui lui racontent les horreurs de l'abîme.

Washington Irving, historien et poëte, une des gloires littéraires de l'Amérique, a dit admirablement, dans un récit de quelques pages qui est un chef-d'œuvre, les impressions de son premier voyage sur mer. Voici l'épisode le plus caractéristique de cette courte et charmante composition :

« Un jour, nous aperçûmes quelque chose qui flottait à une certaine distance. — En pleine mer, tout ce qui fait diversion à la monotonie du spectacle environnant attire vivement l'attention. — En approchant de cet objet, nous reconnûmes que c'était le mât d'un vaisseau naufragé ; on y voyait encore les lambeaux de mouchoirs au moyen desquels quelques hommes de l'équipage s'y étaient attachés pour n'être pas balayés par les lames. Aucun vestige du nom du bâtiment auquel il avait appartenu ; il devait flotter ainsi depuis plusieurs mois, car il était couvert de coquillages, et de longues herbes marines pendaient à ses côtés. — Mais, pensai-je, qu'est-il avenu des hommes qui montaient ce navire? — Sans doute il y a longtemps que la mort a terminé leur agonie; ils ont été engloutis au milieu des mugissements de la tempête, et leurs os blanchis reposent au fond des cavernes de l'Océan; l'oubli, le silence pèsent sur eux ainsi que la masse des eaux, et nul ne peut dire l'histoire de leur désastre. Combien de soupirs ont suivi et cherché ce vaisseau! Combien de prières se sont élevées pour lui du foyer solitaire! Combien de fois une fiancée, une femme, une mère, n'ont-elles pas dévoré avidement les journaux, cherchant quelque nouvelle qui pût les éclairer sur le sort de ce rôdeur de mer! — L'attente est devenue inquiétude, l'inquiétude terreur, la terreur désespoir! — Hélas! pauvres marins, ceux et celles de qui vous étiez aimés attendront vainement jusqu'au dernier jour un signe qui leur indique où vous êtes. Tout ce qu'on saura jamais de votre navire, c'est qu'un jour il est sorti du port, et puis qu'on n'en a plus entendu parler.

« Comme c'est l'ordinaire en pareil cas, la vue de cette épave donna lieu à divers récits lugubres; chacun dit son histoire de naufrage; mais je fus particulièrement frappé de celle qui nous fut racontée par le capitaine.

« Je naviguais, dit-il, sur un beau et fort bâtiment,
« au milieu des bancs de Terre-Neuve. Nous étions en-
« tourés d'un de ces brouillards très-communs dans ces
« parages, et tellement épais, qu'en plein jour nous ne
« voyions pas à un mille devant nous. La nuit, il était

« impossible de rien distinguer à une distance de deux « fois la longueur du navire. J'avais une lumière au « haut du grand mât, et un nègre se tenait constamment « à l'avant pour reconnaître les barques de pêcheurs à « l'ancre sur les bancs. Nous avions vent arrière, un « vent violent, qui nous faisait fendre l'eau avec une « vitesse extraordinaire. Tout à coup la vigie pousse le « cri : « Une voile à l'avant! » A peine l'avions-nous « entendu, que déjà nous étions sur la voile signalée. « C'était un petit schooner en panne, et qui nous tournait « en plein le flanc. Tout son équipage dormait, et il avait « négligé de hisser sa lanterne. Nous le heurtâmes au beau « milieu de son bordage. La vitesse, la forme et le poids « de notre navire le chavirèrent, et nous passâmes par- « dessus sans que notre course en fût arrêtée. Comme il « sombrait sous nos pieds, je crus apercevoir deux ou trois « malheureux à demi vêtus, s'élançant hors de la cabine, « qui ne quittèrent leur lit que pour être engloutis sous « les flots. J'entendis leur cri de détresse se mêlant au « mugissement du vent; mais la rafale qui l'apporta jus- « qu'à nos oreilles nous mit hors de portée d'en entendre « un second. Jamais je n'oublierai ce cri.

« Nous étions lancés avec une telle force, qu'il se passa « du temps avant que nous pussions virer de bord et revenir « en arrière. Nous y parvînmes néanmoins, et nous nous « rapprochâmes autant que possible de l'endroit où nous « avions vu le schooner à l'ancre. Nous y croisâmes même « pendant plusieurs heures au milieu du brouillard. Je fis « tirer des coups de fusil pour indiquer notre présence, « et j'écoutai, espérant que quelques naufragés nous ré- « pondraient encore. Mais tout demeura silencieux; nous

« n'entendîmes ni ne vîmes plus rien de ce malheureux « navire. »

Revenons en terminant à des idées plus consolantes, et que la triste pensée des sinistres de mer ne fasse naître en nous ni amertume ni découragement. L'homme, non content de posséder la terre, a prétendu régner aussi sur l'Océan. De quel droit se plaindrait-il des pertes qu'il a essuyées dans sa lutte persévérante contre l'indomptable élément? Cette lutte sans doute durera autant que lui; mais aucune n'aura été plus glorieuse et plus féconde; aucune ne l'aura plus élevé en dignité, en force et en vaillance; aucune ne l'aura fait pénétrer plus profondément dans les secrets de la nature, et n'aura mis son intelligence en communication plus directe et, pour ainsi dire, plus intime avec la puissance mystérieuse qui régit l'univers.

FIN

TABLE

PREMIÈRE PARTIE

HISTOIRE DE L'OCÉAN

DEUXIÈME PARTIE

PHÉNOMÈNES DE L'OCÉAN

TROISIÈME PARTIE

LE MONDE MARIN

QUATRIÈME PARTIE

L'HOMME ET L'OCÉAN

Tours. — Imp. MAME.

www.ingramcontent.com/pod-product-compliance
Lightning Source LLC
Chambersburg PA
CBHW060520220326
41599CB00022B/3374